U1013848

湖北省学术著作出版专项资金资助项目
现代航运与物流:安全·绿色·智能技术研究丛书(2期)

港口节能与能效评价技术

李海波 著
李庆祥 审

武汉理工大学出版社
·武 汉·

内 容 提 要

本书是作者从事港口节能与能效评价技术研究的全面总结，是一部系统论述港口节能与能效评价技术的学术专著。主要内容有：能源效率和节能面临的形势和任务、基本概念、发展历程、政策及管理要求；港口耗能单元及影响因素分析；港口设备节能增效技术及措施；港口能耗现状分析、能耗评价标准、评价体系及案例分析；港口设备能效认证路径、能耗检测和诊断技术；交通及港口能源与能源消耗发展趋势分析等。

本书可为港口能源管理、能源效率和节能技术研究、政策制定、技术和工程应用提供重要的数据和技术支撑，不仅是港口企业进行能源管理的指导用书，也是社会各界关心港口能源效率和节能技术、政策发展的相关人士的参考资料。

图书在版编目(CIP)数据

港口节能与能效评价技术/李海波著.—武汉：武汉理工大学出版社，2021.12
(现代航运与物流：安全·绿色·智能技术研究丛书)

ISBN 978-7-5629-6445-2

Ⅰ.①港… Ⅱ.①李… Ⅲ.①港口装卸-装卸工艺-节能-研究 Ⅳ.①U691

中国版本图书馆 CIP 数据核字(2021)第 160545 号

项目负责：陈军东　陈　硕　　**责任编辑**：陈军东
责任校对：张明华　　**版式设计**：冯　睿
出版发行：武汉理工大学出版社
武汉市洪山区珞狮路 122 号　邮编：430070
http：//www.wutp.com.cn　理工图书网
E-mail：chenjd @ whut.edu.cn
经 销 者：各地新华书店
印 刷 者：武汉兴和彩色印务有限公司
开　　本：787×1092　1/16
印　　张：16
字　　数：385 千字
版　　次：2021 年 12 月第 1 版
印　　次：2021 年 12 月第 1 次印刷
定　　价：85.00 元

凡购本书，如有缺页、倒页、脱页等印装质量问题，请向出版社发行部调换。
本社购书热线电话：027－87384729 027－87391631 027－87165708(传真)

前　言

中国是世界上第一大能源生产国和世界上第一大能源消费国，虽然中国的能源结构在不断改进，天然气、水电、核电、风电等清洁能源消费量逐年提高，但中国煤炭和石油等化石能源在能源结构中占比仍较高，能源效率较低。中国是世界上第一大油气进口国，石油和天然气等对外依存度较高，能源供应安全面临挑战。能源带来的环境问题也日益突出，温室气体排放限制、大气污染物治理力度逐渐加大也为化石能源的应用带来挑战。

随着我国国民经济的高速发展及与世界各国经济交往的不断增加，国内各主要港口货物吞吐量呈现稳步增长的趋势。2020 年全国港口完成货物吞吐量 145.50 亿吨，比上年增长 4.3%。随着港口货物吞吐量的增长，港口能源消耗量增大导致大气污染物排放量大幅增加，严重影响了港区及其周边地区环境质量。港口是用能大户，港口能源消耗在交通运输能源消耗中占有举足轻重的位置。港口发展面临的能源和环境挑战日益严峻。

能源效率提升和节约能源是建设生态文明、实现绿色发展、打好污染防治攻坚战的重要抓手，是实现碳达峰、碳中和的关键支撑。党的十九大以来，国家对生态文明和绿色发展越来越重视，能源的使用会带来环境污染和碳排放，因此要从根源上遏制污染、减少二氧化碳排放，就必须实现能源结构转型，加强能源管理，提高能源效率，实现节能。港口是国家经济运行的重要窗口，也是能源消耗和碳排放的重要节点，港口能源转型和节能任务艰巨，港口企业在能源管理和节能方面做了大量的探索性工作，并取得了很好的经济效益和社会效益。目前鲜见系统介绍港口节能与能效评价方面的著作，本书是在上述背景下撰写的学术专著，作者希望本书能为从事港口能源管理和节能工作的相关人员提供一些技术资料和工作思路。

本书共 10 章。第 1 章主要论述能源效率和节能的基本概念与发展历程，能效和节能面临的形势和任务；第 2 章主要论述主管部门制定的港口设备能效政策及管理要求；第 3 章主要论述港口设备能耗单元及影响因素分析；第 4 章主要从结构节能增效、管理节能增效和技术节能增效等方面系统总结和分析了港口设备节能增效技术及措施，并对技术现状进行了分析；第 5 章分析了港口及港口设备能耗现状，包括港口总体能耗情况，主要设备单耗情况及典型码头的能耗构成和比例分析；第 6 章总结了港口设备能耗、能效检测和评价标准，并进行了案例分析；第 7 章主要论述港口能效评价体系及案例分析；第 8 章主要分析港口设备能效评级认证及认证路径研究；第 9 章论述港口设备能耗监测方案、检测监测仪器设备、监测系统应用；第 10 章主要论述世界能源生产和消费情况、中国能源和交通行业面临的主要问题与挑战、世界能源的发展趋势和港口能源和管理的发展趋势等。

本书的特点：系统全面，全书涉及港口能源、能源消耗、能源效率等方面，主要围绕能源管理、技术以及能源效率提升、节能几个角度系统展开分析和研究，既有政策分析，又有技术研究；成果丰富，全书以能源、能源消耗、能源效率、节约能源等维度为对象，以来源、现状、发展趋势为时间轴，在政策、技术、监测、评价等多个方面展开研究和前瞻性分析。

本书由李海波研究员主持撰写，李庆祥研究员负责全书审核。孙晓伟博士参与了第2、6、7、8章的撰写。本书借鉴了港口装卸机械节能系列标准研究、港口设备能效等级认证及评价方法研究等科技项目的研究成果，在此对该项目的主管部门和项目全过程参加人员表示感谢，他们是：交通运输部水运局的李雪莲、谢燕等；交通运输部水运科学研究院的崔艳、李睿瑜、李雯、韦树宝、李益琴、杨瑞、孙建锐、任川、庞博等。在项目研究和书籍编写过程中得到了交通运输部水运局、交通运输部水运科学研究院、武汉理工大学、港航企业相关领导和人员大力支持，以及本书所列的参考文献的作者，在此表示感谢。

由于作者水平、研究工作的深度和时间有限，书中疏漏和不当之处在所难免，恳请读者批评指正，共同为港口能源转型和能源效率提升而努力。

李海波

2021 年 6 月于北京

目　　录

1　港口能源和节能概论

1.1　港口能源和节能的形势和任务

能源是经济和社会发展的动力。中国是世界上第一大能源生产国和世界上第一大能源消费国，2018年中国的能源生产总量为37.7亿吨标准煤，石油、煤炭、天然气和电力的生产总量约占世界能源生产总量的20%；2018年中国的能源消费总量为46.4亿吨标准煤，比上一年增长3.4%，约占世界能源消费总量的24%，是世界能源消费增长最主要来源。中国的能源结构持续改进，天然气、水电、核电、风电等清洁能源消费量占能源消费总量的23.4%，增长1.3%。中国煤炭和石油等化石能源占比仍较高，能源效率较低。中国是世界上第一大油气进口国，石油和天然气等对外依存度较高，能源供应安全面临挑战。能源带来的环境问题也日益突出，温室气体排放限制、大气污染物治理力度不断加大。中国的能源现状是世界能源现状的缩影，世界能源也是以石油、天然气和煤炭等化石能源为主，水电、风电等可再生能源的比例仍然较低，世界能源依然面临碳排放量持续增加、能源系统效率总体偏低、化石能源依存度高的挑战。

能源的使用和管理更加重视能源利用效率的提高，更加重视生态环境保护及治理。党的十九大报告将建设美丽中国作为全面建设社会主义现代化国家的重大目标，提出着力解决生态环境问题，将污染物防治作为全面建成小康社会决胜时期要打好的“三大攻坚战”之一。能源的使用带来了环境污染，因此要从根源上遏制污染，必须实现能源结构转型。节约能源是建设生态文明、实现绿色发展、打好污染防治攻坚战的重要抓手。

交通运输是能源消费大户，2018年交通运输行业能源消耗量占全国能源消耗总量的9.4%。中国交通运输业能源消费增长很快，是继工业和生活消费之后的第三大能耗行业。交通运输油耗占全国油耗比重大，在分类的能源消耗中，交通运输行业的汽油（占比为45.9%）和柴油（占比为66.21%）消耗量处于绝对领先的位置。交通运输是发展的先行，也是资源消耗型和污染排放型行业。为加快转变发展方式，推进新时代交通运输业高质量发展，必须要把节能发展理念落实到行业各个环节中。

水运行业消耗的主要能源包括沿海和内河的船舶、港口消耗的能源，水运行业能源消耗量占交通运输行业的能源消耗总量的16%～20%，港口能源消耗总量约占水运行业能源消耗总量的10%。港口能源消耗在交通运输能源消耗中占有较为重要的位置。

党的十八大以来，中国水运发展进入新时代，开始由水运大国向水运强国转变。水运强国的一个重要内涵是人民满意，主要是注重绿色环保和平安发展，因此应发挥水运环保低碳的优势，推动水运绿色和平安发展，更好地满足人民美好生活的需要。

就港口生产而言，港口设备贯穿于港口生产作业的各个环节，且港口设备能耗大，占港口总能耗的50%以上，是港口码头能源消耗的主要单元。港口设备能源利用效率直接决定了港口设备能源的利用程度，对港口设备能耗大小起决定性作用。加强港口能源管理，大力推进节能增效技术改造、能源消耗评价、能源消耗监测等技术的应用，促使港口降耗提效，这也对港口能源和节能工作提出了新的挑战。

1.2　港口能源效率和节能概念

1.2.1　能源的定义与分类

能源就是含有能量的资源。现代汉语词典中对能源的定义为“能够产生能量的物质，如燃料、水力、风力等”。《能源分类与代码》(GB/T 29870—2013)中对能源的定义为，能源是可以直接或通过能量转换方式从原材料、自然资源及技术系统中提取或回收能量的资源。

能源有不同的分类方法，也从不同侧面反映了能源的特征，主要分类见表1-1。

表1-1　能源的分类

类型		一次能源		二次能源
		可再生能源	非再生能源	
常规能源	燃料能源	植物燃料(柴薪)	煤(煤矸石、泥煤、褐煤、烟煤、无烟煤) 石油(油页岩) 天然气	煤气、焦炭、汽油、煤油、柴油、重油、渣油、液化石油气、甲醇、酒精、丙烷、苯胺
	非燃料能源	大中型水电		电 蒸汽 热水、余热
新能源	燃料能源	生物质发电	铀、钚、钍 氘、氚 (核能)	沼气 氢能 生物柴油等液体燃料
	非燃料能源	太阳能 风能、潮汐能、波浪能 地热能、海水热能 海洋盐分能		激光光能

目前比较常用的分类分析如下：

1. 按能源的生产方式分

按能源的生产方式可分为一次能源和二次能源。

一次能源，即天然能源，指在自然界现成存在的能源，如煤炭、石油、天然气、水能等。

二次能源是一次能源经过加工，转化成另一种形态的能源，主要有电力、焦炭、煤气、沼气、蒸汽、热水、汽油、煤油、柴油、重油、氢能、生物燃料等。

2. 按被利用的程度分

按被利用的程度可分为常规能源和新能源。

常规能源是指开发利用时间长、技术成熟、能大量生产并广泛使用的能源，如石油、煤炭、天然气、水能等。

新能源是指开发利用时间较短或正在研发和推进中的能源，如太阳能、地热能、潮汐能、核能、氢能等。1980 年联合国召开的"联合国新能源和可再生能源会议"定义的新能源是以新技术和新材料为基础，使传统的可再生能源得到现代化的开发和利用，用取之不尽、周而复始的可再生能源取代资源有限、对环境有污染的化石能源，主要包括太阳能、风能、生物质能、潮汐能、地热能、氢能和核能等。国家发展改革委定义的新能源汽车的动力来源主要可以分为六类：混合动力、纯电动、氢能和燃料电池、乙醇燃料、生物柴油及天然气。

常规能源和新能源是一个相对的概念，由于技术不断成熟和广泛应用，之前的新能源可能成为常规能源。目前国家发展改革委在汽车领域将使用电能的混合动力、纯电动也列为新能源，这主要是根据汽车通常使用的常规能源是汽油或柴油而定义的。

3. 按是否能够再生分

一次能源按是否能够再生分为可再生能源和非再生能源。

可再生能源是指不会随其本身的转化或人类的利用而日益减少的能源，《中华人民共和国可再生能源法》第二条规定"本法所称可再生能源，是指风能、太阳能、水能、生物质能、地热能、海洋能等非化石能源"。严格地来说可再生能源也不是取之不尽、用之不竭的，因为水力、风力、太阳能等可再生能源归根到底是来自于太阳，而太阳产生的能量来自于自身的核反应，随着反应的进行总有一天会耗尽其能量，因此可再生能源也存在总量的限制，只是随着人类开发利用技术的提高，其可再生能力满足人类社会的永续利用。

非再生能源是指随人类的利用而逐渐减少的能源，如石油、煤炭、天然气、核燃料等。

4. 按对环境的污染情况分

按对环境的污染情况分为清洁能源和非清洁能源。

清洁能源是指生产和使用过程不产生有害物质排放的能源，可分为狭义和广义清洁能源，狭义的清洁能源是指可再生能源，消耗后可得到恢复补充，不产生或极少产生污染物，对环境无污染的能源，如太阳能、风能、生物质能、水能、地热能等，可再生能源都是清洁能源;广义的清洁能源包括低污染的能源或经过洁净处理的能源,在生产及消费过程中尽可能减少对生态环境的污染,包括使用低污染的化石能源(如天然气等)和利用洁净技术处理过的化石能源,如洁净煤、洁净油等。清洁能源不但强调清洁性同时也强调经济性,清洁能源的清洁性指的是符合一定的排放标准。

非清洁能源是指对环境污染较大的能源,如石油、煤炭等。

5. 按能源本身能否储存的性质分

从能源本身能否储存的性质来分类,能源可分为含能体能源和过程性能源。

含能体能源是包含有能量的物质,如煤炭、石油、天然气、地热、氢能等,能够以非常密集的形式储存大量的能量,可以直接储存和输送,各种燃料能源都是含能体能源。含能休能源可以在车辆或设备上储存,方便携带,是非常适合作为流动性大的港口设备驱动燃料。

过程性能源是指物质在运动或转化过程中产生能量的能源,无法直接大量储存,如风能、海洋能、电能等,尽管电能可以在蓄电池等储能装置中少量储存,但不能大量有效地储存,电能一旦产生,必须尽快被传递和配送,并且需立即使用,从这个意义上说,过程性能源像是一种能量载体。

港口常用可再生能源、新能源和清洁能源种类与关系见图 1-1。

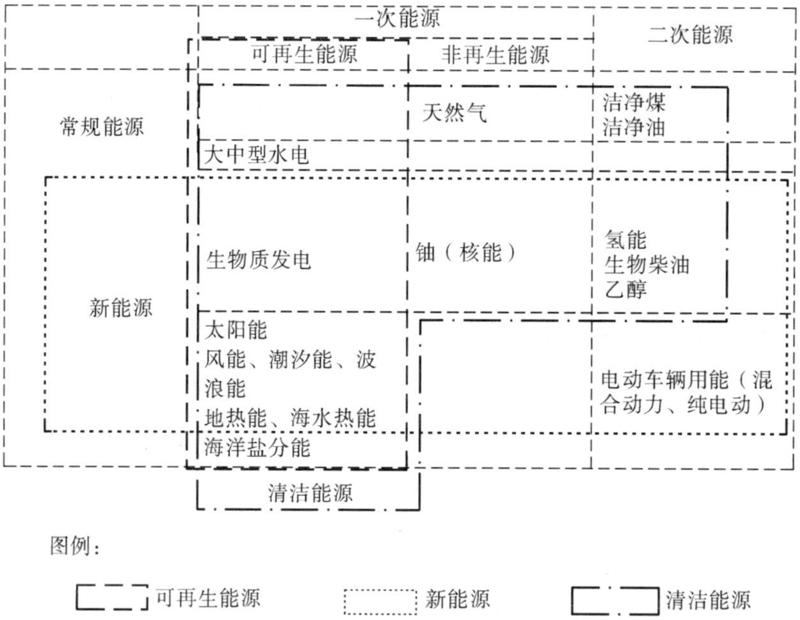

图 1-1 港口常用可再生能源、新能源和清洁能源种类与关系

综合以上分析,结合港口的应用实际,通常所说的清洁能源及新能源主要是指太阳能、风能、地热能、天然气、氢能、燃料电池、电动车辆用能(混合动力、纯电动)、生物柴油等。

能源是人类生存和文明发展的重要物质基础,中国是世界上第一大能源生产国和第一大能源消费国,有关我国能源生产和消费情况及发展趋势详见第 10 章。

1.2.2 能耗的测算方法

能耗是能源消耗的简称，是指设备所消耗掉的能量。单位能耗指标指的是生产单位产品的耗能量，如 kgce/t，kW·h/t 等。

按照《港口装卸术语》(GB/T 8487—2010)和最新的《港口能源消耗统计及分析方法》(GB/T 21339—2020)，港口能耗统计指标见表 1-2。港口能耗统计口径应与吞吐量口径一致。

表 1-2 港口能耗指标及含义

序号	能耗指标	含义	备注
1	综合能耗指标	港口各种能源消耗实物量折算成标准煤的总和，等于装卸生产能源消耗量、辅助生产能源消耗量和附属生产能源消耗量之和，单位为吨标准煤(tce)	
2	装卸生产能源消耗量	港口装卸生产环节的各种能源消耗实物量折算成标准煤的总和，单位为吨标准煤(tce)	主要包括码头前沿作业、水平运输、库场作业、现场照明和客运服务等能源消耗量
3	辅助生产能源消耗量	港口装卸辅助生产环节的各种能源消耗实物量的总和，单位为吨标准煤(tce)	主要包括港作船舶、机修、候工楼、生产办公楼、集装箱冷藏箱保温、液体散货罐区及管道保温与扫线、口岸查验、采制样、锅炉、给排水、环保设施等能源消耗量。不包括供给商务船舶的燃料或岸电设施提供的电力
4	附属生产能源消耗量	港口附属生产环节的各种能源消耗实物量折算成标准煤的总和，单位为吨标准煤(tce)	主要包括为生产服务的部门和单位的浴室、食堂等生活设施的能源消耗量
5	生产综合能源消耗量	生产综合能源消耗量为装卸生产能源消耗量和辅助生产能源消耗量之和，单位为吨标准煤(tce)	序号 2 和序号 3 之和
6	主要用能设备能源消耗量	各种主要用能设备的能源消耗实物量折算成标准煤的总和，单位为吨标准煤(tce)	主要是指装卸生产的用能设备

续表 1-2

序号	能耗指标	含义	备注
7	综合能源单耗	综合能源消耗量除以吞吐量，单位为 tce/万 t	
8	生产综合能源单耗	生产综合能源消耗量除以吞吐量，单位为 tce/万 t	
9	吞吐量能源消费弹性系数	能源消费增长率/吞吐量增长率	

注：按照“港口和船舶岸电管理办法”文件，岸电能耗不在港口能耗范围内。

1.2.3 能源利用效率定义

能效是能源利用效率或能源效率的简称，是指能源产出与能源投入之比。能源利用效率用来分析国家或地区、企业生产过程或产品或单台设备的能源效率水平和利用效果，是衡量能量利用技术水平和经济性的综合性指标，主要有单位 GDP 能耗、单位产值能耗、单位产品能耗等。能耗是一个累积量，是绝对值。能效是一个相对值。日常生活中常见的能效指标，如电动机等设备的百分比表示的能效指标，汽车（乘用车）能效指标为升/百公里（L/100km）。

1.2.4 能源利用效率指标和测算方法

能源利用效率可以用多种方法和多个指标进行测算分析，主要有单要素能效分析方法、多要素能效分析方法和能源效率评价指标体系等。

1.2.4.1 单要素能源利用效率测算方法

能源利用效率的计算主要参照以下公式：

$$\text{能源利用效率}=\frac{\text{生产过程的有用产出}}{\text{生产过程的能源投入}} \tag{1-1}$$

在上面公式中，生产过程的有用产出可以用能量来表示，也可以用生产的产品数量或是经济总量来表示。生产过程的能源投入一般是指实际投入的能源，常用标准煤、某种燃料的质量等来表示。按照投入和产出指标的不同，能源利用效率可以分为能量/能量指标测算方法、能量/物理指标测算方法、能量/经济指标测算方法等。

如果把能源利用效率分为能源经济效率和能源技术效率，那么能量/能量指标测算方法、能量/物理指标测算方法属于能源技术效率测算方法，能量/经济指标测算方法属于能源经济效率测算方法。

1. 能量/能量指标测算方法

能量/能量指标测算方法，即百分比能效表示方法，能源利用效率的计算公式(1-1)的分子和分母均为热力学的能量指标，分子是指生产过程的有用产出能量，分母是生产过程投入的总能量，单位为无量纲的百分比。

该方法测算的能源利用效率是指能源中具有的能量被有效利用的程度。通常以 η 表示，其计算公式如下：

$$\eta = (\text{有效利用能量}/\text{供给能量})\times 100\% = (1-\text{损失能量}/\text{供给能量})\times 100\% \quad (1\text{-}2)$$

能量/能量指标是指一个体系（国家、地区、企业或单项耗能设备等）有效利用的能量与实际消耗能量的比率。它是反映能源消耗水平和利用效果，即能源有效利用程度的综合指标。通过对能源利用效率的分析，可以掌握企业工艺和设备的能源利用效率情况，从而进一步挖掘企业工艺和设备的节能潜力，有助于改进企业的工艺和设备，提高能量利用的经济效果。

根据研究对象不同，能量/能量指标测算方法通常有以下几种。

（1）按产品能耗测算法

对一个国家或一个地区可能生产多种产品，对主要的耗能产品，如电力、化肥、水泥、钢铁、炼油、制碱等，按单位产品的有效利用能量和综合供给能量加权平均，即可求得总的能源利用效率 η，即

$$\eta_t = \frac{\sum G_i \times E_{oi}}{\sum G_i \times E_i} \quad (1\text{-}3)$$

式中：G_i——某项产品的产量；

E_{oi}——该项产品的有效利用能量；

E_i——该项产品的综合供给能量（综合能耗量）。

上述综合能耗量包括两部分：一部分为直接能耗，即生产该种产品所直接消耗的能量；另一部分是间接能耗，它是指生产该种产品所需的原料、材料及耗用的水、压缩空气、氧等及设备投资所折算的能耗。

（2）按能量用途测算法

一次能源在国民经济各部门使用，除了少数作为原料外，绝大部分是作为燃料使用。其中一类是直接燃烧，如各种炉窑、内燃机、炊事和采暖等；另一类转换为二次能源后再使用，如电、蒸汽、煤气等。因此，按用途计算时可分为：发电、锅炉、炉窑、蒸汽动力、内燃动力、炊事、采暖等。先求得某项用途的 η_t，然后再将各种用途的 η_t 相加平均，即可求得总的能量利用效率 η_d，即：

$$\eta_t = \frac{\text{某种用途有效利用能量}}{\text{某种用途有效利用能量}+\text{某种用途损失能量}}\times 100\% \quad (1\text{-}4)$$

$$\eta_d = \frac{\sum \text{各种用途有效利用能量}}{\sum \text{各种用途有效利用能量} + \sum \text{各种用途损失能量}}\times 100\% \quad (1\text{-}5)$$

（3）按部门能耗测算法

将国家或地区所消耗的一次能源，按发电、工业、运输、商业和民用五大部门，分别按技术资料及统计资料，计算各部门的有效利用能量和损失能量，求得部门的能量利用效

率 η_t，然后再求得全国或地区的总的能源利用效率 η_d，即

$$\eta_t=\frac{部门有效利用能量}{部门有效利用能量+部门损失能量}\times 100\% \tag{1-6}$$

$$\eta_d=\frac{\sum 部门有效利用能量}{\sum 部门有效利用能量+\sum 部门损失能量}\times 100\% \tag{1-7}$$

(4)国家能源效率测算方法

国家能源效率通常用热效率来表示，将各部门的能源效率进行加权汇总计算。联合国欧洲经济委员会的定义是：在使用能源(开采、加工、转换、贮运和终端利用)的活动中所得到的起作用的能源量与实际消耗的能源量之比。

根据联合国欧洲经济委员会的物理能源效率评价和计算方法，能源系统的总效率由三部分组成：

①开采效率，即能源储量的采收率，采收率指的是采出能源数量与能源原始地质储量之比。

②中间环节效率，包括加工转换效率和贮运效率，后者用能源输送、分配和贮存过程中的损失来衡量。

③终端利用效率，即终端用户得到的有用能与过程开始时输入的能量之比。

中间环节效率与终端利用效率的乘积称为"能源效率"，把终端利用效率混同于"能源效率"是错误的。能源利用效率主要是指终端设备能源效率。

目前已有的文献中，王庆一对中国的能源效率研究最多，其数据和计算最为详细，根据其公开文献，2002 年中国的能源效率约为 33%，比国际先进水平低 10%；2010 年中国的能源效率约为 36%，比国际先进水平低 8%。

计算中间环节效率时，通常先算出中间环节的能源损失和能耗，再除以一次能源总消费量，即可得中间环节的效率。2010 年中国的中间环节效率为 70.6%。

终端利用效率是按农业、工业、交通运输、民用和商业五个部门的能源消费占比及各部门的终端利用效率加权算出总的终端利用效率。2010 年中国的终端利用效率为 51.2%，其中交通运输部门的能源消费占比为 14.2%，终端利用效率为 29.1%，计算过程见表 1-3。

表 1-3 交通运输终端利用效率计算

部门	品种	占比/%	能源效率/%	终端利用效率/%
公路	汽油	37.3	25	9.3
	柴油	43.3	30	13.0
铁路	柴油	3.7	25	0.9
	电力	3.6	30	1.1
水运	燃料油、柴油、电力	12.1	40	4.8
合计		100.0	—	—

根据以上中间环节效率和终端利用效率的计算得出 2010 年中国能源效率约为 36%。

(5)港口常用的能量/能量测算方法

在港口设备的能源利用效率检测方法标准中，一般采用能量/能量测算法。按设备能源利用效率计算：

$$\eta_{sb} = \frac{E_{sy}}{E_{sb}} \tag{1-8}$$

式中：η_{sb}——设备能源利用效率；

E_{sy}——设备有效利用能量；

E_{sb}——设备供给能量。

港口设备有效利用能量主要基于以下原则确定：

①起重机械设备的有效利用能量主要按提升货物时克服重力做功、在水平移动和旋转移动时摩擦力做功及下降过程中制动机构为减缓货物下降速度所做的功分别计算，再求和。

②装卸搬运设备的有效利用能量是按行走过程中克服货物重力和设备自重引起的与路面的摩擦所做的功计算，对带有提升货物的装卸搬运设备，也应计入提升货物所做的功。

③输送设备的有效利用能量是按在输送过程中提升货物做功和克服必要阻力做功之和计算。

在具体测算中，设备有效利用能量通常采用理论公式计算得出，设备供给能量通常由仪器设备测量得出。

2. 能量/物理指标测算方法

能量/物理指标测算方法即单位工作量能效测算方法，能源利用效率计算公式(1-1)的分子和分母互换位置，生产过程的有用产出用物理单位表示，作为分母；而生产过程的投入以能量表示，作为分子。能源利用效率为单位工作量的能耗，如港口的吨吞吐量能耗、运输车辆的吨千米能耗、港口设备的操作吨能耗等。单位工作量的能耗越低，说明能源利用效率越高。该测算方法较为直观地反映出生产过程的能耗情况，便于与日常的统计数据进行比较。

集装箱正面吊能源利用效率可以用搬运单位标准箱的燃油质量来表示，单位为kg/操作 TEU；港口牵引车的能源利用效率用单位千米吨耗油量来表示，单位为 L/(t · km)；道路移动源(出租车、汽车等)能源利用效率可以用百千米耗油量表示，单位为 L/100km；电梯能源利用效率用单位高度单位载重量的电耗量表示，单位为 kW · h/(kg · m)。

百分比能效法和单位工作量能效法各有利弊。前者得出的能源利用效率是无量纲的百分数，不能直观地反映实际消耗的能耗值，而后者得出的能源利用效率虽然能直观表示其实际的能耗量，但无法确定其能耗比率，且不同设备的能源利用效率无法直接比较。

3. 能量/经济指标测算方法

能量/经济指标测算方法，属于单位产值能效测算方法，能源利用效率计算公式(1-1)的分子和分母互换位置，生产过程的有用产出用经济活动的产出量(如市场价格)表示，作为分母；而生产过程的投入以消耗的能量表示，作为分子。最后能源利用效率为单位产值的能耗，如单位 GDP 能耗、单位总产值能耗等。这种方法是常用来表示一个国家能源利用效率的指标，也称为能源消耗强度，能源消耗强度主要是用于对比不同国家和地区能源综合利用效率的最常用指标之一，在进行国际比较时 GDP 一般会按购买力平价(PPP)进行折算。单位产值能耗即能源消耗强度越低，说明能源利用效率越高。

单要素能源效率分析方法简单、操作方便，不同方法的能源投入和有用产出各不相同，各种能源效率分析结果差异较大。因此出现了基于多要素的能源效率分析方法。

1.2.4.2　多要素能源效率分析方法

多要素能源效率分析方法是指社会生产的各投入要素在一定程度上可以相互替代，而决定最终产出的并非是能源或人力等某一个生产要素，而是各种要素的组合。

全要素能源效率能够弥补单要素能源效率的不足，它着重分析能源劳动资本等多元投入与经济产出之间的关系，可以将其定义为在能源投入外的其他要素保持不变的前提下，按照最佳生产实践，一定的产出所需的目标能源投入量与实际投入量的比值。比较常用的多要素能源效率的分析方法是数据包络分析方法(DEA)，它是在“相对效率评价”的基础上发展起来的一种系统分析方法，它是根据多项投入指标和多项产出指标，利用线性规划的方法，对具有可比性的同类型单位进行相对有效性评价的一种数量分析方法。用 DEA 衡量效率可以清晰地说明投入和产出的组合，因此，它比单要素能源效率分析方法更具有综合性并且结果更符合实际。

1.2.4.3　能源效率指标评价体系

由于能源效率指标的多样性，因此在实际的分析和预测中不仅采用单要素能源效率进行分析，还可通过建立能源效率指标体系，对能源效率进行综合分析。

如欧盟为了评测各成员国的能源利用效率水平、变化趋势以及进行国际比较，实施了 ODYSSEE-MURE 项目，采用自上而下和自下而上评估相结合的评价方法，项目依托两个数据库，覆盖欧盟全部成员国、挪威、瑞士和塞尔维亚，数据按行业进行分类，包括宏观、工业、居民、服务(包括农业)和运输等。ODYSSEE 是关于能源效率指标的数据库，MURE 是关于各部门实施的所有政策措施及其影响评估的数据库。ODYSSEE 是一种自上而下的能源效率和二氧化碳强度评价方法，指标体系包括以下宏观性质的能源效率指标，用于评价和反映一个国家、一个行业的能源效率和二氧化碳强度，分别是：能源强度，表示宏观经济变量的能耗，与能源消费和宏观经济变化相关；单位能源消耗，是子部门和终端用户，实现指标的单位产量能源消耗；能源效率指数(ODEX)，用于对某一行业能源效率趋势进行总体评估，按各子行业指标的加权平均计算，其值降低意味着能源效率的提高；调整强度指标，用于进行国际比较，调整各国之间在产业结构、气候等方面的差异，根据价格差异(购买力平价)、气候、工业和经济结构调整的最终能源强度缩小了国家间的差距；扩散指标，用于监测节能技术和设备推广应用情况；基准比能耗，钢、水泥、纸、供暖等基础能耗；节能与能源需求分解；二氧化碳强度；特定或单一二氧化碳排放量；目标指标，表明一个国家可能达到的能效目标或提高能效的潜力。

1.2.5 能源利用效率评估方法

从评估的层次角度来分析，能源利用效率有两种基本的评估方法，自上而下评估方法和自下而上评估方法。

自上而下能效评估方法是从宏观角度分析在一定时期内能源消耗或能效水平的变化，比如，一个行政区域或经济部门的能源消耗变化情况。一般以单位能耗作为评估分析指标，如单位 GDP 能耗等。自上而下评估方法是利用专门统计的数据进行能效分析，这种分析方法主要是通过统计数据加以分析，方法简单、成本较低。由于自上而下能效评估法是统计的总体数据，无法对数据的变化给出深入的分析，也无法知道具体哪些节能技术对总体的数据起到了多大的作用。

自下而上能效评估方法是针对某一用能单位或用能设备进行的能效评估，主要是考察用能单位单位产量的能耗，或用能设备的单耗等。该评估方法的优点是各个单位、各台设备之间的能耗大小可以进行比较，可以用于企业间对标。将自下而上能效评估方法得到的数据进行逐级汇总，从而得到国家宏观层面的能效水平。

自上而下能效评估方法和自下而上能效评估方法可以相互验证、互相补充。

1.2.6 节能的定义和内涵

1.2.6.1 节能的定义

节能是节约能源的简称，牛津词典对节能的定义是防止浪费能源，特别是为了确保能源的持续供应。

按《中华人民共和国节约能源法》(以下简称《节约能源法》)中给出的节能定义，节能是指加强用能管理，采取技术上可行、经济上合理以及环境和社会可以承受的措施，从能源生产到消费的各个环节，降低消耗、减少损失和污染物排放、制止浪费，有效、合理地利用能源。《节约能源法》以法律方式确定了“节约资源是我国的基本国策。国家实施节约与开发并举、把节约放在首位的能源发展战略”，说明节约能源在国家的经济建设中占有重要战略地位。

节能并不是简单的能源数量的减少，节能不能影响社会经济发展、不降低生产和生活水平，而是要充分发挥能源利用的效果和价值，力求以最小数量的能源消耗获得最大的经济效益，为社会创造出更多的财富，从而达到发展生产、改善生活的目的，因此应更深层地理解节能的内涵。

1.2.6.2 节能的内涵

节能有狭义节能和广义节能两种，狭义节能就是指能源消耗数量的减少，是在满足相同需要或达到相同目的的前提下，采取各种措施减少能源消耗量，所减少的能源消耗量就是节能的数量，也可以理解为是实现同样的国民经济产值或同样的产品功能所消耗的能源量最少。

节能作为能源有效利用的重要手段，也被称为“第五大能源”，仅次于煤炭、石油、天然气和可再生能源，这说明了节能的重要性。

在实际应用中，节能不仅是简单的能源消耗数量的减少，而有更广泛的内涵，可以用价值工程理论来理解广义节能，广义节能是在不影响经济和社会发展、不降低生产和生活水平的条件下充分发挥能源利用效果和价值，做到以最小数量的能源消耗获得最大的经济效益或社会效益。也就是以同样数量的能源，能够生产出更多的产品或创造更多的价值，或者是生产同样数量的产品或获得同样多的产值，使用尽可能少的能源量。

价值工程理论是节约资源、提高效用、降低成本的有效方法。价值工程把价值定义为对象所具有的功能与获得该功能的全部费用之比。利用价值工程理论来理解节能，节能效益等同于价值，能源消耗等同于成本，那么根据价值工程的公式“价值＝功能/成本”可以得出“节能效益＝产品功能/能源消耗”。从这个公式可以看出，不论产品功能和能源消耗如何变化，只要最后节能效益提高，就实现了节能，因此可以从以下几个方面理解广义节能的内涵：

(1)能源消耗降低，产品功能不变，节能效益提高，称为纯节能，这是普遍理解的节能方式，港口大部分的节能技术应用也属于这种类型。

(2)能源消耗不变，产品功能提高，节能效益提高，称为增值节能或增效节能，如港口生产效率提高，消耗同样的能源装卸更多的货物。

(3)能源消耗降低，产品功能提高，节能效益提高，称为理想节能，这种节能方式的节能效益更好。

(4)产品功能大幅提高，能源消耗略有增加，节能效益提高，称为相对节能。

(5)能源消耗大量降低，产品功能略有降低，节能效益提高，称为简单节能。这种节能方式一般只有在能源短缺或能源成本较高时不得已才采用。

(6)能源消耗为零，产品功能或提高或不变或降低，节能效益提高，称为零点节能或超理想节能。如省去一道工序，或利用生产过程中的化学反应放热代替外供热源等，都属于零点节能形式。

1.2.6.3　节能的分类

节能可分为直接节能和间接节能。直接节能是在满足相同需求或效益的前提下，减少能源消耗量，主要是通过技术手段提高能源利用效率、降低单位产品或产值的能源消耗量来实现。直接节能包括技术进步和创新的技术节能以及工艺操作方法和技能改进的工艺节能，在本书中统称为技术节能。间接节能是通过调整结构、加强管理等途径降低能源消耗，主要包括结构节能和管理节能。有研究认为，间接节能对实现节能目标的贡献率为60％～70％，直接节能的贡献率为30％～40％。

1.2.6.4 节能的计算

以港口为例,节能量的计算方法见公式(1-9)

$$E_j = (e_1 - e_0) \times T_1 \tag{1-9}$$

式中:E_j——节能量,负值为节能,正值为耗能,tce;

e_0——基期能源单耗,tce/万 t 或 tce/万 TEU;

e_1——统计期能源单耗,tce/万 t 或 tce/万 TEU;

T_1——统计期完成的吞吐量(操作量),万 t 或万 TEU。

节能率按公式(1-10)计算:

$$\xi = \frac{e_1 - e_0}{e_0} \times 100\% \tag{1-10}$$

式中:ξ——节能率,%。

1.2.7 能源效率和节能的关系

美国能源信息署(Energy Information Administration——EIA)给出了能源效率(energy efficiency)和节能(energy conservation)这两个术语的不同含义:能源效率是使用需要较少能源的技术来执行相同的功能。如使用发光二极管(LED)灯泡或紧凑型荧光灯(CFL)灯泡比白炽灯泡需要更少的能量来产生相同数量的光,是一个典型的能源效率的示例。节能是任何导致使用更少能量的行为,如离开房间时关灯是节约能源的方法。这里的节能是以上所说的狭义节能。

提高能源效率和节约能源是降低能源消耗的两个重要手段。提高能源效率和节约能源是解决能源和环境问题的最现实、最经济的途径。

按照世界能源委员会(World Energy Council)1979 年提出的定义,节能是"采取技术上可行、经济上合理、环境和社会可接受的一切措施,来提高能源资源的利用效率"。这里的节能也包含了提高能源效率,把能源效率也纳入了节能范畴,是我们通常所理解的广义节能。同时实现节能的措施应该综合考虑技术、经济、环境和社会等因素,最终的目标是提高能源效率。

以上的定义也反映了我国节能工作的变化,我国节能工作重点从控制能源数量消费转向促进能源的合理消费,即从"减少用能"转变到"提高能效"上。节能的目的从原来的降低能源消耗数量转变为在现有技术经济条件下提高能源效率、提高竞争力。目前,节能已经成为企业技术创新、提高产品竞争力的重要途径。

1.3 港口能源和节能工作的发展历程

中国始终把节约能源放在优先位置。

1980 年原国家经济委员会和国家计划委员会发布《关于加强节约能源工作的报告》

《关于逐步建立综合能耗考核制度的通知》,国家成立了专门的节能管理机构,确定了“开发与节约并举,把节约放在首位”的发展方针。

1986 年 1 月 12 日国务院发布《节约能源管理暂行条例》(2001 年废止)。

1986 年 8 月,交通部发出《关于发布〈交通行业节能管理实施条例〉的通知》(〔1986〕交能字 589 号,已废止)。

1995 年和 1996 年,交通部发布《关于交通行业基本建设和技术改造项目工程可行性研究报告增列“节能篇(章)”暂行规定》(交体法发〔1995〕607 号)、《〈关于交通行业基本建设和技术改造项目工程可行性研究报告增列“节能篇(章)”暂行规定〉实施细则》(交体法发〔1996〕354 号),这两个文件于 2019 年 6 月废止。

1997 年 11 月,全国人民代表大会通过《中华人民共和国节约能源法》,1998 年 1 月 1 日正式实施。为配合该法律的实施,相关部门制定了配套法规和政策,包括《中国节能技术政策大纲》《关于固定资产投资工程项目可行性研究报告“节能篇(章)”编制及评估的规定》《重点用能单位节能管理办法》《中国节能产品认证管理办法》《能源效率标识管理办法》等。

1999 年 2 月,国家经贸委发布《中国节能产品认证管理办法》,确定了节能产品的定义,及节能产品认证方面的内容。

1999 年 3 月,国家经济贸易委员会颁布《重点用能单位节能管理办法》,明确了重点用能单位的定义等内容。

2004 年 6 月,国务院通过《能源中长期发展规划纲要(2004—2020)》,提出每万元 GDP 能耗下降到 1.54t 标准煤,节能重点领域是工业、交通运输、建筑、商用和民用等。

2004 年 11 月,国家发展改革委发布《节能中长期专项规划》,这是改革开放以来中国制定的节能领域的第一个中长期规划。

2005 年 2 月,第十届全国人民代表大会常务委员会第十四次会议通过《中华人民共和国可再生能源法》,促进可再生能源的开发利用,增加能源供应,改善能源结构,保障能源安全,保护环境,实现经济社会的可持续发展。

2006 年 3 月,中国的节能减排政策首次在《中国国民经济和社会发展第十一个五年规划纲要》中提出,以降低能源强度和主要污染物排放量作为主要目标。

2006 年 8 月,中国政府在《国务院关于加强节能工作的决定》中明确提出节能目标。

2007 年 5 月,国务院发布《关于印发节能减排综合性工作方案的通知》(国发〔2007〕15 号),全面部署了工业、建筑、交通等重点领域节能工作。涵盖了结构调整,加大行政管理力度,实施节能环保重点工程,加强节能减排投入,加强节能减排技术研究开发与推广应用。

2007 年 5 月,交通部发布《交通部关于进一步加强交通行业节能减排工作的意见》(交体法发〔2007〕242 号),提出加大交通节能减排科研力度,加快交通行业节能降耗基础性、前瞻性、战略性研究，积极推广使用交通节能新产品新技术。

2007 年 10 月，全国人民代表大会常务委员会通过修改后的《中华人民共和国节约能源法》，从 2008 年 4 月 1 日开始实施。

2007 年 10 月，交通部发布《建设节约型交通指导意见》。

2007 年 12 月，交通部发布《关于港口节能减排工作的指导意见》(交水发〔2007〕747 号)，提出要转变港口经济发展方式，发展港口循环经济，推进港口节能减排工作的新进展，必须坚持依靠科技进步、技术创新，全面提升全员职工的节能减排意识，要坚持优化设计与强化管理相结合、应用先进技术与淘汰落后工艺相结合、健全制度与宣传培训相结合等工作原则。

2008 年 7 月，交通运输部发布《公路、水路交通实施〈中华人民共和国节约能源法〉办法》(交通运输部令 2008 年第 5 号)。

2008 年 9 月，交通运输部发布《关于印发公路水路交通节能中长期规划纲要的通知》(交规划发〔2008〕331 号)，以公路、水路运输和港口生产为重点领域，分别确定了 2015 年和 2020 年的总体目标和主要任务，提出了重点工程和保障措施。

2011 年 8 月，国务院办公厅印发《"十二五"节能减排综合性工作方案》，提出"十二五"期间节能减排的主要目标和重点工作，把降低能源强度、减少主要污染物排放总量、合理控制能源消费总量工作有机结合起来，形成"倒逼机制"，推动经济结构战略性调整，优化产业结构和布局，强化工业、建筑、交通运输、公共机构以及城乡建设和消费领域用能管理，全面建设资源节约型和环境友好型社会。

2011 年 9 月，交通运输部发布《"十二五"水运节能减排总体推进实施方案》，以政策法规、标准规范、示范推广、重点技术攻关四方面为重点，明确了 10 项重点工作、35 项具体工作任务及实施计划。

2016 年 5 月，交通运输部发布《交通运输节能环保"十三五"发展规划》，提出节能目标为港口生产单位吞吐量综合能耗和二氧化碳排放量均下降 2%，新能源和清洁能源车辆占比在 2015 年基础上显著提高。

2016 年 12 月，国家发展改革委、国家能源局发布《能源发展"十三五"规划》，明确了中国"十三五"期间的能源发展目标和主要任务。

2016 年 12 月，国务院印发《"十三五"节能减排综合工作方案》(国发〔2016〕74 号)。

2020 年 9 月 22 日，习近平主席在第七十五届联合国大会一般性辩论上发表重要讲话，提出我国碳达峰、碳中和"3060 目标"的承诺，开启了全国各行业加速推进节能降碳的新征程。

1.4 开展港口能源及节能工作的意义

1.4.1 实现碳达峰碳中和目标的重要支撑

港口设备能耗大，是港口码头能源消耗和碳排放的主要单元。加强能源管理和节约能源不仅能够保证国家的能源安全，降低对外的依存度，而且能够有助于实现降低温室气体排放和大气污染物排放。

实现节能是践行我国对国际社会承诺的体现，一是我国对世界承诺，到 2030 年单位国内生产总值二氧化碳排放比 2005 年下降 60%～65%、非化石能源占一次能源消费比重达到 20%左右、二氧化碳排放 2030 年达到峰值并争取早日实现。我国是全球二氧化碳和二氧化硫排放的大国，来自于国际社会的压力很大，节能是降低排放的重要途径。二是对国际社会人类命运共同体的承诺。随着全球经济一体化的发展，环境问题和气候问题是影响未来世界及国家发展和安全的重要因素。可持续发展和绿色低碳发展是人类命运共同体的重要组成部分。

1.4.2 建设生态文明和绿色发展的重要抓手

港口企业加强能源和节能管理，是落实和执行政府部门生态文明、绿色发展要求的重要抓手，是港口可持续发展、环境保护和全球气候变化应对的客观要求。

随着我国经济的不断发展以及对节约能源和可持续发展政策的不断重视，要求港口行业要不断加强对能源和节能工作的管理。政府作为管理机构，肩负着对港口节能工作引导监管的重任。

港口能源效率提升和节能技术是实现环保、提高资源利用率、可持续发展战略的有效途径。要想使港口能源管理和节能工作真正地开展起来，必须从港口作业的最基本港口设备节能工作抓起，探讨各种港口能源管理措施，建立港口行业节能准入制度的可行性，从而为港口设备的准入和退出机制的建立提供科学依据，为我国港口向资源节约、成本节约、生态良好方向发展提供切实可行的技术措施。

1.4.3 建设世界一流港口的重要途径

一直以来单位吞吐能耗降低等节能指标是港口发展必须执行的量化指标，港口节能和能效评价是建设世界一流港口的重要指标。

《交通强国建设纲要》《关于建设世界一流港口的指导意见》均对节约能源利用能源结构调整、资源集约节约利用提出了要求。《交通强国建设纲要》提出优化交通能源结构，推进新能源、清洁能源应用。《关于建设世界一流港口的指导意见》提出构建清洁低碳的港口用能体系。未来一段时期是我国建设世界一流港口的关键时期，能源结构调整和节能是促进港口高质量发展、建设世界一流港口的重要途径。

1.4.4　企业降低经营成本的重要手段

港口经营生产的最大成本之一是能源消耗支出，所以港口经营者一直在寻求节省能源消费的措施，通过能源管理、优化工艺和实施新技术等手段，节省额外的能源。

节能能够降低企业的经营成本，因此企业有动力进行节能管理和技术改造工作。港口企业作为港口行业节能工作的主要实施者，在进行节能工作的同时，不但能够创造较好的社会效益，而且还能够创造较大的经济效益，因而企业的积极性较高。

目前港口企业能源管理已不再是依靠粗放式的降低能耗就能实现大幅节能目标的阶段，港口单位吞吐量能耗已经到了瓶颈期。港口企业面临着如何评价港口设备节能效果和能耗情况，以及如何评价企业运营过程中的能耗情况，尤其是在行业内其他企业的对比情况的难题。这种局面企业难以发现运行中存在的对能耗及环保有不利影响的环节，各港口企业在运行过程中也积累一些这方面的经验，但评价技术、方法各不相同，水平差别较大。因此港口企业深入开展能源管理和节能工作，有针对性地进行港口设备的节能评价、考核，采用统一及合理的标准和检测手段进行能源精细化管理，挖掘港口企业节能潜力，从而找出存在的问题，降低企业经营成本，提高企业核心竞争力。

2 港口能源与节能政策管理要求

2.1 我国能源发展和节能政策

2.1.1 我国能源发展政策

国家高度重视能源和节能管理。国家相继发布《可再生能源法》《电力法》等，正在筹划制定《能源法》。

氢能源产业得到迅速发展。早在 2006 年，《国家中长期科学和技术发展规划纲要(2006—2020 年)》将氢能和燃料电池技术列为先进能源技术。2015 年，国务院关于印发《中国制造 2025》(国发〔2015〕28 号)的通知中，节能与新能源汽车路线图上把燃料电池汽车作为了一个发展的主要方向。2016 年国家发展改革委、国家能源局联合印发了《能源技术革命创新行动计划(2016—2030 年)》(发改能源〔2016〕513 号)，提出在可再生领域，要重点发展可再生能源制氢等技术。加强氢能与燃料电池技术创新：研究基于可再生能源及先进核能的制氢技术、新一代煤催化气化制氢和甲烷重整/部分氧化制氢技术、分布式制氢技术、氢气纯化技术，开发氢气储运的关键材料及技术设备，实现大规模、低成本氢气的制取、存储、运输、应用一体化，以及加氢站现场储氢、制氢模式的标准化和推广应用。研究氢气/空气聚合物电解质膜燃料电池(PEMFC)技术、甲醇/空气聚合物电解质膜燃料电池(MFC)技术，解决新能源动力电源的重大需求，并实现 PEMFC 电动汽车及 MFC 增程式电动汽车的示范运行和推广应用。研究燃料电池分布式发电技术，实现示范应用并推广。2016 年 12 月国家发展改革委和国家能源局发布《能源生产和消费革命战略(2016—2030)》(发改基础〔2016〕2795 号)，提出加强能源科技基础研究，开展前沿性创新研究，加快研发氢能技术。大力推进纯电动汽车、燃料电池等动力替代技术发展，发展氢燃料等替代燃料技术。2017 年 5 月，科技部和交通运输部出台的《"十三五"交通领域科技创新专项规划》明确提出，推进氢气储运技术发展、加氢站建设和燃料电池汽车规模示范，形成较完整的加氢设施配套技术与标准体系。我国 2019 年《政府工作报告》提出，"推动充电、加氢等设施建设"。2019 年中共中央、国务院发布的《交通强国建设纲要》提出加强充电、加氢、加气和公交站点等设施建设。

国家大力推进生物天然气发展。2019 年 12 月，国家发展改革委等 10 部门联合发布了《关于促进生物天然气产业化发展的指导意见》(发改能源规〔2019〕1895 号)，将生物天然气纳入国家能源体系，强化统筹协调，发挥市场作用，建立分布式生产消费体系，创新体制机制，完善政策措施，加快生物天然气专业化、市场化、规模化发展，增加天然气供应，保护城乡生态环境，促进生态文明建设。生物天然气是以农作物秸秆、畜禽粪污、餐厨垃圾、农副产品加工废水等各类城乡有机废弃物为原料，经厌氧发酵和净化提纯产生的绿色低碳清洁可再生的天然气。

2.1.2　我国节能政策

国家相继发布《节约能源法》《清洁生产促进法》等。这些法律法规为能源和节能管理提供了重要的法律依据，为制定相关政策提供支撑。《节约能源法》是我国节约能源的法律，其第五十二条规定国家加强对重点用能单位的节能管理。下列用能单位为重点用能单位：(一)年综合能源消费总量一万吨标准煤以上的用能单位；(二)国务院有关部门或者省、自治区、直辖市人民政府管理节能工作的部门指定的年综合能源消费总量五千吨以上不满一万吨标准煤的用能单位。《公路、水路交通实施〈中华人民共和国节约能源法〉办法》规定交通重点用能单位是指公路、水路交通年能耗超过 5000 吨标准煤的用能单位。按照 2019 年港口吞吐量单耗 2.1tce/万 t，一万吨标准煤相当于 2381 万吨吞吐量的能源消耗规模。2019 年中国沿海港口货物吞吐量排名第 30 名港口的吞吐量为5408 万 t，因此规模大点的港口均为重点用能单位。

国家大力推进电能替代。2013 年 8 月，国家电网公司发布《电能替代实施方案》，提出了“到 2020 年，累计替代电量达到 10000 亿千瓦时”的电能替代发展目标。2016 年 5 月，国家发展改革委、国家能源局、交通运输部等 8 部委联合发布《关于推进电能替代的指导意见》(发改能源〔2016〕1054 号)，在交通运输领域，支持电动汽车充换电基础设施建设，推动电动汽车普及应用。在沿海、沿江、沿河港口码头，推广靠港船舶使用岸电和电驱动货物装卸。

交通运输部重视港口用能管理。2019 年 9 月中共中央、国务院发布《交通强国建设纲要》，提出构建安全、便捷、高效、绿色、经济的现代化综合交通体系，在绿色发展节约集约、低碳环保任务中，强调优化交通能源结构，推进新能源、清洁能源应用，促进公路货运节能减排，推动城市公共交通工具和城市物流配送车辆全部实现电动化、新能源化和清洁化。2019 年 11 月，交通运输部等 9 部门联合发布了《关于建设世界一流港口的指导意见》(交水发〔2019〕141 号)，提出加快绿色港口建设，构建清洁低碳的港口用能体系。完善港口 LNG 加注、岸电标准规范和供应服务体系，鼓励新增和更换港口作业机械、港内车辆和拖轮等优先使用新能源和清洁能源，加快提升港口作业机械和车辆清洁化比例。《能源技术革命创新行动计划(2016—2030 年)》提出节能与能效提升技术创新，推动高效节能运输工具、制动能量回馈系统、船舶推进系统、数字化岸电系统以及基于先进信息技术的交通运输系统等先进节能技术创新。

2.2　港口能源和能耗考核指标要求

中国国民经济和社会发展规划纲要是国家层面的经济和社会发展纲领性文件，2011年，《中国国民经济和社会发展第十二个五年规划纲要》提出，到2015年，单位GDP能源消耗累计降低16%，单位国内生产总值二氧化碳排放累计降低17%。2016年4月《中国国民经济和社会发展第十三个五年规划纲要》提出，到2020年，单位GDP能源消耗累计降低15%，非化石能源占一次能源消费比重达到15%，单位GDP二氧化碳排放累计降低18%。2021年3月《中华人民共和国国民经济和社会发展第十四个五年规划和2035年远景目标纲要》提出，单位国内生产总值能源消耗和二氧化碳排放分别降低13.5%、18%。

《能源生产和消费革命战略(2016—2030)》提出，到2030年，能源消费总量控制在60亿吨标准煤以内，非化石能源占能源消费总量比重达到20%左右，天然气占比达到15%左右，新增能源需求主要依靠清洁能源满足；单位国内生产总值二氧化碳排放比2005年下降60%～65%。到2050年，非化石能源消费占比达到50%。

2016年12月，国家发展改革委发布了《能源发展“十三五”规划》，明确了中国“十三五”期间能源消费控制。国家在“十一五”“十二五”节能工作基础上，实施能耗总量和强度“双控”行动，明确要求到2020年单位GDP能耗比2015年降低15%，能源消费总量控制在50亿吨标准煤以内，单位国内生产总值二氧化碳排放比2015年下降18%。2016年国务院印发《“十三五”节能减排综合工作方案》，提出了“十三五”时期能源发展主要指标(表2-1)，将全国能耗“双控”目标任务分解到了各地区。同时，实施重点用能单位“百千万”行动和节能自愿活动，推动能源管理体系、计量体系和能耗在线监测系统建设，开展能源评审和绩效评价。

表2-1　“十三五”时期能源发展主要指标

类别	指标	单位	2015年	2020年	年均增长	属性
能源总量	一次能源生产量	亿吨标准煤	36.2	40	2.0%	预期性
	电力装机总量	亿千瓦	15.3	20	5.5%	预期性
	能源消费总量	亿吨标准煤	43	<50	<3%	预期性
	煤炭消费总量	亿吨原煤	39.6	41	0.7%	预期性
	全社会用电量	万亿千瓦时	5.69	6.8～7.2	3.6%～4.8%	预期性
能源安全	能源自给率	%	84	>80		预期性
能源结构	非化石能源装机比重	%	35	39	(4)	预期性
	非化石能源发电量比重	%	27	31	(4)	预期性
	非化石能源消费比重	%	12	15	(3)	约束性
	天然气消费比重	%	5.9	10	(4.1)	预期性
	煤炭消费比重	%	64	58	(−6)	约束性
	电煤占煤炭消费比重	%	49	55	(6)	预期性

续表 2-1

类别	指标	单位	2015 年	2020 年	年均增长	属性
能源效率	单位国内生产总值能耗降低	%	—	—	(15)	约束性
	煤电机组供电煤耗	克标准煤/千瓦时	318	<310		约束性
	电网线损率	%	6.64	<6.5		预期性
能源环保	单位国内生产总值二氧化碳排放降低	%	—	—	(18)	约束性

注:()内为五年累计值。

港口作为重点用能单位,肩负着重要的节能减排任务和面临着严峻的考核目标的挑战。《公路水路交通运输节能减排"十二五"规划》提出的"十二五"港口节能减排指标:以2005 年为基础年,能源强度方面,2015 年实现港口单位吞吐量的能耗总体下降 8%左右,其中沿海港口下降 8%左右,内河港口下降 3%左右。《交通运输节能环保"十三五"发展规划》提出,到 2020 年,港口生产单位吞吐量综合能耗和二氧化碳排放,在 2015 年基础上均下降 2%以上,见表 2-2。

表 2-2　交通运输节能环保"十三五"发展具体目标

所属领域	指标类型	指标名称	2020 年目标值	指标属性
节能降碳	能耗和碳排放强度	1. 营运客车单位运输周转量能耗和二氧化碳(CO_2)排放在 2015 年基础上下降率(%)	能耗 2.1 CO_2 排放 2.6	预期性
		2. 营运货车单位运输周转量能耗和二氧化碳(CO_2)排放在 2015 年基础上下降率(%)	能耗 6.8 CO_2 排放 8	预期性
		3. 营运船舶单位运输周转量能耗和 CO_2 排放在 2015 年基础上下降率(%)	能耗 6 CO_2 排放 7	预期性
		4. 城市客运单位客运量能耗和 CO_2 排放在 2015 年基础上下降率(%)	能耗 10 CO_2 排放 12.5	预期性
		5. 港口生产单位吞吐量综合能耗和 CO_2 排放在 2015 年基础上下降率(%)	能耗 2 CO_2 排放 2	预期性
	能源结构	6. 道路运输清洁燃料车辆保有量在 2015 年基础上增长率(%)	50	预期性
		7. 内河运输船舶能源消耗中液化天然气(LNG)比例在 2015 年基础上增长率(%)	200	预期性

除了对港口的单位吞吐量能耗和碳排放、单位 GDP 的能耗和碳排放等有考核要求外，目前国家也出台了一系列国家标准，对港口重要的能源消耗单元——港口设备的能源消耗进行评价，以便精细化地评价港口能源消耗情况。如《集装箱码头单位产品能源消耗限额》《干散货码头单位产品能源消耗限额》等。

2.3 港口能源计量与能耗统计政策

2018 年，新修订的《中华人民共和国节约能源法》对用能单位的能源统计给予了明确规定，用能单位应当加强能源计量管理，按照规定配备和使用经依法检定合格的能源计量器具；用能单位应当建立能源消费统计和能源利用状况分析制度，对各类能源的消费实行分类计量和统计，并确保能源消费统计数据真实、完整。同时，还对重点用能单位的能源消耗统计进行了更为详细的说明，重点用能单位应当每年向管理节能工作的部门报送上年度的能源利用状况报告。

2008 年 6 月 25 日，交通运输部第 7 次部务会议通过《公路、水路交通实施〈中华人民共和国节约能源法〉办法》，其中第二十条规定，交通用能单位应当建立能源消耗统计制度，建立健全能源计量原始记录和统计台账，确保能源消耗统计数据真实、完整，并按照规定向有关部门报送有关统计数据和资料。

2009 年 5 月，《高耗能特种设备节能监督管理办法》中指出，高耗能特种设备使用单位应当建立健全经济运行、能效计量监控与统计、能效考核等节能管理制度和岗位责任制度。港口设备，尤其是起重机，在使用过程中能源消耗量或者转换量大，并具有较大节能空间，属于高耗能特种设备。这也从侧面对港口的能源计量和统计提出了要求。

2010 年 11 月，交通运输部和国家统计局联合印发交通运输能耗统计监测报表制度，主要能源统计范围包括重点道路运输、水路运输和港口企业。

为切实推动用能单位，尤其是重点用能单位的能源计量工作，便于管理部门的监督管理，2010 年 9 月，国家质量监督检验检疫总局发布了《能源计量监督管理办法》(总局第 132 号令)，对用能单位的能源计量管理制度的建立健全、能源计量器具的规范性、能源计量器具台账的建立、能源计量数据的使用及重点用能单位的能源计量要求等进行了严格的规定。

为加强能源计量和能耗统计工作，《关于印发万家企业节能低碳行动实施方案的通知》(发改环资〔2011〕2873 号)中再次提到了能源计量工作，要求万家企业应按照《用能单位能源计量器具配备和管理通则》(GB 17167—2006)的要求，配备合理的能源计量器具，努力实现能源计量数据在线采集、实时监测。要创造条件建立能源管控中心，采用自动化、信息化技术和集约化管理模式，对企业的能源生产、输送、分配、使用各环节进行集中监控管理。建立健全能源消费原始记录和统计台账，定期开展能耗数据分析。要按照节能主管部门的要求，安排专人负责填报并按时上报能源利用状况报告。

2017年5月,《企业能源计量网络图绘制方法》(GB/T 33656—2017)发布,对企业能源计量网络图的绘制原则、绘制方法进行了规范,进一步规范化能源计量工作。

为了推动用能单位能源计量工作的顺利进行,更好地把握用能单位的能耗情况,2006年,我国出台了国家强制标准《用能单位能源计量器具配备和管理通则》(GB 17167—2006),对用能单位能源计量器具的配备种类、范围、原则和要求,能源计量的人员、器具和数据的管理要求等进行了规定,以规范用能单位的计量器具的配备和管理,确保用能单位能源计量工作和能耗统计工作的顺利开展。

2020年11月,《港口能源消耗统计及分析方法》(GB/T 21339—2020)发布,对港口能源消耗的指标及计算方法、能源消耗统计要求、能源消耗统计分析进行了详细说明。其中规定,能源统计的能源种类主要包含煤炭、柴油、汽油、燃料油、电力和其他能源(包括液化石油气、天然气、焦炭、热力等,不包含润滑油);能源消耗量应以能源计量器具的计量数据为依据,能源计量器具的配备和管理执行GB 17167—2006标准的规定;在附录中给出了各种能源折算、能源比重参照表。

2019年3月,《港口能源计量导则》(JT/T 1258—2019)发布,标准中对于港口能源计量工作给予了明确的规定,包括港口能源计量种类和范围、能源计量管理、能源计量器具及能源计量数据等。

2.4 港口能源管理和评价政策

2.4.1 港口能耗监测

港口能耗监测是对港口的主要能源(电、水、燃油、燃气)的消耗进行监测的活动,能使港口实时掌握能源消耗情况,及时发现能源消耗环节中的问题,从而有针对性地改进或制定节能降耗管理措施。

监测报表是对能源消耗监测的直观体现,为规范港口能源消耗监测工作,2010年11月交通运输部和国家统计局联合印发交通运输能耗统计监测报表制度,主要监测范围包括重点道路运输、水路运输和港口企业,要求各填报单位上报的统计资料盖章签字后直接报送交通运输部综合规划司。其中,港口部分的季度报表包含了港口企业主要能源消耗调查表、装卸机械运用情况调查表、典型码头单位主要能源消耗调查表,年度报表包含了港口企业节能项目实施情况。

2014年9月,交通运输部发布《交通运输部办公厅关于开展交通运输能耗监测试点工作的通知》(交办发〔2014〕182号),决定在部分城市交通运输部门开展交通运输能耗监测试点工作,要求试点城市参照交通运输部制定的能耗在线监测工作技术要求和组织方案,选取若干营运货车和内河船舶样本,完成样本车辆和船舶在线监测设备的安装、调试和运行,实时采集能耗监测数据,并交换至交通运输部能耗在线监测平台,从而探索推进交通运输能耗统计监测工作，检验营运货车和内河船舶能源消耗在线监测技术要求和组织方案，推动能耗在线监测平台建设。首批试点城市为北京、邯郸、济源、常州、南通和淮安。

2017 年 9 月，为加快建设重点用能单位能耗在线监测系统，健全能源计量体系，加强能源消费总量和强度“双控”形势分析和预测预警，推动完成“双控”目标任务，国家发展改革委、质检总局印发了《重点用能单位能耗在线监测系统推广建设工作方案》(发改环资〔2017〕1711 号，以下简称《方案》)，并要求各省(区、市)节能主管部门、质监部门联合编制本地区能源在线监测系统建设工作方案，并于 2017 年底上报。《方案》中指出监测系统采用“国家平台＋省级平台＋重点用能单位接入端系统”的框架，重点用能单位端能耗监测数据上传到省级平台，再由省级平台上传至国家平台，没有建设省级平台的，重点用能单位端能耗监测数据直接上传到国家平台；国家、省级平台实现数据同步和数据交互。其中，对重点用能单位接入端系统的建设主要由重点用能单位负责，主要功能应包含通过计量仪表、工控系统采集、汇总本单位能耗数据，将数据上传至省级平台，或直接上传至国家平台。重点用能单位接入端系统要通过网闸、防火墙、隔离等安全措施，确保内部系统安全和数据安全；要具备远程升级维保、一端多传、接收国家和省级平台推送信息和用能单位自身能源管理所需的功能。另外，《方案》指出，将监测系统建设工作纳入技能目标责任评价考核；在开展节能考核、节能监察、节能量核算、能效对标达标、能源审计、能源计量监督检查等工作时，优先考虑将监测数据作为评价或参考数据，这也体现了港口能源在线监测系统建设的必要性。

2018 年 3 月，国家发展改革委发布了《重点用能单位节能管理办法》(国家发改委令〔2018〕15 号)，其中要求：(1)重点用能单位应当结合现有能源管理信息化平台，加强能源计量基础能力建设，按照政府管理节能工作的部门、质量技术监督部门要求建设能耗在线监测系统，提升能源管理信息化水平；(2)重点用能单位不按要求开展能耗在线监测系统建设和能耗在线监测工作的，由管理节能工作的部门以书面形式责令限期整改；逾期不整改的或者没有达到整改要求的，由管理节能工作的部门处一万元以上三万元以下罚款。2018 年生态环境部针对“非道路移动机械污染防治技术”政策征求意见，该技术政策在有关大气污染防治中提出利用互联网、大数据等信息化技术监控在用非道路移动机械的污染物排放，推进环境保护行政主管部门和企业远程监控平台联网工作。鼓励地方环境保护行政主管部门监控和分析联网数据，筛查高排放非道路移动机械，在禁止使用高排放非道路移动机械的区域通过定位等手段禁止使用高排放非道路移动机械。该技术政策表明，国家相关管理部门将逐步加大对非道路移动机械的污染防治力度。另外，该技术政策拟配套发布生态环境部行业标准《非道路移动机械及其装用的柴油机污染物排放控制技术要求》，便携式排放测试系统(PEMS)已成熟应用到柴油车的整车排放监督检查中，当前已具备相应技术条件，将其引入到对非道路移动机械的排放监督检查中。因此，对现行的《非道路移动机械用柴油机排气污染物排放限值及测量方法(中国第三、四阶段)》(GB 20891—2014)进行必要的补充,制定针对机械排放的检验方法,为非道路移动机械排气污染物排放的有效监管提供了依据。该标准要求装用37kW到560kW柴油机的非道路移动机械应加装壁流式颗粒物捕集器(DPF),装用37kW到560kW柴油机的非道路移动机械,应能通过卫星导航精准定位系统实现对其的准确定位,为进行联网监控提供条件。

2019年7月,交通运输部发布了行业标准《港口能耗在线监测系统技术要求》(JT/T 1277—2019),标准中主要对港口能耗在线监测系统的设计、施工、测试与检验、验收和系统运行维护等方面的技术要求进行了规定,从而为港口能耗在线监测系统的建设提供了参考。

2.4.2 港口能源审计

能源审计是根据国家有关节能法律、法规、标准,对用能单位能源利用的物理过程和财务过程进行调查、测试和分析评价的活动,它是企业提高经济效益和社会效益的重要途径,有利于企业规范能源管理,科学节能,促进企业的能源管理信息化。港口企业开展能源审计工作,能够使港口企业全面了解港口的能源管理水平及用能状况,及时排查港口企业在能源利用方面存在的问题和薄弱环节,挖掘节能潜力,寻找节能方向,有针对性地采取节能措施,从而实现节能降耗、提质增效的目的。国家发展改革委、交通运输部等部门先后出台了多项能源审计方面的政策、标准和管理要求。

《重点用能单位节能管理办法》(国家发改委〔2018〕15号)指出,重点用能单位应当按照国家有关规定实施能源审计,分析现状,查找问题,挖掘节能潜力,提出切实可行的节能措施,并向县级以上人民政府管理节能工作的部门报送能源审计报告。县级以上人民政府管理节能工作的部门对重点用能单位的能源审计报告进行审核,并指导和督促重点用能单位落实节能措施。省级以上人民政府管理节能工作的部门会同有关部门可结合重点用能单位节能目标责任考核结果,对在节能工作中取得显著成绩的重点用能单位和个人给予表彰和奖励。对节能考核结果为未完成等级的重点用能单位,地市级以上人民政府管理节能工作的部门应当责令其实施能源审计、报送能源审计报告、提出整改措施并限期整改。

1997年12月,第一部能源审计的国家标准《企业能源审计技术通则》(GB/T 17166—1997)发布,在2019年进行修订,这也是现行较为完备的能源审计技术国家标准,该标准对企业能源审计的定义、内容、方法、程序及审计报告的编写等进行了原则规定,并重点对能源审计的共性问题和原则问题进行阐述和统一,为企业能源审计工作的开展指明了方向。随后相关国家、行业或地方标准也陆续出台,如《公共机构能源审计技术导则》(GB/T 31342—2014)、《钢铁行业能源审计技术导则》(GB/T 38284—2019)、《建筑材料行业能源审计技术导则》(GB/T 38294—2019)、《交通运输业用能单位能源审计报告编制及审核技术规范》(DB11/T 1207—2015)等。2019年10月《能源审计技术通则》

(GB/T 17166—2019)发布，替代《企业能源审计技术通则》(GB/T 17166—1997)，并于2020 年 5 月 1 日实施。GB/T 17166—2019 标准主要对 GB/T 17166—1997 标准中的术语、能源审计的流程和要求、内容等进行了删减、补充、修改和完善，为今后企业能源审计规范化、合理化提供了依据。

2011 年 12 月，国家发展改革委、工业和信息化部、交通运输部等部门制定了《万家企业节能低碳行动实施方案》，要求对企业开展能源审计和编制节能规划，推动重点用能单位加强节能工作，强化节能管理，提高能源利用效率。

2.4.3 港口能效对标

能效对标是指企业为提高能效水平，与国际、国内同行业先进企业能效指标进行对比分析，确定标杆，通过管理和技术措施，达到标杆或更高能效水平的实践活动。企业是开展能效水平对标活动的实施主体。各相关行业协会对参与能效水平对标活动企业发挥指导作用。各政府主管部门对参与对标活动企业发挥组织、监督和指导作用。

能效对标最早出现于 2007 年 5 月国务院发布的《关于印发节能减排综合性工作方案的通知》(国发〔2007〕15 号)，其第二十五条明确规定“启动重点企业与国际国内行业能耗先进水平对标活动，推动企业加大结构调整和技术改造力度，提高节能管理水平”。随后国家发展改革委发布的《重点耗能企业能效水平对标活动实施方案》(发改环资〔2007〕2429 号)，该方案是重点耗能企业开展对标活动的重要依据。能效对标活动的实施主要包括现状分析、选定标杆、制定方案、对标实践、指标评估和改进提高等步骤。

2009 年 8 月国家发展改革委出版了《重点耗能行业能效对标指南》，系统地阐述了企业能效对标管理的实施内容、步骤，对标管理综合评价方法、对标分析工具等。

2010 年 8 月工信部发布了《关于开展重点用能行业能效水平对标达标活动的通知》(工信厅节函〔2010〕594 号)，选择钢铁、有色、化工、建材等四个重点用能行业中粗钢、电解铝、合成氨、烧碱、电石、水泥、平板玻璃等 13 种产品(工序)，以国内同类企业能效先进水平作为参照值，确定标杆指标，开展能效水平对标达标活动。

2.5 港口节能资金支持政策

港口节能项目主要是建立政府主导、企业主体的节能投入机制，按照“谁污染、谁治理，谁投资、谁受益”的原则，主要采用市场机制的方法解决节能的资金问题。但由于节能项目在一定程度上降低了大气污染物排放，社会效益好，因此在节能技术推进过程中，政府部门对节能减排项目给予一定的政策和资金支持。

1. 对节能减排项目进行专项资金奖励

2007 年 8 月，财政部、国家发展改革委印发《节能技术改造财政奖励资金管理暂行办法》(财建〔2007〕371 号)，规定采取“以奖代补”方式对 10 大重点节能工程给予适当支持和奖励，并对奖励对象和方式、奖励条件、奖励标准进行了明确。

2011 年 6 月，财政部、交通运输部制定了《交通运输节能减排专项资金管理暂行办法》(财建〔2011〕374 号)，中央财政从一般预算资金中安排用于公路水路交通运输节能减排项目实施的资金，该办法明确了支持范围和方式，明确了资金申请、审核与拨付要求、监督管理要求等。奖励资金额度根据项目性质、投资总额、实际节能减排量和社会效益等综合测算：

(1)对节能减排量可以量化的项目，奖励资金原则上与节能减排量挂钩，对完成节能减排量目标的项目单位给予一次性奖励。根据年节能量按每吨标准煤不超过 600 元或采用替代燃料的按被替代燃料每吨标准油不超过 2000 元给予奖励，对单个项目的补助原则上不超过 1000 万元。

(2)对于节能减排量难以量化的项目，可按投资的一定比例核定补助额度，补助比例原则上不超过设备购置费或项目建筑安装费的 20%；对单个项目的补助原则上不超过 1000 万元。

2. 对港口和船舶岸电项目进行专项资金奖励

交通运输部从“十二五”以来一直对岸电技术推广投入资金进行奖励。2011 年、2012 年将“靠港船舶使用岸电技术应用”独立列入交通运输节能减排专项资金奖励内容，奖励靠港船舶使用岸电系统建设或改造成本的 20%，支持经费共计 1195 万元。2013 年以后交通运输部将相关内容融入主题性区域性试点项目中，获评的 11 个绿色低碳示范港口中，岸电项目作为必选项目，得到了专项资金的重点支持，奖励额度为建设或改造成本的 20%。

2017 年《交通运输部关于印发〈靠港船舶使用岸电 2016—2018 年度项目奖励资金申请指南〉的通知》(交规划函〔2017〕100 号)对 2016—2018 年靠港船舶使用岸电项目进行专项奖励，奖励比例分别为 60%、50%、40%，截至 2018 年 2 月底，第一批次、第二批次和第三批次岸电奖励资金申报项目约 260 个，奖励资金 7.36 亿元。

2021 年 4 月 9 日，《国家发展改革委关于修订印发〈重大区域发展战略建设(长江经济带绿色发展方向)中央预算内投资专项管理办法〉的通知》(发改基础规〔2021〕505 号)指出，支持范围为沿江的上海、江苏、浙江、安徽、江西、湖北、湖南、重庆、四川、贵州、云南等 11 省市的船舶岸电系统受电设施改造项目，中央预算内投资支持标准按不超过项目总投资的 60%予以支持，该政策有效期至 2025 年 12 月 31 日。

国家正在研究继续对岸电进行资金支持，奖励政策将与使用效果挂钩，加大对使用效果好的岸电项目的奖励。

部分地方省市也出台了岸电建设资金补贴政策，如上海市、深圳市、辽宁省、广州市、厦门市、天津市、海南省等。

3. 对节能减排项目实施税收优惠政策

2012 年 3 月，财政部、国家税务总局、工业和信息化部联合发布了《关于节约能源、使用新能源车船车船税政策的通知》(财税〔2012〕19号),该通知规定了对节约能源的车船减半征收车船税,对使用新能源的车船免征车船税。

4. 对天然气改造项目进行补贴

2016年,财政部颁布了《船舶报废拆解和船型标准化补助资金管理办法》的补充通知,其中提到了对LNG动力船舶的相关补贴政策:2017年12月31日前对新建LNG动力船或以动力系统整体更新方式改建为LNG动力船舶按规定享受有关专项补贴政策。补助标准如下:主机总功率300kW以下,单船补助54万元;主机总功率300kW及以上至未满600kW,单船补助66万元;主机总功率600 kW及以上至未满1000 kW,单船补助76万元;主机总功率1000kW及以上,单船补助89万元。该办法规定,在2017年12月31日前未完成船舶改建的,经省级交通运输主管部门和船舶检验机构核查后,统一由交通运输部汇总后报财政部,清算日可延长至2018年6月30日。

部分地方城市为响应国家号召,进一步促进绿色低碳工作的开展,各自颁布了地方级别的LNG等清洁能源动力船舶的相关补贴政策,如广州市、深圳市等。

2018年9月,深圳市交通运输委员会发布了《深圳市绿色低碳港口建设补贴资金管理暂行办法实施细则》,提出了深圳市的清洁能源动力船舶的相关补贴政策。该细则明确"清洁能源动力船舶补贴按照购置或建造船舶的发动机成本的30%予以补贴,每艘船最高补贴额度不超过1500万元"。该细则自2018年6月15日起施行,有效期至2020年12月5日。

2019年1月,广州市港务局颁布了《广州港口船舶排放控制补贴资金实施方案》,提出了广州市LNG动力船舶的资金补贴政策。以天然气或电力等清洁能源为动力的新增或改造的广州籍船舶,按照船舶动力系统成本(包括电池及电力推进系统)的30%予以补贴,其中珠江游船舶给予40%的补贴;每艘船最高补贴额度不得超过1500万元。该方案自印发之日起施行,有效期至2020年12月31日。

由上可以看出,国家层面出台的LNG动力船舶资金补贴政策已经于2018年截止,这从一定程度上减少了全国范围内LNG动力船舶建造、改造的积极性。个别地方城市,如广州、深圳的LNG动力船舶资金补贴政策目前仍然有效,可以预见在政策支持日期内,上述两个区域的LNG动力船舶改建造在地方补贴政策支持下仍会保持较高的积极性,但在补贴政策截止日期以后,也会面临积极性降低的问题。

3 港口耗能单元及影响因素分析

3.1 港口能源类型和能量转换

3.1.1 港口常用能源

港口主要消耗的能源有柴油、电力和煤炭，另外还有少量汽油、天然气、氢能等。港口消耗能源的过程就是能量的转移过程。

柴油是轻质石油产品，主要由原油蒸馏、催化裂化、热裂化、加氢裂化、石油焦化等过程生产的柴油馏分调配而成，分为轻柴油和重柴油两大类。与汽油相比，柴油能量密度高，燃油消耗率低。柴油在港口的主要用途是用于车辆、船舶的柴油发动机。目前港口燃油设备主要以柴油为主，《大气污染防治法》规定内河船舶应使用普通柴油，目前我国原有国家标准《普通柴油》(GB 252—2015)已废除，内河船舶使用的柴油要求已经并入到《车用柴油》(GB 19147—2016)标准中，目前柴油执行标准规定的硫含量为不大于 50 mg/kg。

电力是以电能作为动力的能源，是将煤炭、石油、天然气等一次能源通过机械能装置转化成电力，再经输电、变电和配电将电力供应到用户终端。根据 BP 数据，2018 年中国电力的各种能源发电的比例为：石油发电 0.15%、天然气发电 3.14%、煤炭发电 66.54%、核能发电 4.14%、水利发电 16.91%、可再生能源(风能、热能、太阳能、生物质能)发电 8.92%。据预测，到 2040 年，全球电力中可再生能源的比例将达到 30%，中国电力中可再生能源的比例也将达到 30%，达到世界平均水平，电力将越来越清洁，电能替代是国家大力支持的技术方向，港口除了在固定区域运行的设备采用电力外，港口水平运输车辆也逐步实现电气化，电力在港口能源消费中的比例越来越高。电能替代，尤其是“油改电”，可以替代石油消费，降低石油对外依存度，同时减少大气污染物排放和碳排放。

煤炭主要用于港口的锅炉等，煤炭是国家正在逐步降低使用的能源，目前在锅炉等使用场合逐步被液化天然气所代替。

液化天然气(LNG)，主要成分是甲烷，是最清洁的化石能源。液化天然气通常存储在气罐内，在使用时气化。港口牵引车“油改气”就是将燃料由柴油改为液化天然气。液化天然气车辆的非甲烷碳氢化合物和颗粒物排放量较低，但甲烷排放量较高，液化天然气车辆仍有少量的污染物排放，但液化天然气取代柴油后可以减少大量二氧化硫排放和氮氧化物排放，环境效益十分明显。目前液化天然气在港口的应用存在加气站选址和建设审批困难、泄露的安全问题等,应用进程减缓。

汽油是轻质石油产品,主要由石油炼制得到的直馏汽油组分、催化裂化汽油组分、催化重整汽油组分等经精制后与高辛烷值组分经调和制得。汽油是汽车点燃式内燃机的燃料,汽油是公路交通的主要能源,在港口汽油主要是为港作车辆提供能源。中国目前执行的是第六阶段车用汽油国家标准。

氢能是指以氢及其同位素为主体的反应中或氢的状态变化过程中所释放的能量。氢是宇宙中最丰富的化学元素,但氢元素存在于化合物中,因此必须从水或化石碳氢化合物等主要来源中提取氢气。氢气作为燃料不仅比能量高,而且不排放任何碳质污染物。氢气不含有碳,燃烧后不产生二氧化碳。氢气可以通过太阳能、风能等可再生能源获得,被认为是理想的能源载体。氢气作为内燃机燃料时,极易实现稀薄燃烧,排放污染物少,热效率高。氢气不是一次能源,作为能源载体,是燃料电池的最佳燃料,有专家认为氢能是人类能够使用的终极清洁能源。世界各国汽车制造商推出了燃料电池乘用车,截至2019年9月,全世界共有约3.8万辆燃料电池车辆,加氢站约395座,其中200座以上具备70MPa加氢能力。截至2019年底,全国累计建成61座加氢站,加氢压力以35MPa为主,最大压力70MPa,我国燃料电池乘用车和商用车主要采用燃料电池-动力蓄电池混合技术解决方案,由于我国加氢基础设施建设不足,我国燃料电池乘用车处于小批量生产阶段,燃料电池商用车相对发展较快。截至2019年9月,我国燃料电池汽车累计产量达4890辆,其中2018年产量为1618辆,以商用车为主。未来,氢能可以用于目前使用锂电池的任何场合,如我们的手机可以用方便快捷的氢气盒充电。但氢气易燃易爆,如果泄漏可能会带来危险,氢气的安全使用中应避免泄漏。

生物质能是蕴藏在生物质中的能量,可直接或间接通过绿色植物的光合作用,把太阳能转化为化学能后固定和贮藏在生物体内,是一种可再生能源,具有再生性、低污染、分布广泛、低密度等特点。港口常用的生物质能主要有乙醇和生物柴油,乙醇是通过生化法水解、发酵生产出成品乙醇,生物柴油是通过化学法酯化生产成品生物柴油。

除了以上几种能源,港口常用的并在未来应用更多的能源还有太阳能、风能、地热能等,在其他章节中有简单分析,这里不再赘述。

3.1.2 港口能量转换

宇宙间一切运动着的物体都有能量的存在和转化。港口作为交通运输的枢纽,同样存在各种能量的转化。能量就是产生某种效果的能力,如港口水平运输车辆要使货物沿某一方向移动一定的距离 S,若施加在货物上的力为 F,则消耗的功为 $W=F\cdot S$,即需要消耗 $F\cdot S$的能量才能产生货物沿某一方向移动一定距离的效果。再如港口起重机将质量为 m 的货物从静止状态加速到速度为 v,起升高度为 h,则要消耗 $1/2mv^2+mgh$ 的能量。

燃料(柴油和天然气等)能量的转移过程及港口应用见图3-1,燃料通过运输到港口,加入到车辆的油箱中储存,供柴油机使用,通过柴油机将燃料的热能转化为机械能,柴油机输出轴驱动车轮运转，完成能量的转化。热能转换为机械能是传统车辆获得机械能的主要方式，其能量转换主要是在柴油机中完成的，如传统的港口水平运输车辆通过柴油机获得动力。柴油在柴油机气缸内燃烧，推动活塞上下运动，不同气缸相互配合从而带动曲轴转动。柴油机只能将25%～45%燃料热能转换成机械能，其余部分能量大多被排气或冷却介质带走，经过涡轮增压技术后，效率会有所提高。

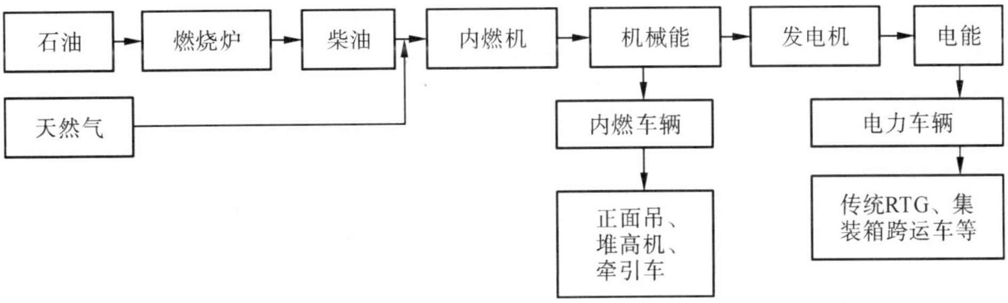

图 3-1 燃料能量转换过程及港口应用

另外，还有一种内燃机电力能量转换方式，柴油机的机械能可以通过直接连接发电机，发电机发出电能为内燃电力车辆供电，如传统轮胎式集装箱门式起重机(RTG)、集装箱跨运车均采用这种柴油机＋发电机即柴油发电机组的形式供电。

电力能量的转移过程见图3-2，港口使用的大部分电力是由专门的电厂发电通过高压线路输送到港口高压变电所。煤炭、石油、天然气等在燃烧炉中燃烧产生热能，加热锅炉中的水，产生高压蒸汽通过汽轮机将热能转换为机械能，汽轮机带动发电机将机械能转化为电能。电厂能量转换效率一般为40%。电能输送到港口后通过变压器为岸边集装箱起重机(岸桥)、轨道式集装箱门式起重机(RMG)、电动轮胎式集装箱门式起重机(电动RTG)等港口电动设备供电。

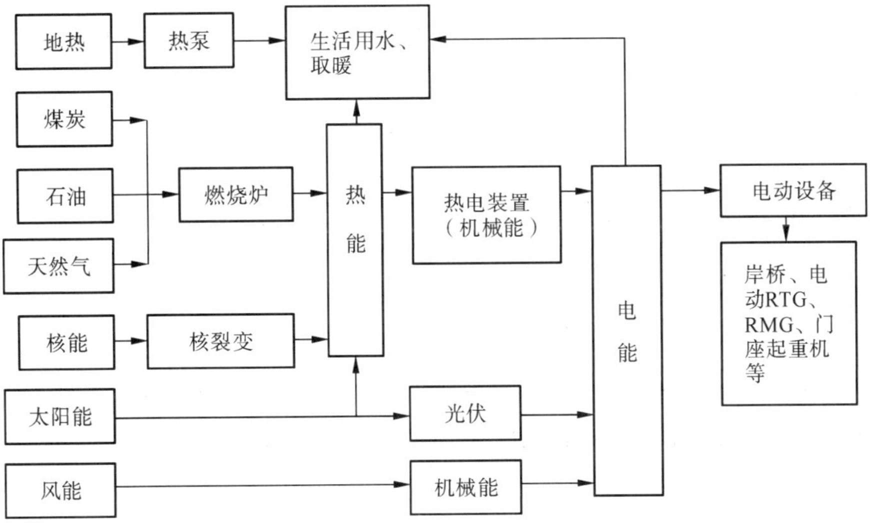

图 3-2 电能及地热能能量转换过程及港口应用

在港口区域还可以利用太阳能光伏发电、风力发电等产生的电能为港口供电。

港区生活用水、取暖的热量可以由电厂或港口锅炉的余热供应，也可由太阳能、地热能供应生活热水。

根据热力学第二定律，能量转换过程总是朝能量贬值的方向进行，高品位的能量可以全部转换成低品位的能量，而低品位的能量不能全部转换成高品位的能量。如有序的机械能可以自发地无条件地转换为无序的热能，而热能转换为机械能是有条件的，热能不可能全部转变为机械能，可以理解为在热能转换机械能的过程中不可避免地存在损失，任何热能转换为机械能的热机的效率不可能是100%。

氢能能量转换过程及港口应用见图3-3。根据制氢的不同途径，制造出的氢气分为灰氢、蓝氢和绿氢，氢气制好后液化储存，通过管道或车船运送到用氢地点进行集中储存，然后配送到加氢站，供氢气内燃机或燃料电池使用，为电动车辆提供动力，港口常用的电动车辆有港口牵引车、集装箱正面吊、空箱堆高机、叉车、装载机、挖掘机、推耙机等。

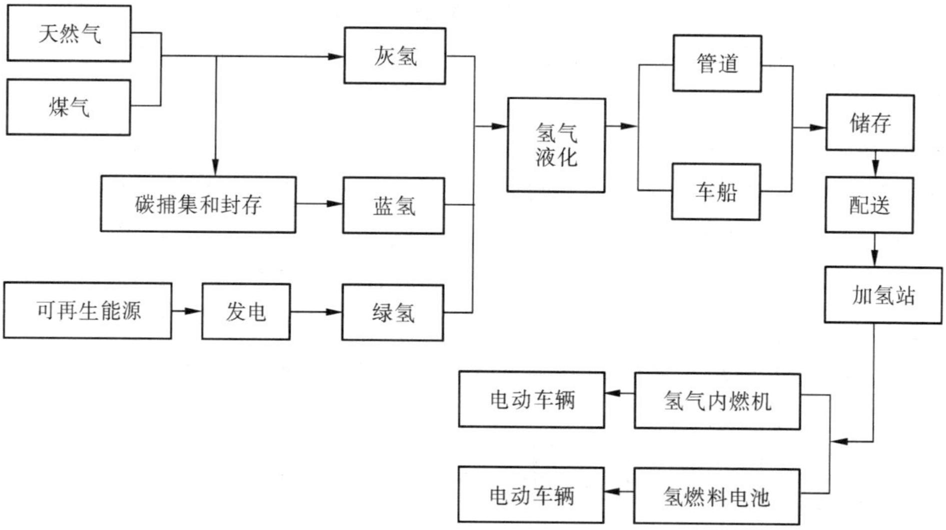

图3-3 氢能能量转换过程及港口应用

3.2 港口用能设备

3.2.1 集装箱码头典型设备

集装箱码头的装卸设备主要包括岸边装卸设备、堆场装卸设备和水平运输设备，另外还有现场照明和客运服务等设备。集装箱码头装卸设备及应用情况见表3-1。

表 3-1 集装箱码头装卸设备及应用情况

类别	设备机型	动力形式	备注
岸边设备	岸边集装箱起重机	电力+电动机	沿海大型港口
	多用途集装箱门座起重机	电力+电动机	内河等中小码头
	轨道式集装箱门式起重机(带悬臂)	电力+电动机	重庆港、长沙港等
	高架集装箱轮胎起重机	柴油机	
	固定式起重机	电力+电动机	梧州港、南宁港等
	台架式起重机	电力+电动机	柳州港等
	浮式起重机	电力+电动机	重庆九龙坡港等
堆场设备	轮胎式集装箱门式起重机	柴油发电机组+电动机或电力+电动机	沿海大型港口
	轨道式集装箱门式起重机	电力+电动机	多在内河港口
	集装箱正面吊运起重机	柴油机	辅助或小型码头
	集装箱跨式运输车	柴油发电机组+电动机	厦门港,欧洲港口
	高架桥式起重机(OHBC)	电力+电动机	国外新加坡的一些港口
	空箱堆高机	柴油机或天然气发动机	空箱堆场
水平运输设备	集装箱牵引车	柴油机或天然气发动机	沿海大型港口
	集装箱卡车(公路用)	柴油机或天然气发动机	小型集装箱码头
	集装箱正面吊运起重机	柴油机或天然气发动机	中小型码头
	牵引车-底盘车	柴油机或天然气发动机	部分多用途码头
	集装箱跨式运输车	柴油发电机组+电动机	厦门港等
	集装箱缆车	电力+电动机	重庆港等大水位差斜坡码头

根据对我国 39 个沿海港口(包括上海港、深圳港等集装箱吞吐量 10 大港口)和内河港口(包括宜宾港、太仓港、武汉港、重庆港等)的港口设备进行调查,共统计出岸边装卸设备 707 台,堆场装卸设备 2396 台,水平运输设备 3986 台。各类机型的分布情况见图 3-4、图 3-5、图 3-6。

由图 3-4 至图 3-6 中港口配备机型的统计分析可知,集装箱码头装卸设备机型较多,但大多数码头配置的装卸和搬运设备基本相同,典型集装箱码头主要设备类型为:

岸边装卸设备:岸边集装箱起重机、多用途门座起重机等。

堆场装卸设备:轮胎式集装箱门式起重机、轨道式集装箱门式起重机、集装箱正面吊运起重机等。

水平运输设备:集装箱码头牵引车、集装箱卡车等。

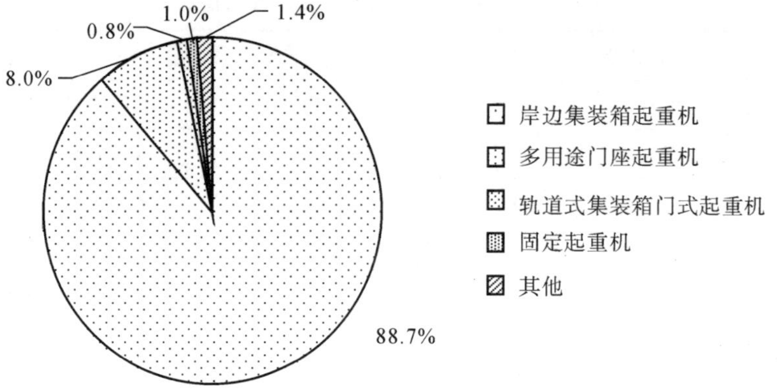

图 3-4　岸边装卸设备各类机型占比

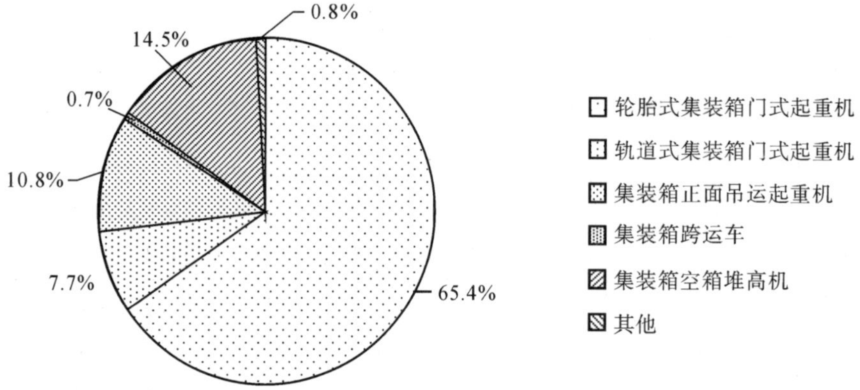

图 3-5　堆场装卸设备各类机型占比

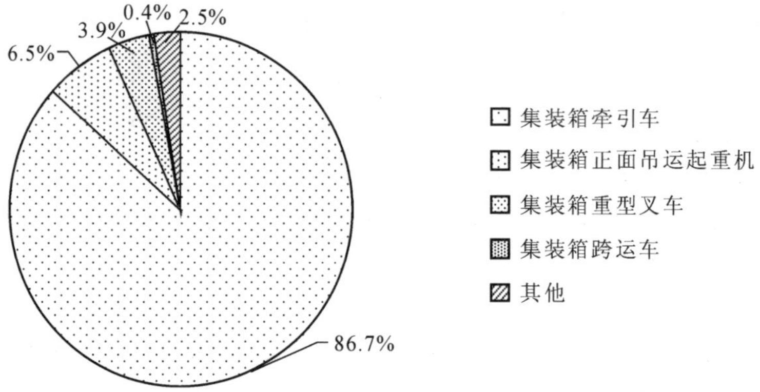

图 3-6　水平运输设备各类机型占比

集装箱码头主要设备介绍如下：

(1)岸边集装箱起重机

岸边集装箱起重机简称岸桥，是装卸集装箱船的专用起重机，布置于集装箱码头前沿，主要用于将船上的集装箱卸到码头面或码头水平运输设备(如集装箱卡车)上，或相反将集装箱装上船。岸桥在工作时,大梁处于水平状态。岸桥不工作时或在船只靠泊、离岸时,通常须将岸桥前大梁仰起以避让船舶上层建筑物。岸桥是集装箱码头装卸能力的决定因素之一,一台岸桥对应一条装卸线。岸桥的起重能力应保证吊起到港最大质量集装箱以及到港船舶最重舱盖板;岸桥的外伸距应考虑甲板上允许堆放集装箱的最大高度,当船舶向外倾斜3°时,仍能吊起甲板上外舷侧最上层的集装箱。岸桥更换为双箱吊具,可以同时起吊两个40英尺集装箱。目前最大岸桥的额定起重量为65～100t,最大前伸距为68～73m,可装卸24000TEU集装箱船。

(2)轮胎式集装箱门式起重机

轮胎式集装箱门式起重机(RTG)是一种在集装箱场地上进行集装箱堆垛和装卸的机械,整机行走机构为轮胎式,与轨道式集装箱门式起重机相比,轮胎式集装箱门式起重机具有作业灵活、机动性能好、通用性强、不受轨道限制的特点。它不仅能前进后退,而且还设有转向装置,车轮能转向90°,可从一个场区向另一个场区进行作业。常用的标准轮胎式集装箱门式起重机横向可以跨6列集装箱和一条通道,跨距为23.47m,可堆5～6层。随着设备的大型化,跨度最大达到9列集装箱+1条集装箱卡车车道。传统轮胎式集装箱门式起重机由柴油发电机组供电,目前已逐步实施“油改电”,即由柴油发电机组供电改为市电供电。

空箱轮胎式集装箱门式起重机在港口也有应用,用来替代空箱堆高机、集装箱正面吊等设备进行空箱的装卸,吊具下起重量一般为5～8t。

(3)轨道式集装箱门式起重机

轨道式集装箱门式起重机(RMG)也是一种在集装箱场地上进行集装箱堆垛和装卸的机械,整机行走机构为钢制车轮,在固定的轨道上沿直线行走。轨道式集装箱门式起重机具有堆垛层数多、跨距大、效率高、场地利用率高、自动化程度高、故障率低、操作简单、维修方便、能耗低、运营成本低和节能环保等特点。轨道式集装箱门式起重机的跨度为30～65m,可堆7～8层高,吊具下起重量为35～60t,在结构形式上可设置不带悬臂和带悬臂、单悬臂和双悬臂等。轨道式集装箱门式起重机限制在所设轨道的某一场地范围内进行作业,不能像轮胎式集装箱门式起重机那样可跨箱区作业,但通过定位装置可以精确地控制位置,是自动化集装箱码头比较理想的一种堆场作业机械。

最近几年,空箱轨道式集装箱门式起重机得到发展和应用。空箱RMG集装箱吊具下起重量一般为5～8t。

(4)集装箱牵引车

集装箱牵引车通常是指牵引全挂或半挂式平板车,在码头、货场、仓库或站台上进行水平运输的港口专用搬运车辆。集装箱牵引车的一个重要特点是没有承载货物的平台,必须与全挂车或半挂车配合使用,或直接牵引可行走设备,只能作为牵引工具,不能单独运输货物。

在集装箱码头使用的港口牵引车一般称为集装箱牵引车,可分为集装箱半挂式牵引车和集装箱全挂式牵引车，目前集装箱码头应用的主要是集装箱半挂式牵引车。集装箱半挂式牵引车（以下简称集装箱牵引车）与全挂式牵引车的主要差别是，其后部装有供连接挂车用的牵引鞍座，配套的集装箱挂车一般为半挂车，即牵引车承担挂车及集装箱的一部分重量，而全挂港口牵引车后面配套的挂车为全挂车。集装箱牵引车和半挂车应符合国家标准《道路车辆牵引车与半挂车之间机械连接互换性》（GB/T 20070—2006）的规定。在港口范围内使用的集装箱牵引车具有运输距离短、运行区间固定、低速重载、连续工作、挂摘板方便等特点，特别适合港口狭小场地进行繁忙、高效作业。集装箱牵引车配备不同的半挂车和鞍座，还可以运输件杂货，集装箱牵引车的牵引质量可达 65～80t。

传统集装箱牵引车的动力主要以柴油机为主，目前集装箱码头天然气发动机驱动集装箱牵引车应用也较多。锂电池、超级电容等电力驱动集装箱牵引车也有应用，是未来的一个重要发展趋势。

集装箱牵引车在一些码头称为码头牵引车、拖车、拖头、集装箱卡车（集卡）。在集装箱码头集装箱牵引车加上后面的半挂车，也称为集装箱拖挂车。

图 3-7　全司机室码头牵引车

图 3-8　偏置司机室码头牵引车

集装箱牵引车和集装箱卡车在各码头的称谓不一样，卡车又称作载货汽车，一般称作货车，指主要用于运送货物的汽车，有时也指可以牵引其他车辆的汽车。卡车的范围大，在港口应用的有自卸车、集装箱卡车等，集装箱卡车是能运送集装箱的汽车，实际是能够牵引装载集装箱的半挂车的汽车。因此，卡车的范围大，牵引车属于卡车，但卡车不一定是牵引车。集装箱卡车与集装箱牵引车的区别，集装箱卡车一般为全司机室样式（图 3-7），主要是指公路上行驶的功率大、速度高的牵引车，而集装箱牵引车大部分为偏置司机室样式，见图 3-8。

(5)集装箱正面吊运起重机

集装箱正面吊运起重机（简称集装箱正面吊）是一种用来完成集装箱装卸、堆码和水平运输作业的港口装卸搬运车辆，具有机动性强、作业效率高、操作简便舒适等优点。集装箱正面吊配有多功能自动伸缩式吊具，适用于 20 英尺和 40 英尺的集装箱装卸，能够实现回转、横移、倾斜动作，便于对箱和通过较狭窄的通道；能跨箱作业，堆码多层集装箱，但跨箱装卸作业能力有限，倒箱率高，单箱作业成本和维护成本高。集装箱正面吊最大装卸到第 4 排，第 1 排第 4 层的最大起重量为 45t，第 5 层的最大起重量为 35～42t。除了装卸集装箱外，集装箱正面吊使用不同吊具还可以装卸钢卷、木材等货物。集装箱正面吊主要以柴油机作为动力，目前少量应用天然气发动机或锂电池驱动的集装箱正面吊。

(6)空箱堆高机

空箱堆高机是用于堆场装卸、堆码空集装箱的港口装卸搬运车辆，具有流动性好、操作灵活等特点，一般作为集装箱码头的辅助作业设备。空箱堆高机的额定起重量一般为 8～9t。目前，空箱堆高机的动力以柴油机为主。柴油机的优点是动力强劲、适用范围广，缺点是排放和噪声污染较大，因此环保性更好的 LNG 发动机及电池＋电动机驱动空箱堆高机必将是未来行业发展的趋势。

(7)集装箱跨运车

集装箱跨运车是集集装箱搬运、堆码、换装和装卸功能于一体的港口装卸搬运车辆，集装箱跨运车一般用于集装箱码头的短中途运输集装箱并可用作场地的堆垛。集装箱跨运车分为以堆垛为主的堆垛型集装箱跨运车和以运输为主的低矮型集装箱跨运车，堆垛型集装箱跨运车的堆垛层数最大能达到 4 层，低矮型集装箱跨运车是用于岸桥与堆场间的集装箱运输的跨运车衍生出一种短程以水平运输为主的机型，其起升高度只能堆码二层集装箱。额定起重量为 40～50t。集装箱跨运车主要以柴油发电机组为动力，另一个发展趋势是采用混合动力系统，用小功率的柴油机配备可充放电的锂电池系统作为跨运车的动力源，降低柴油机的功率，大大地节省了对柴油的能源消耗，减少了污染物排放。

(8)集装箱自动导引车

集装箱自动导引车也称自动导向搬运车、自动引导搬运车，用于自动化集装箱码头前沿岸桥和堆场之间的水平运输，车体上部为装载平台，每车可装 1 个 40 英尺箱或 2 个

20 英尺箱，额定载荷为 60～70t。集装箱自动导引车自身带有车载传感器，可以精确确定自身位置、运行速度等信息，并具有一定的障碍物识别能力，在导航系统和车辆管理系统的指挥下实现全自动无人驾驶。自动导引车具有降低劳动力成本、24h 不间断运转、降低人员事故费用等优点，但自动导引车的购置车辆和软件系统的初始投资偏高。自动导引车的动力逐渐由柴油发电机组替换为锂电池电动形式，环保性越来越好。

3.2.2 干散货码头典型设备

干散货码头按照装卸货物种类不同，又可分为矿石和煤炭码头、散粮码头等。

矿石和煤炭码头主要是以装卸矿石和煤炭为主，矿石和煤炭的装卸、运输和储存条件相似，因此装卸工艺和设备基本相同，矿石和煤炭码头典型设备见表 3-2。

表 3-2 矿石和煤炭码头典型设备

类别	设备机型	动力形式	备注
岸边设备	移动式装船机	电力＋电动机	沿海大型港口
	固定式装船机	电力＋电动机	内河等中小码头
	门座起重机(带抓斗)	电力＋电动机	重庆港、长沙港等
	桥式抓斗卸船机	电力＋电动机	沿海大型港口
	链斗式连续卸船机	电力＋电动机	
	螺旋式连续卸船机	电力＋电动机	海口、大连港等
	埋刮板式卸船机	电力＋电动机	
	双带式卸船机	电力＋电动机	
	装载机	柴油机或天然气发动机	清仓设备，岸边设备下作业
	推耙机	柴油机或天然气发动机	清仓设备
水运运输设备	带式输送机	电力＋电动机	
	自卸车	柴油机或天然气发动机	短距离水平运输
堆场设备	臂式堆料机	电力＋电动机	专业干散货码头
	斗轮取料机	电力＋电动机	专业干散货码头
	斗轮堆取料机	电力＋电动机	专业干散货码头
	挖掘机	柴油机或天然气发动机	
装卸车设备	装车楼	电力＋电动机	
	装车机	电力＋电动机	
	装载机	柴油机或天然气发动机	
	螺旋卸车机	电力＋电动机	
	翻车机	电力＋电动机	

散粮码头主要是以装卸玉米、大豆等散装粮食为主,散粮码头典型设备见表 3-3。

表 3-3　散粮码头典型设备

类别	设备机型	动力形式	备注
岸边设备	移动式装船机	电力＋电动机	沿海大型港口
	固定式装船机	电力＋电动机	内河等中小码头
	门座起重机(带抓斗)	电力＋电动机	
	桥式抓斗卸船机	电力＋电动机	沿海大型港口
	链斗式连续卸船机	电力＋电动机	
	螺旋式连续卸船机	电力＋电动机	日照港
	埋刮板式卸船机	电力＋电动机	
	双带式卸船机	电力＋电动机	
	气吸式卸船机	电力＋电动机	
	波纹挡边卸船机	电力＋电动机	
	港口吸粮机	电力＋电动机	
	装载机	柴油机或天然气发动机	清仓设备,岸边设备下作业
	推耙机	柴油机或天然气发动机	清仓设备
水运运输设备	托辊带式输送机	电力＋电动机	
	气垫式带式输送机	电力＋电动机	
	埋刮板带式输送机	电力＋电动机	
	圆管带式输送机	电力＋电动机	环保性好
垂直提升设备	倾斜式带式输送机	电力＋电动机	
	斗式提升机	电力＋电动机	
	双带式提升机	电力＋电动机	
	埋刮板机	电力＋电动机	
装卸车设备	机械铲	柴油机或天然气发动机	
倒仓和灌包设备	仓顶埋刮板机	电力＋电动机	
	回转分料器	电力＋电动机	
	灌包机	电力＋电动机	

干散货码头的典型设备介绍如下:

(1)桥式抓斗卸船机

桥式抓斗卸船机是指适用于散货驳船和海轮的卸船作业的机械,桥式抓斗卸船机是以传统的抓斗的开闭和升降来搬运物料。桥式抓斗卸船机在作业时由抓斗从船舱内抓取物料，通过小车运行至料斗上方后打开抓斗卸料，物料经料斗、给料装置、物料切换装置送至码头地面带式输送机上。额定生产能力最小为500t/h，一般为1000t/h以上，目前最大能力达到4000t/h。桥式抓斗卸船机应用广泛，港口、电厂等需要卸载煤炭、矿石、橄榄石、硫黄等散状物料的场合，均可选用此类型卸船机。作为专业化比较强的设备，其工作效率较高，抓斗的适应性也较强，对于各种散状物料均有较好的接卸能力。

(2)门座起重机

门座起重机是用于港口码头进行船舶和车辆货物装卸、转载作业的起重机，属于码头前沿起重设备。门座起重机的主要工作机构有起升机构、变幅机构、回转机构和运行机构。通用门座起重机多用于港口码头前沿或货场采用吊钩进行件杂货作业或采用抓斗进行散货装卸作业。多用途门座起重机主要用于港口码头前沿采用吊钩进行件杂货作业、采用抓斗进行散货作业、采用集装箱吊具进行集装箱作业。带斗门座起重机主要用于大宗散货的抓斗装卸作业，是港口码头的专用散货装卸设备。门座起重机的常用起重量有3t到300t不同系列，港口常用带斗门座起重机的最大起重量为40t，幅度为45m。

(3)螺旋式连续卸船机

螺旋式连续卸船机(简称螺旋卸船机)是以水平螺旋输送机、垂直螺旋输送机以及特制的取料装置为主要工作机构的输送机械，螺旋卸船机具有装卸效率高、对货物与船型的适应性强、结构简单、质量小、对环境污染小、能耗较大、工作部件磨损较大等特点。螺旋卸船机已广泛地应用于港口散货专用码头的卸船作业。螺旋卸船机生产能力范围在100～2000t/h，适用于从1000吨级驳船至120000吨级远洋船的各种船型，可用于接卸水泥、谷物、木薯干、煤、化肥及化学原料、饲料、铝矾土等各种散粒物料。

(4)链斗式连续卸船机

链斗式连续卸船机(简称链斗卸船机)是以垂直设置的链斗提升机为主体，利用连续运行的串在一起的链斗从船舱挖取并提升物料，再通过回转给料盘授料机构、带式输送机等物料输送设备将物料卸至码头的输送机械。链斗卸船机具有出料能力稳定、对码头负载小、操作简便、易实现自动化、粉尘少、节能环保等特点。链斗卸船机生产能力范围在800～4500t/h，最大适用于40万吨级远洋船，可用于铁矿石、煤炭、石灰石、砂土、化肥原料和原糖等各种散装物料的卸船作业。与桥式抓斗卸船机相比，链斗式连续卸船机清仓效率高，辅助清仓机械的作业量少，环保性好。

(5)带式输送机

带式输送机是一种摩擦驱动以连续方式运输物料的机械，主要由机架、输送带、托辊、滚筒、张紧装置、传动装置等组成。带式输送机具有输送能力强、输送距离远、结构简单易于维护、能方便地实行程序化控制和自动化操作等特点。带式输送机适用于如煤、矿石、砂、水泥、化肥、粮食等散货物料的输送。随着技术发展，带式输送机已有托辊、圆管、埋刮板等多种形式。

(6)散货装船机

散货装船机是能够将大宗散货连续装入散货船中的装船输送机械。装船作业时,物料通常由后方皮带机系统通过尾车将物料装载到臂架皮带机送至臂架前端经溜筒装入船舱内。通过臂架的伸缩、俯仰、回转和整机行走改变装料点位置,以适应船型、船舱和水位及装船工艺要求。散货装船机的最大生产能力可达到 12000t/h,适用于 40 万吨级远洋船型,可用于煤炭、矿石、散粮等货物的装船。散货装船机是相对环保的装船机械。

(7)散货堆取料机械

散货堆取料机械包括堆料机、取料机和堆料、取料一体的堆取料机。

堆料机是一种将散货在堆场上进行堆垛的机械。散货由卸船机或卸车机卸下后,通过带式输送机系统送至堆场,由堆料机进行堆垛。堆料机可分为单臂式、双臂式和悬臂式三种结构形式,主要适用于煤炭、矿石等物料。堆料机的常用生产能力的范围为 1000～4500t/h,最大的理论生产能力可达 15000t/h 以上。

取料机是用于挖取堆场上的散粒物,连续供给地面或坑道带式输送机,是将散货从堆场取出的专用机械。取料机通常有门式取料机、斗轮取料机和螺旋喂料机等机型,主要适用于煤炭、矿石等散货。取料机常用生产率范围为 1000～3500t/h,最大的理论生产率可达到 10000t/h。

堆取料机是堆场上具有堆料和取料双向作业功能的装卸机械,主要以斗轮堆取料机为主,它既可以用于挖取堆场上的散货,连续供给地面或坑道带式输送机取料,也可以将卸船机等其他装卸设备输送过来的物料,通过臂架皮带机在堆场上进行堆料。斗轮堆取料机主要适用于煤炭、矿石等散货,常用生产率范围为 1000～3500t/h,最大的理论生产率也可达到 10000t/h。

(8)散货装卸车机械

散货装卸车机械包括散货装车机、链斗卸车机、翻车机、螺旋平料机等。

散货装车机是与码头后方带式输送机系统相衔接,用于将从堆场取出的物料装入火车车厢的大型散货连续式装车机械。散货装车机包括伸缩臂架式散货装车机和横移臂架式散货装车机等机型。装车机的效率较高,一般可达到 3500t/h。

链斗卸车机是将火车车厢的散货卸车,并输送到堆场进行堆放的一种散货连续式卸车机械,主要由链斗提升机、升降机构、带式输送机等部件构成。链斗卸车机具有效率高、节省人力、能够降低装卸成本等特点,适用于煤炭、矿石等物料,链斗卸车机的生产率一般为 300～400t/h,每小时可接卸 5～6 节敞车。

翻车机系统是用来自动翻卸铁路敞车的整套机械装备,主要由翻车机、重车调车机、空车调车机、迁车台、夹轮器、安全止挡器等组成,主要用于翻卸各种铁路敞车运载的煤炭、矿石等物料。翻车机可分为单车翻车机、双车翻车机、三车翻车机和多车翻车机,三车翻车机及多车翻车机大多数应用于港口等规模化、专业化码头。现有产品中最大的翻车效率可达到 5600t/h。

螺旋平料机是对火车车厢内煤炭、矿石等散货顶面进行平整作业的专用机械。螺旋平料机用来替代人工操作挖掘机平车作业模式，具有平料效果好、效率高、节省人力、安全可靠等特点。螺旋平料机主要由螺旋推料机构、升降机构、行走机构等组成。螺旋推料机构主要由两组螺旋方向相反的螺旋输送机以及设置在螺旋输送机侧面的刮板组成，对物料进行平整。根据平料机整体支承结构形式不同可分为高架轨行式、地面轨行式、高架固定式、车帮行走式等四种，对煤、水泥熟料作业时的生产效率为 60 节/h，对矿石作业时的生产效率为 40 节/h。

3.2.3　件杂货码头典型设备

件杂货码头主要是以装卸大件、散杂货为主，件杂货码头典型设备见表 3-4。

表 3-4　件杂货码头典型设备

类别	设备机型	主要动力形式	备注
岸边设备	门座起重机	电力＋电动机	一般件杂货码头
	港口轮胎起重机	柴油机或天然气发动机	一般件杂货码头
	多用途悬臂轨道式门式起重机	电力＋电动机	株洲港等码头
水运运输设备	全挂港口牵引车	柴油机或天然气发动机或电动机	一般件杂货码头
	自卸车	柴油机或天然气发动机或电动机	
	叉车	柴油机或天然气发动机或电动机	
堆场设备	轨道式门式起重机	电力＋电动机	较大件杂货码头
	港口轮胎起重机	柴油机或天然气发动机	一般件杂货码头
	汽车起重机	柴油机或天然气发动机或电动机	
	叉车	柴油机或天然气发动机或电动机	
	木材装载机	柴油机或天然气发动机或电动机	

(1)轮胎起重机

轮胎起重机是一种利用轮胎式专用底盘行走的动臂回转式机械，由上车和下车两部分组成，上车为起重作业部分，包括臂架、起升机构、变幅机构、回转机构、平衡配重和转台等；下车为支承和行走部分。轮胎起重机的额定起重量在不同的工作幅度时不同，根据起重机厂家提供的特性曲线确定不同幅度和臂长下的额定起重量。目前轮胎起重机的最大起重量可达到 65t。轮胎起重机的动力主要是采用柴油机或天然气发动机。

(2)重大件装卸起重机

重大件装卸起重机主要有大件桥式起重机、大件门座起重机、大件门式起重机、桅杆起重机等，机构形式和工作特性与前面介绍的相近机型类似，各个设备具有不同的性能和优势，能源消耗的差别也较大。

3.2.4　其他码头典型设备

除了以上集装箱码头、干散货码头、件杂货码头外，其他码头还有通用码头、多用途码头、滚装码头、客运码头、邮轮码头、工作船码头等，下面主要介绍通用码头、多用途码头和液体散货码头设备。

通用码头主要以装卸件杂货和散货为主，典型设备见表 3-5。

表 3-5　通用码头典型设备

类别	装卸设备机型	主要动力形式	备注
岸边设备	门座起重机	电力+电动机	内河中小码头
	港口轮胎起重机	柴油机或天然气发动机	内河中小码头
	岸边门式起重机	电力+电动机	内河中小码头
水运运输设备	全挂港口牵引车	柴油机或天然气发动机或电动机	内河中小码头
	自卸车	柴油机或天然气发动机或电动机	内河中小码头
	叉车	柴油机或天然气发动机或电动机	内河中小码头
	移动带式输送机	电力+电动机	内河中小码头
	固定带式输送机	电力+电动机	内河中小码头
堆场设备	抓斗起重机	电力+电动机	
	港口轮胎起重机	柴油机或天然气发动机或电动机	
	汽车起重机	柴油机或天然气发动机或电动机	
	叉车	柴油机或天然气发动机或电动机	
	单斗装载机	柴油机或天然气发动机或电动机	
	履带式斗轮取料机	柴油机或天然气发动机或电动机	

多用途码头主要以装卸件杂货、散货、集装箱为主，典型设备见表 3-6。

表 3-6　多用途码头典型设备

类别	设备机型	主要动力形式	备注
岸边设备	多用途门座起重机	电力+电动机	主要以装卸集装箱为主，内河码头应用较多
	高架轮胎起重机	柴油机或天然气发动机	
	岸边门式起重机	电力+电动机	
水运运输设备	全挂港口牵引车	柴油机或天然气发动机或电动机	
	集装箱牵引车	柴油机或天然气发动机或电动机	
	叉车	柴油机或天然气发动机或电动机	
	自卸车	柴油机或天然气发动机或电动机	

续表 3-6

类别	设备机型	主要动力形式	备注
堆场设备	轮胎式集装箱门式起重机	电力＋电动机	
	轨道式集装箱门式起重机	电力＋电动机	
	集装箱正面吊运起重机	柴油机或天然气发动机或电动机	
	空箱堆高机	柴油机或天然气发动机或电动机	
	港口轮胎起重机	柴油机或天然气发动机或电动机	
	叉车	柴油机或天然气发动机或电动机	
	汽车起重机	柴油机或天然气发动机或电动机	
	木材装载机	柴油机或天然气发动机或电动机	

液体散货码头主要是装卸化工品、油品等液体散货，典型设备见表 3-7。

表 3-7　液体散货码头典型设备

类别	设备机型	主要动力形式	备注
岸边设备	装卸臂	电力＋电动机	
	输油臂	电力＋电动机或液压	主要为各机构提供动力
	卸空设备	电力＋电动机	
吹扫设备	制氮设备	电力＋电动机	
	扫线设备	电力＋电动机	
辅助设备	管线伴热设备	电力＋电动机	

3.2.5　辅助生产设备

辅助生产设备是码头除了专业化设备外，保障装卸生产正常进行的设备，包括机修车间、办公楼、给排水等辅助设备。具体见表 3-8。

表 3-8　辅助生产设备动力形式

类别	设备机型	主要动力形式	备注
港作车船	拖轮	燃料油或 LNG 或电动机	靠港须使用岸电
	公务船	燃料油或 LNG 或电动机	靠港须使用岸电
	货车	柴油机或天然气发动机或电动机	
	加油车	柴油机或天然气发动机或电动机	
	检修车	柴油机或天然气发动机或电动机	
	消防车	柴油机或汽油机或天然气发动机或电动机	
	垃圾清运车	柴油机或汽油机或天然气发动机或电动机	
	洒水车	柴油机或汽油机或天然气发动机或电动机	

续表 3-8

类别	设备机型	主要动力形式	备注
辅助生产设备	铁路机车	煤炭或电力	
	冷藏箱保温设备	电力	
	口岸查验	电力或柴油	
	环保设施	电力	
	锅炉	煤炭或天然气	
建筑物	机修车间	电力	
	生产办公楼	电力	
	候工楼	电力	
	给排水设备	电力	

3.2.6 附属生产设备

附属生产设备是为生产服务的部门和单位的浴室、食堂等生活设施的设备，主要包括生活用电、用水等设备。

3.3 港口设备动力及功率分析

3.3.1 港口设备的主要动力形式

动力装置的作用是供给港口设备工作所需的能量，驱动港口设备的行走、起升、俯仰、回转等工作装置运行，以及满足其他能量的需要。

港口设备类型的不同对动力装置的要求不同，如港口水平运输车辆(即港口流动设备)为了保证良好的流动性——满场飞，应设有独立的随车能量来源，并且能够保证随时处于准备工作的状态，如港口牵引车、集装箱正面吊、空箱堆高机、集装箱叉车等，主要采用便携的能源——“含能体能源”。

而非“满场飞”的大部分港口起重运输机械对能源来源的要求相对固定，一般在固定区域内沿轨道直线运行，如岸边集装箱起重机、轨道式集装箱门式起重机、桥式抓斗卸船机、斗轮堆取料机等，可采用电力——“过程性能源”作为能源。

港口设备动力装置须满足以下要求：费用低；可靠性和稳定性好，维修方便；对环境污染小，噪声小，这一点对于近几年港口设备的动力装置选择尤为重要，因为随着国家对环境要求越来越高，要求港口设备采用节能环保的动力装置。

港口流动设备除了满足以上要求外，还需要满足以下特殊要求：便携的随车能量来源；质量轻，比功率高，占用设备空间小；原动机的工作特性要适应港口流动设备工作的特点，扭矩应随着运行阻力的变化而在较大范围内变化。

根据以上分析，对于“满场飞”的港口流动设备虽然还没有完美的动力装置，但能满足主要要求，实际使用的动力装置主要有：

(1)内燃机驱动，如柴油机驱动、天然气发动机驱动、氢燃料发动机驱动。

(2)内燃机电力驱动，如柴油(天然气)发电机组＋电动机驱动，即柴油机(天然气发动机)带动发电机发电，电能供给电动机驱动。

(3)电力驱动，包括蓄电池＋电动机驱动、锂电池＋电动机驱动、氢燃料电池＋电动机驱动等。

对于运行区域固定的非“满场飞”港口起重运输机械的动力装置，主要采用市电＋电动机的驱动模式，以市电作为能源来源，再由电动机驱动各个工作装置即可。按供电方式不同可分为电缆卷筒供电、滑触线供电等。

按动力的类别分别将以上动力装置形式介绍如下：

3.3.1.1　内燃机驱动

内燃机驱动是港口流动设备最传统、最常用的驱动方式。内燃机能够在气缸内将燃料所含的能量直接转化为机械能，而使港口流动设备具有独立的能量来源。内燃机分为汽油机、柴油机、天然气发动机等。柴油机具有压缩比高、价格低、排放的污染物相对较少、故障率低等特点，在港口流动设备上多使用柴油机作为动力装置。而汽油机在轿车和小型港口流动设备上应用较多。由于天然气发动机不仅可以降低污染物排放，而且使用寿命长，越来越多的港口流动设备采用天然气发动机。

(1)柴油机

柴油机是以燃烧柴油来获取能量和动力的发动机。柴油机在气缸内燃烧，每个工作循环经历进气、压缩、做功、排气四个冲程，柴油发动机为压燃式。柴油机热效率和经济性较好，同时在相同功率的情况下，柴油机的扭矩大，最大功率时的转速低，适合于港口流动设备的使用。柴油机的缺点是运转时的振动和噪声较大，排放的废气污染环境。

柴油机驱动行走机构的连接方式是柴油机依次连接变速箱、传动轴、驱动桥、车轮，从而驱动车轮行走。

变速箱除了与传动轴相连驱动车轮行走外，一般还有一个输出口——取力口，可与液压泵相连，液压泵为港口流动设备的其他工作装置提供动力，如集装箱正面吊的臂架伸缩、臂架俯仰、司机室移动等都是由液压泵提供动力。

(2)天然气发动机

天然气发动机是以燃烧天然气来获取能量和动力的发动机。习惯使用柴油机的司机使用天然气发动机港口流动设备时，开始会感觉天然气发动机比较“肉”，因此便觉得天然气发动机动力不如柴油机。其实这完全是由于所使用燃料燃烧的特性不同所造成的错觉，在动力方面两者并没有本质差别。天然气发动机的优点是排放污染低，价格低廉，其应用日益受到重视，但还是存在排放废气污染环境等缺点。目前天然气发动机作为一种清洁型发动机在港口得到了广泛应用。天然气发动机驱动原理及其连接的零部件跟柴油机相同。

(3)氢燃料发动机

随着氢燃料技术的进一步发展，出现了将氢气直接作为发动机燃料的应用，这种氢燃料发动机驱动的车辆比氢燃料电池＋电动机的电动车辆更符合“氢燃料车辆”或“燃氢车辆”的称谓。氢气用于发动机有两种途径：一种是使用汽油发动机改造，主要是通过调整压缩比和使用气体燃料喷射器；另一种是使用专用的燃料发动机。氢作为发动机燃料主要存在氢储存困难，与氢燃料电池相比氢内燃机效率低，由于氢在高温下与空气燃烧，排放气体除了水蒸气还会有氮氧化物等污染物。

由于电动车辆电池的寿命低于发动机寿命，电动车辆的续航问题一直未得到解决。人们一直致力于将氢气直接作为发动机燃料的研究，既适合发动机能源、排放等方面的要求，又满足车辆连续行驶里程及能充分利用在用的发动机。如果优先考虑车辆尾气排放，氢气是最合适的内燃机燃料。目前实际应用较多的氢燃料发动机，是将氢与气化的汽油或柴油混合后再燃用，氢在混合燃料中占30％～85％。

宝马公司在氢燃料发动机方面，成功开发了带有液态氢和电子燃料混合系统的轿车原型样机，能够达到最高42％的热效率。马自达公司也是氢燃料发动机的重要研究者之一，马自达公司对氢燃料发动机的主要研究方向还是集中在转子发动机上，从20世纪90年代开始马自达公司就开发并测试了它的第一辆氢转子发动机原型车，又在2004年发布了RENESIS氢转子发动机。

3.3.1.2　内燃机电力驱动

(1)柴油发动机＋发电机＋电动机

柴油发动机＋发电机驱动就是柴油发电机组模式，由柴油发动机直接与发电机相连，发动机带动发电机发电，该电力可以为港口设备的各个机构的电动机提供能源。集装箱跨运车一般采用此种驱动形式，早期的集装箱自动导引车也是这种驱动形式。

(2)天然气发动机＋发电机＋电动机

天然气发动机＋发电机驱动就是天然气发动机发电机组模式，由天然气发动机直接与发电机相连，发动机带动发电机发电，该电力可以为港口设备的各个机构的电动机提供能源。由于使用了天然气，排放相对清洁，是未来发电机组的一个重要发展方向。

3.3.1.3　电力驱动

(1)市电＋电动机

市电＋电动机驱动模式是港口起重运输机械最常用的驱动形式，由于大部分港口起重运输机械都是在相对固定的区域内运行，一般都是整机通过大车运行机构沿一条直线来回运行，所以可采用市电提供动力。在起重运输机械移动时，供电线路也需随之移动，因此市电供电的方式需要采用移动供电方式，主要有电缆卷筒(或电缆卷盘)、滑触线供电等供电方式。采用该种方式供电的港口起重运输机械有岸边集装箱起重机、轨道式集装箱门式起重机、门座起重机、桥式抓斗卸船机、散货装船机等。电动机是设备的主要驱动装置，据统计，中国工业用电占总用电量的70％左右，其中电动机的耗电量又占工业企业总用电量的60％。

集装箱码头的传统轮胎式集装箱门式起重机除了在一条堆场内沿直线来回运行外，还需到另外一条场区进行作业，这时候需要将车轮转动 90°，让起重机沿垂直于常规路线的方向运行，运行到另外一条场区时，再将车轮反方向转动 90°，让起重机在另外一条堆场内沿直线来回运行，因此考虑到起重机满场飞的特性，传统轮胎式集装箱门式起重机采用柴油发电机组供电，即柴油发动机＋发电机＋电动机驱动模式。从 2003 年开始，全国大规模地进行了轮胎式集装箱门式起重机“油改电”，即将柴油发电机组换掉，改为由市电直接供电，在转场时仍采用小型柴油发电机组或锂电池等供电方案，在大部分的工作时间实现了市电＋电动机供电模式，实现的节能减排效益非常显著。

还有一种市电供电模式是无接触式供电，该供电模式适用于给“满场飞”的港口流动设备供电。无接触式供电是基于感应式电力传输原理，利用无接触式能量转换技术实现了零排放的要求，主要由基于地面和基于车辆的单元构成。基于地面单元的两个关键部件是电力电气单元和线圈组，它们能够使车辆在固定区域如起重机下面接收能量。基于车辆单元用同样的技术和超级电容来储存能量，以供特殊设计的电动机使用。无接触式供电可用于港口流动设备，是未来的一个发展方向。

(2)铅酸蓄电池＋电动机

蓄电池是一种能源转换和储存装置，充电时将电能转换为化学能，加以储存；放电时将化学能转换成电能，输送给电动机。蓄电池由正负极和电解质组成。根据电解质的性质，蓄电池分为酸性电池和碱性电池。较为常用的酸性电池有铅酸蓄电池，以硫酸为电解质；碱性电池由于成本较高，较少使用。

铅酸蓄电池是一种利用铅在不同价态之间的固相反应实现充放电的蓄电池，铅酸蓄电池是最早实现商业化的电化学储能技术。铅酸蓄电池为车辆提供了能源，与之配合的是直流电动机，两者一起为港口流动设备提供动力。在全电动港口流动设备中，一般采用分别驱动的方式，由多个电动机分别驱动运行机构、转向机构、装卸和起升等工作装置。驱动运行机构的电动机，一般称为牵引电动机，经常采用直流串激电动机。因为该类型电动机具有较好的机械特性，能够适应港口流动设备运行的要求。对于蓄电池＋电动机驱动模式，电动港口流动设备的牵引电动机一般用联轴器或传动轴与驱动桥相连。当港口流动设备分别驱动时，不再设置驱动桥和差速器，电动机通过减速装置直接驱动车轮。

铅酸蓄电池充电速度慢、能量密度低、循环寿命短，因此常用的牵引车型铅酸蓄电池仅适用于小型港口流动设备，如叉车等设备。铅酸蓄电池的比能量、比功率均比锂离子电池低，已逐步被锂离子电池所替代。

(3)锂离子电池＋电动机

锂离子电池是一种主要依靠锂离子在正极和负极之间往返移动来工作，电解液是硫酸溶液的蓄电池。锂离子电池是以锂离子为活性离子，充放电时锂离子经过电解液在正负极之间脱嵌，将电能储存在嵌入锂的化合物电极中的储能装置。与其他化学电源相比，锂离子电池具有长寿命、大倍率、高能量密度、无污染等显著优势，锂离子电池已经广泛地应用于各种便携式小型生活电器和各种车辆，是发展最为迅速的二次电池。锂离子电池在电动汽车领域已经获得了大规模的商业化应用，经过近十几年的发展，已经逐渐成为市场主流。目前，制约锂离子电池在电动汽车以及在电动工程机械上发展的主要瓶颈在于其单位成本、循环寿命、充电速度、安全性等方面，这些仍有很大提升空间。

锂离子电池主要有磷酸铁锂电池、镍钴铝酸锂三元材料锂电池、锰酸锂电池和钴酸锂电池，目前比较常用的主要是磷酸铁锂电池和镍钴铝酸锂三元材料锂电池。

在港口领域，锂电池＋电动机驱动模式已广泛应用于自动化集装箱码头的自动导引车等港口水平运输车辆上，电动集装箱牵引车、电动空箱堆高机、电动集装箱正面吊等也开始尝试使用。相关研发机构正在研发钠离子电池，预计2023年实现商用。

(4)超级电容＋电动机

超级电容是一种介于传统电容器和二次电池之间的储能产品。超级电容的结构包括双电动极、电解质、集流体、隔离物等部分。超级电容具有充放电速度快、功率密度高、循环寿命长、充放电效率高、操作安全等优点，但由于能量密度低，超级电容常与其他储能技术配合使用。超级电容可以为车辆提供全部动力，也可以与其他储能电池或发动机配合，形成混合动力驱动，作为电动车辆的短时驱动电源，并在制动时进行能量回收。

(5)燃料电池＋电动机

燃料电池是一种将燃料和氧化剂发生反应的化学能通过电极反应转换成电能的发电装置。燃料电池与常规蓄电池虽然都是将化学能转变为电能，但原理和结构完全不同，主要区别如下：

①能源转换和存储方式不同。燃料电池是能源转换装置，燃料电池的燃料（如氢气）和氧化剂由外部的存储器提供，当外部不断给燃料电池内输入燃料和氧化剂时，燃料电池可以持续发电，也就是在工作时必须有能量（燃料）输入，才能产出电能。而常规蓄电池只是能量储存装置，必须先将电能储存到电池中，在工作时输出电能，但电池内的能量消耗完后，电池需要重新充电。常规蓄电池在工作时不需要输入能量，也不产生电能。

②输出能量后，质量变化不同。燃料电池需要配备燃料储存装置获得氢气等燃料，在工作过程中，燃料会随着燃料电池电能的产生逐渐消耗，整车质量逐渐减轻，燃料会消耗掉不再重复使用，需要不断地输入反应物质。而常规蓄电池无需辅助设备，在工作过程中，无论是放电还是充电，活性物质反复进行可逆性化学变化，活性物质并不消耗，整车质量基本不变。

③续航里程和补充燃料时间不同。常规蓄电池驱动的电动车辆的续航里程有限，并且补充燃料即充电的时间较长。而燃料电池驱动的电动车辆具有较长的续航里程，补充燃料时间也较短，补充燃料类似于燃油车辆的加油过程，非常方便快捷。与电动车辆相比，燃料电池车辆在形式上更加符合车辆的要求。一般情况下燃料电池车辆几分钟便可充满满足500km续航的氢气；而目前最快的电动车辆，一般在20min内充满续航300km的电能。补充氢气更方便，是氢燃料电池的最核心优势。

氢燃料电池就是一个供电移动式的发电机，而且没有热循环，它可以把工作效率提升到 90%，氢燃料电池输入的是氢气，输出的是电力，类似于柴油发电机组输入的是柴油，输出的是电力。燃料电池有很多类型，最常用的燃料是氢气，这是由于氢气在相对较低的温度下的高燃点反应，但是在更高温度下碳氢化合物也可以被氧化，燃料电池中使用最多的氧化剂是氧气。

氢燃料电池的基本原理是电解水生产氢气和氧气的逆反应，燃料电池由阳极、阴极和夹在中间的电解质组成，燃料电池的阳极输入氢气，阴极输入氧气，到达阳极的氢气分解成为两个氢离子和两个电子，电子通过外电路流向阴极，氢离子通过电解质到达阴极，电子和氢离子与阴极形成的氧离子重组成一个水分子。正氢离子和负氧离子形成过程中所发射的电子产生电流。燃料电池有电解质膜燃料电池(也叫质子交换膜燃料电池)、碱性燃料电池、磷酸燃料电池、熔融碳酸盐燃料电池和固体氧化物燃料电池，其中以质子交换膜燃料电池应用最多。氢燃料电池具有能量转换效率高、无污染、无噪声的特点。氢燃料属于“含能体能源”，氢燃料与电是最佳组合，推广使用氢气和氢燃料电池，可减少石油、天然气、煤炭这三种可产生温室气体的能源消耗。作为真正意义上“零排放”的清洁能源，氢燃料电池在发达国家的应用正在提速。目前已经有氢燃料电池＋电动机驱动模式应用于汽车和港口水平运输车辆，燃料电池系统由燃料电池、压缩机、散热器、储气罐等，再加上氢气储气罐、电动机、驱动桥和车轮等构成车辆的动力及传动系统。目前，成本高问题、高温时寿命变短及稳定性差问题、燃料生产和供应体系有待完善问题等依然是阻碍氢燃料电池发展的最大瓶颈，随着技术的不断进步，成本会更低，相信不久的将来氢燃料电池会广泛地应用于港口水平运输车辆。

3.3.1.4 混合动力驱动

混合动力技术是在设备动力系统中采用两种不同动力源的一种技术，按动力来源区分：有油电混合、燃料电池和锂离子电池混合、液压动力混合系统、多重燃料混合系统等。

混合动力按动力传输方式分为并联式、串联式和混联式三种，并联式混合动力是发动机和电动机以机械并联的方式进行驱动，既可以用发动机和电动机同时驱动车辆，也可以单独驱动车辆，主要包括发动机与电动机同时驱动、发动机直接驱动、电动机直接驱动等三种形式，以发动机驱动为主，电动机驱动为辅。并联式混合动力就是内燃机与电动机一起输出动力，但是动力相互分开，通过分别的机械装置将动力传递到车轮，并联式也常常被归类于重度混合动力中。并联式混合动力发动机直接通过传动机构驱动，能源利用效率较高。图 3-9 是发动机与电动机同时驱动的并联式混合动力模式。

串联式混合动力(图 3-10)是发动机和电动机以串联的方式进行驱动，储能装置也与电动机串联，电动机是实际的驱动装置，在该系统中，发动机带动发电机对电动机和储能装置进行供电，由于发动机不直接驱动，发动机的功率可小些。发动机驱动发电机产生电能驱动电动机，同时由储能装置提供部分能量，如果储能装置可以外插电网充电，则属于插电式串联混合动力电动车辆。串联式混合动力能量转换过程多，能源利用效率较低。

混联式混合动力是并联式和串联式的结合形式，图 3-11 是发动机与电动机同时驱动的混联式混合动力模式。

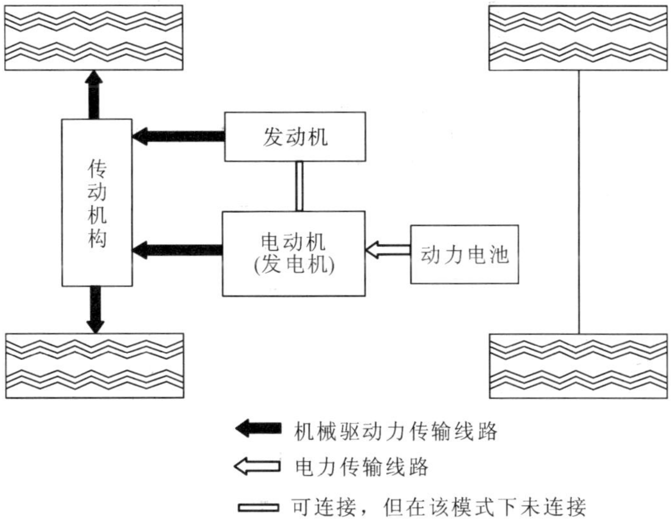

图 3-9　并联式混合动力

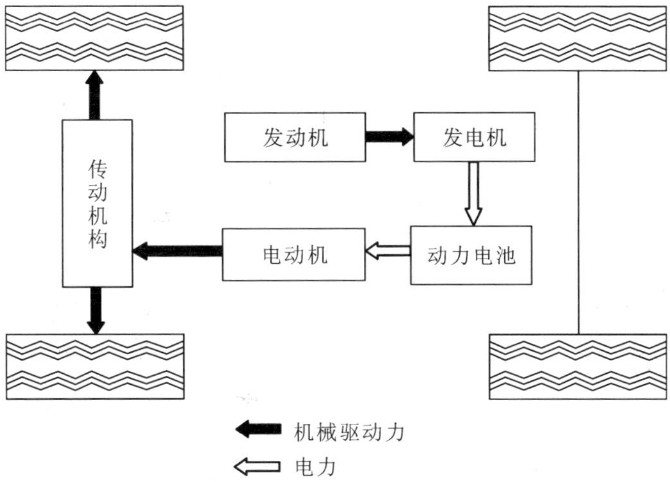

图 3-10　串联式混合动力

混合动力驱动在港口应用较多的形式有小功率内燃机驱动＋锂电池混合动力、锂电池＋氢燃料电池混合动力等。

典型的锂电池＋氢燃料电池混合动力能量转换见图 3-12。在混合动力车辆正常行驶时，燃料电池可以同时为电动机和储能装置（如锂电池）供电，此时根据驱动功率需要，储能装置也同时向电动机供电；在怠速状态时，可以关闭燃料电池，只有储能装置为电动机供电，这样可以降低怠速时燃料电池的过量能源消耗；在制动时，燃料电池可继续为储能装置充电，电动机反转产生的能量反向回馈到储能装置，实现能量回收；在驻车时，电动机停止运转，燃料电池可以继续为储能装置充电。如果是插电式串联混合动力，在驻车时可以插接外部电力对储能装置进行充电。

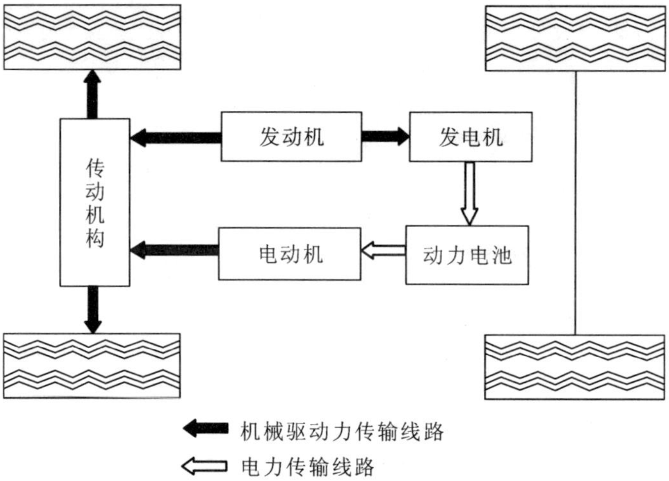

图 3-11 混联式混合动力

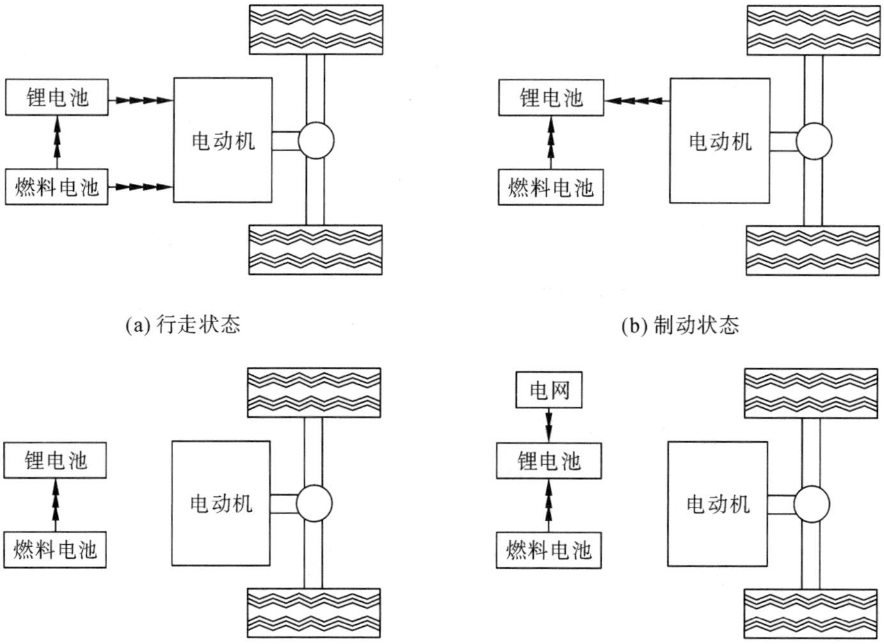

(a) 行走状态 (b) 制动状态

(c) 驻车状态 (d) 插电充电状态

图 3-12 混合动力车辆能量转换

3.3.2 港口设备的主要驱动机构

3.3.2.1 起升机构

实现货物垂直升降运动的工作机构称为起升机构，是起重机中最基本也是最重要的机构。

起升机构电动机功率的大小根据起升载荷、起升速度、加速度及机构效率确定，计算方法见公式(3-1)：

$$P=\frac{Q\times v}{\eta\times n} \tag{3-1}$$

式中：P——起升机构电动机功率；

Q——起升额定载荷；

η——机构总效率；

n——电动机数量；

v——起升额定速度。

3.3.2.2　运行机构

1.轨道式运行机构

大车运行机构(或小车运行机构)稳定运行的电动机功率大小由运行阻力(主要与机构自重和载荷质量有关)、运行速度、传动效率确定，计算方法见公式(3-2)：

$$P=\frac{F_{静}\,v}{1000\eta n} \tag{3-2}$$

式中：P——大车电动机功率；

$F_{静}$——运行阻力之和；

v——运行速度；

η——运行机构的传动效率，一般取0.85～0.9；

n——电动机数量。

小车运行机构电动机功率的大小也可根据小车的最大加速功率按公式(3-3)确定：

$$P_m=\frac{P_w}{C_{pm}\times n} \tag{3-3}$$

式中：P_m——小车电动机功率；

P_w——最大加速功率，即小车在运行时所需克服最大运行阻力的功率(由小车的匀速功率、小车的加速功率和驱动机构惯量加速功率叠加而得)；

C_{pm}——经验系数，对于岸桥一般取2.5；

n——电动机数量(通常钢丝绳牵引式$n=1$；自行式$n=2$或4)。

2.轮胎式运行机构

轮胎式运行机构主要采用内燃机驱动和电力驱动两种方式。

内燃机驱动轮胎式运行机构发动机功率的计算见公式(3-4)，考虑到除了运行机构外，还有动力转向油泵等功率消耗，可按计算所得最大功率再增加15%～20%来确定内燃机的标定功率。

$$P_{\max}=\frac{GD_0 v}{3600\alpha\beta\eta_T} \tag{3-4}$$

式中：$P_{\max}$——内燃机最大功率，kW；

G——满载时的车重，N；

D_0——高速挡的最大动力因数；

v——满载时最大速度，km/h；

α——内燃机扭矩适应系数，柴油机取 1.10；

β——调整系数，对于装有调速器或限速器的内燃机一般取 $\beta=0.8\sim0.9$，对于未装的内燃机 $\beta=1$；

η_T——高速挡传动效率，取 0.8～0.9。

电力驱动轮胎式运行机构的功率计算见公式(3-5)：

$$P = \frac{fGv}{3600\eta_T} \tag{3-5}$$

式中：P——计算功率，kW；

G——满载时的车重，N；

v——满载时最大速度，km/h；

η_T——传动系统效率，取 0.85～0.9；

f——滚动阻力系数，一般取 $f=0.02$。

3.3.2.3　回转机构

回转机构一般根据等效功率选择电动机，等效功率主要由力矩和转速来确定，等效功率计算方法见公式(3-6)：

$$P = \frac{M_{摩} + M_{风效} + M_{坡效}}{9550\eta} \times n \tag{3-6}$$

式中：$M_{摩}$——摩擦阻力矩，N·m；

$M_{风效}$——等效风力矩，N·m；

$M_{坡效}$——等效坡道阻力矩，N·m；

n——回转速度，r/min。

3.3.2.4　俯仰机构

俯仰机构的电动机功率由钢丝绳的拉力以及钢丝绳的线速度确定，计算方法见公式(3-7)：

$$P=\frac{F_R \times v_R}{\eta} \tag{3-7}$$

式中：P——俯仰电动机功率；

F_R——钢丝绳的拉力(由前大梁的自重决定)；

v_R——钢丝绳的线速度(由俯仰时间决定)；

η——系统效率。

3.3.3　典型港口设备总功率和机构功率

典型港口设备的装机功率和机构功率见表 3-9 和表 3-10，表中的数据仅供参考，具体数值请以各厂家提供的设备技术参数为准。

集装箱码头典型设备的功率见表3-9。表中“机构名称及驱动类型”栏没有标注驱动类型的为市电+电动机驱动。

表 3-9 集装箱码头典型设备功率

设备类型	性能参数	总功率/kW	机构名称及驱动类型	机构功率/kW
岸边集装箱起重机	额定起重量100t，前伸距65m，起升满载速度70m/min，小车速度240m/min	3100	起升机构(个数×功率)	4×450
			俯仰机构	450
			小车运行机构	450
			大车运行机构(个数×功率)	20×20
	额定起重量65t，前伸距63.5m，起升满载速度90m/min，小车速度240m/min，总质量1550t	2544	起升机构	2×722
			俯仰机构	350
			小车运行机构	350
			大车运行机构(个数×功率)	16×25
	额定起重量50t，前伸距35m，起升满载速度50m/min，小车速度180m/min	1060	起升机构(个数×功率)	2×280
			俯仰机构	90
			小车运行机构(个数×功率)	2×85
			大车运行机构(个数×功率)	16×15
	额定起重量40t，前伸距38m，起升满载速度70m/min，小车速度150m/min	1202	起升机构(个数×功率)	2×350
			俯仰机构	132
			小车运行机构(个数×功率)	2×65
			大车运行机构(个数×功率)	16×15
轮胎式集装箱门式起重机	额定起重量40.5t，跨距23.47m	330	起升机构	170
			小车运行机构	37
			大车运行机构(个数×功率)	2×45
			集装箱吊具油泵	7.5
			其他-液压系统等	25.7
轨道式集装箱门式起重机	吊具下40t，轨距37m	300～400	起升机构	330
			小车运行机构(个数×功率)	4×27.5
			大车运行机构(个数×功率)	12×32.5
			其他-液压系统(吊具等)	—
集装箱跨运车(堆垛型)	额定起重量40～50t，行走速度30km/h	318～354	柴油发电机组驱动，起升机构、大车运行机构、其他-液压系统(吊具等)	—

续表 3-9

设备类型	性能参数	总功率/kW	机构名称及驱动类型	机构功率/kW
集装箱跨运车（低矮型）	额定起重量 40～50t，运行速度 30km/h	270～320	柴油发电机组驱动，为行走、起升、转向、吊具等提供动力	—
半挂港口牵引车	牵引质量 65～70t	170 190	发动机或锂电池＋电动机驱动，为行走、转向提供动力；主要是柴油或 LNG；也有锂电池全电动形式	—
全挂港口牵引车	牵引力 45kN	82	发动机或锂电池＋电动机驱动，为行走、转向提供动力；主要是柴油或 LNG；也有锂电池全电动形式	—
集装箱自动导引车	额定载荷 60t	242～257	发动机或锂电池＋电动机驱动，为行走、转向、液压提升提供动力；也有锂电池全电动驱动形式	—
集装箱正面吊	第 1 排第 4 层最大起重量 45t	224～256	发动机或锂电池＋电动机驱动，为行走、臂架俯仰、转向、吊具等提供动力	—
空箱堆高机	额定起重量 9t	142～174	发动机或锂电池＋电动机驱动，为行走、起升、转向、吊具等提供动力	—
集装箱叉车	额定起重量 5t	72	发动机或锂电池＋电动机驱动，为行走、起升、转向、吊具等提供动力	—

散货码头典型设备机构及功率见表 3-10。表中“机构名称及驱动类型”栏没有标注驱动类型的为市电＋电动机驱动。

表 3-10 散货码头典型设备功率

<table>
<tr><th>设备类型</th><th>性能参数</th><th>总功率/kW</th><th>机构名称及驱动类型</th><th>机构功率/kW</th></tr>
<tr><td rowspan="10">桥式抓斗卸船机</td><td rowspan="6">生产率 1250t/h,物料煤炭,起升重载速度 120m/min,小车速度 180m/min</td><td rowspan="6">1350</td><td>起升机构</td><td>450</td></tr>
<tr><td>开闭机构</td><td>450</td></tr>
<tr><td>小车牵引机构</td><td>200</td></tr>
<tr><td>大车运行机构(个数×功率)</td><td>16×7.5</td></tr>
<tr><td>俯仰机构</td><td>75</td></tr>
<tr><td>其他</td><td>55</td></tr>
<tr><td rowspan="2">生产率 3500t/h,物料矿石,起升重载速度 160m/min,小车速度 240m/min</td><td rowspan="2">4800
(6000kV·A)</td><td>起升、开闭、小车三合一机构(个数×功率)</td><td>5×630</td></tr>
<tr><td>大车运行机构</td><td>24×18</td></tr>
<tr><td rowspan="2">生产率 2500t/h</td><td rowspan="2">2500</td><td>俯仰机构</td><td>280</td></tr>
<tr><td>其中起升、开闭、小车三合一机构(个数×功率)</td><td>4×480+420</td></tr>
<tr><td rowspan="3">门座起重机</td><td>额定起重量 50t</td><td>860</td><td rowspan="3">起升机构、变幅机构、回转机构和大车运行机构</td><td rowspan="3">—</td></tr>
<tr><td>额定起重量 40t</td><td>630～750</td></tr>
<tr><td>额定起重量 35t</td><td>400</td></tr>
<tr><td rowspan="12">螺旋式连续卸船机</td><td rowspan="6">生产率 400t/h,轨距 10.5m</td><td rowspan="6">700</td><td>垂直螺旋输送机,输送高度 18.5m</td><td>400</td></tr>
<tr><td>水平螺旋输送机,输送距离 21.75m</td><td>132</td></tr>
<tr><td>门架螺旋输送机,输送距离 20m</td><td>75</td></tr>
<tr><td>取料装置</td><td>55</td></tr>
<tr><td>大车运行机构(个数×功率)</td><td>4×6</td></tr>
<tr><td>回转机构</td><td>10</td></tr>
<tr><td rowspan="6">生产率 1000t/h,物料煤</td><td rowspan="6">850</td><td>取料装置</td><td>90</td></tr>
<tr><td>垂直螺旋输送机(个数×功率)</td><td>2×250</td></tr>
<tr><td>水平螺旋输送机</td><td>200</td></tr>
<tr><td>大车运行机构</td><td>32</td></tr>
<tr><td>回转(个数×功率)</td><td>2×11</td></tr>
<tr><td>其他用电设备</td><td>6</td></tr>
</table>

续表 3-10

设备类型	性能参数	总功率/kW	机构名称及驱动类型	机构功率/kW
链斗式连续卸船机	生产率 3800t/h	3000kV·A	链斗提升机、回转给料盘、皮带机、臂架俯仰机构、臂架回转机构、提升机回转机构、大车运行机构	—
	生产率 3500t/h	2700kV·A	链斗提升机、回转给料盘、皮带机、臂架俯仰机构、臂架回转机构、提升机回转机构、大车运行机构	—
	生产率 1800t/h	1900kV·A	链斗提升机、回转给料盘、皮带机、臂架俯仰机构、臂架回转机构、提升机回转机构、大车运行机构	—
散货装船机（臂架回转伸缩俯仰型）	生产率 2000～3000t/h，轨距 30m，前伸距 28m	350	电动机驱动，主要有臂架伸缩机构、臂架皮带机、大车运行机构、回转机构等	—
	生产率 5000t/h	580		
	生产率 10000t/h，轨距 10.5m，前伸距 34.5m	1200		
	生产率 12000t/h，轨距 18m，前伸距 41.2m	1600		
流动式带式输送机	—	7.5	电动机驱动	—
悬臂式斗轮堆、取料机	生产率 8250t/h	1150kV·A	—	—
	生产率：取料 5000t/h，堆料 9000t/h，物料矿石	1750	电动机驱动，主要有取料机构、胶带输送机、回转机构、俯仰机构、行走机构	—
	生产率：取料 2000t/h，堆料 3150t/h，物料煤	450	电动机驱动，主要有取料机构、胶带输送机、回转机构、俯仰机构、行走机构	—
	生产率：取料 1000t/h，堆料 1200t/h，物料煤	287.5	电动机驱动，主要有取料机构、胶带输送机、回转机构、俯仰机构、行走机构	—
斗轮取料机	生产率 8250t/h	450	电动机驱动，主要有取料机构、胶带输送机、回转机构、俯仰机构、行走机构	—
	生产率 8300t/h，物料矿石；手动，半自动	1780		—
	生产率 8000t/h，物料矿石；手动，半自动	1700		—
	生产率 3800t/h，物料矿石；手动，半自动	830		—

续表 3-10

设备类型	性能参数	总功率/kW	机构名称及驱动类型	机构功率/kW
斗轮取料机	生产率 3000t/h，物料煤；手动，半自动	577	电动机驱动，主要有取料机构、胶带输送机、回转机构、俯仰机构、行走机构	—
	生产率 2000t/h，物料煤；手动	420		—
	生产率 1250t/h，物料煤；手动	255		—
悬臂堆料机	生产率 10000t/h，物料铁矿石	900	电动机驱动，主要有回转机构、俯仰机构、行走机构、带式输送机等	—
	生产率 10000t/h，物料铁矿石	725	电动机驱动，主要有回转机构、俯仰机构、行走机构、带式输送机等	—
	生产率 7780t/h，物料煤	800	电动机驱动，主要有回转机构、俯仰机构、行走机构、带式输送机等	—
	生产率 5000t/h，物料煤	350	电动机驱动，主要有回转机构、俯仰机构、行走机构、带式输送机等	—
	生产率 1500t/h，物料煤	185	电动机驱动，主要有回转机构、俯仰机构、行走机构、带式输送机等	—
	生产率 1200t/h，轨上堆料高度 7m	65	伸臂胶带机	40
			伸臂俯仰机构	9
			行走机构	16
门式堆取料机	生产率：取料 1000t/h；堆料 1500t/h	330	电动机驱动，主要有大车运行机构	—
推耙机	使用质量 8.5～26.1t；行驶速度 9～13km/h	55～240	柴油机驱动，主要有行走机构、推耙工作装置、转向机构等	—
装载机	装载量 5t	147～162	柴油机驱动，主要有行走、转向、举升机构等	—
	装载量 3t	92		—

续表 3-10

设备类型	性能参数	总功率/kW	机构名称及驱动类型	机构功率/kW
挖掘机	铲斗容量 $1m^3$	93～110	柴油机驱动，主要有行走机构、转向机构、臂架油缸等	—
自卸车	载重量 5t	115	柴油机驱动，主要有行走机构、转向机构、卸车油缸等	—
散货装车机	生产率 3500t/h，物料矿石	118	行走机构(个数×功率)	8×7.5
			臂架皮带机	55
			臂架横移机构	3
	生产率 1500t/h，物料矿石	55	行走机构(个数×功率)	4×5.5
			臂架皮带机	30
			臂架横移机构	2.2
链斗卸车机	生产率 400t/h，物料铁矿石、煤	103	链斗机构	22
			提升机构	22
			皮带机	15
			行走机构	—
螺旋卸车机	生产率 300～400t/h	48	带式输送机	14
			输送机俯仰机构	2.8
			螺旋工作机构	28
			螺旋摆动机构	2.8
单车翻车机	翻车效率 1200t/h，M2 型	150	钢丝绳传动，钢丝绳压车	2×75
	翻车效率 1800t/h，侧倾式	220	齿轮齿条驱动，机械驱动压车	2×110
	翻车效率 1800t/h，月牙形	264	齿轮齿条驱动，液压驱动压车	2×132
双车翻车机	翻车效率 3600t/h，C 形或月牙形	200	齿轮齿条驱动，液压驱动压车	2×100
三车翻车机	翻车效率 5600t/h，O 形	300	齿轮齿条驱动，液压驱动压车	2×150
螺旋平料机	效率 60 节/h(煤、水泥熟料)、40 节/h(矿石)	40	电动机驱动，螺旋机构	—
轮胎起重机	起重量 60t	194	柴油机驱动，运行机构、起升机构、转向机构等	—

3.3.4 港口设备的能量损失和效率

3.3.4.1 跑冒滴漏能量损失

液体、气体在存放和运输等过程中，因管理不善及操作不当而产生跑气、冒水、滴液、漏液的现象。在港口主要是指柴油、天然气等能源在储存和使用过程中的跑冒滴漏，造成了能源浪费，应定期检查设备密封情况、关键部位的渗漏情况，以确保设备处于正常状态。

3.3.4.2 效率损失

效率可以理解为有效的比率，即有效的程度。效率一般是指有用功率对驱动功率的比值，同时也引申出了多种含义，比如机械效率、能量转换效率、热效率、能源利用效率等。港口设备要正常运行就要克服必需的效率损失，但从提高效率和节能角度，应了解效率损失的环节和原因，采取措施提高港口设备效率。

1. 机械效率

机械效率中的机械是指机器与机构的总称，而机器一般包括动力部分、工作部分、传动部分，港口设备就是机器的一种。机械效率是指机械在稳定运转时，机械的输出功（有用功量）与输入功（动力功量）的百分比，机械效率是表示机械在能量利用率高低方面的物理量，如 3.3 节中各个机构的计算公式中的效率参数。机械效率主要包括滑轮组效率、斜面效率、传动效率，一般机械必然要做额外功，都会有能量损失。各种机械传动效率概略值见表 3-11，整个机械效率是机械中所使用的各个传动效率的乘积。

表 3-11 机械传动效率概略值

类　别	效　率
圆柱齿轮传动	0.88～0.99
带传动	0.90～0.98
链条传动	0.93～0.98
滑动轴承	0.94～0.99
滚动轴承	0.98～0.99
联轴器	0.95～0.99
减速器	0.92～0.98
滚动丝杠	0.85～0.95
滑轮组	0.50～0.70

2. 内燃机热效率

能量转换效率一般是指一个能量转换设备所输出可利用的能量相对于其输入能量的比值。输出可利用的能量可以是电能、机械功或是热量。

热效率可以理解为能量转换效率的一种。热效率是对于特定热能转换装置，其有效输出的能量与输入的能量之比，常见的有发电装置、锅炉装置、发动机装置等。热力学第一定律说明了能量守恒即不发生量的变化。热力学第二定律说明了在能量的传递和转换过程中，除了一部分可以继续传递和做功的能量（自由能）外，总有一部分不能继续传递和做功而以热的形式消散的能量，这部分能量使熵和无序性增加。不同的能量是有品质差别的，从高品质的能量变成低品质的能量，转换效率是 100%，但是从低品质的能量转换成高品质的能量，效率不可能是 100%。不同形式的能量之间互相转换有方向性。高品质的能量如电能和机械能，低品质的能量如热能。比如用电阻丝发热，消耗的电能可 100%转换成热能，从理论上来说，电热水器的热效率极限值可以达到 100%。但是把热量转换成机械能，是不可能达到 100%效率，以内燃机为例，汽油或柴油燃烧时一部分能量转换为热能推动气缸活塞做了功，另一部分能量以热的形式消散在周围空间而没有做功，只是使熵和无序性增加。

热机效率是指热机的热效率，是转变为有用功的热量（一般为机械能）跟燃料燃烧时放出的热量的比值，也叫热机的有效效率，热机效率总是小于 1，因为燃料不能完全燃烧（燃烧效率约为 90%）、排气带走一部分热量、热传递损失能量（气缸冷却带走能量）等，没有将全部能量都利用起来。根据卡诺循环效率，一个热机的极限效率只和高温热源、低温热源的温度有关，而和热机没有关系，热机极限效率＝1－低温热源温度/高温热源温度，如果高温热源温度愈高，低温热源温度愈低，则卡诺循环的效率愈高，根据这个计算公式，汽油机的卡诺效率＝1－300K/2000K＝0.85，这个数值远高于目前的汽油机效率，因为汽油机还受到热力学循环的限制，可采用奥托循环效率计算理论热效率：

$$\eta_{\text{Otto}}=1-\frac{1}{\varepsilon^{\gamma-1}} \tag{3-8}$$

式中：η_{Otto}——奥托循环热效率；

ε——压缩比；

γ——比热容比，一般取 1.35。

按照公式(3-8)，如果压缩比为 14，则汽油机奥托循环的理论热效率为 60%，理论上提高压缩比可以提高热效率，这是汽油机的理论热效率，实际效率要低。

柴油机、汽油机、天然气发动机等内燃机是常用的热机。整个发动机的总效率是燃烧效率、热效率、机械效率的乘积，通常所说的发动机效率就是指整个发动机的总效率。整个发动机的总效率可以理解为发动机的能源利用效率。而采用发动机作为动力的港口设备的能源利用效率包括发动机总效率、传动系统效率、执行机构效率等。

港口设备的能源利用效率一般是有用功除以使用的总能量。

3.3.4.3 常用设备效率

上面分析了机械效率和热效率，实际应用中各类机械因为受外部条件的限制，效率都远低于理论的最大效率，港口相关的常用设备效率如下，这些数据主要是根据现有资料整理得出，部分根据笔者实际试验测试得出，仅供参考。

1. 通用件效率

柴油机效率一般为 30%～50%，天然气发动机效率一般为 40%左右。一般异步电动机在额定负载下其效率为 75%～92%，电动机的效率远远高于内燃机。一般发电厂的效率为 35%～42%(中国电力企业联合会发布的数据中有每一年的供电效率,如 2010 年为 36.9%)。

2.港口设备能源利用效率

港口设备能源利用效率与通常所说的机械效率不同,传统的机械效率是有用功和输入功之比,有用功不包括克服摩擦做功。而港口设备能源利用效率反映了设备利用能源的效率特性,是评价设备用能性能、用能效率的一种指标。

港口起重机械可以分为电气系统和机械传动系统两部分,据相关文献报道,在港口起重机中电气系统的最高效率可达 93%,机械传动系统最高效率可达 92%,由此可计算得知,起重机起升的机械效率可以达到 86%。从目前来看,据有限的测试结果,港口设备能源利用效率远没有达到这一数值,节能空间很大。

港口设备能源利用效率一般表示为有效能和输入能之比。有效能主要包括两部分,一部分是机械能,如势能和动能;另一部分是克服摩擦所消耗的能量,即摩擦功。输入能是一个测试周期所输入的总能量,由于起重机有能量回馈功能,受下降能量回馈的影响,总能量会比传统效率计算中的输入功要小。所以港口设备能源利用效率不是电效率和机械效率的简单乘积,能源利用效率一定要大于或等于总效率,对于具有能量回馈的起重机起升机构而言,能源利用效率可能大于 1,但机械效率永远不会大于 1。典型港口设备能源利用效率如下:

电力驱动起重机能源利用效率:30%～50%。

螺旋式、链斗式连续卸船机效率约为:40%。

集装箱正面吊、空箱堆高机、轮胎起重机等内燃机驱动港口流动设备的能源利用效率一般为:10%～20%。

带式输送机效率:20%～25%。

3.4 港口设备能耗影响指标分析

通过港口设备各工况下能耗的研究,全面了解港口设备在装卸工艺、技术特点、使用效果、能源消耗和环保等方面的情况,为制定合理的港口节能评价体系和节能措施奠定基础。

港口设备的能耗情况不仅与设备自身的能耗特性有关,而且与使用情况有着很大的关系。这与空调、冰箱的能耗情况不同,空调和冰箱工作在稳定状态的时间的比例相对较大,而且功率的变化范围较小。港口设备的能耗随着载荷的变化而变化,随着运行速度和行程的变化而变化,同时,不同工况下的能耗情况变化较大。所以港口设备的能耗评价不能像空调和冰箱一样以某一个工况下的运行能耗作为评价参数进行比较,应该同时考虑设备自身的能耗特性和使用情况。

3.4.1 能耗影响指标的分析

本书从 4M1E 的角度,即人机物法环来分析能耗影响。4M1E 是人、机、物、法、环现场管理，五大要素用于生产质量管理，同样适用于港口能耗影响分析，“4M”指 Man(人)、Machine(机器)、Material(物)、Method(方法)，简称人、机、物、法，即工作中要充分考虑人、机、物、法这四个方面因素，通常还要包含“1E”：Environments(环境)，故合称 4M1E 法。

影响港口设备能耗的因素有很多，按 4M1E 法分析，分别有：

①人的方面主要有操作人员技能和水平、节能意识等；

②机的方面，就是设备，包括设备的规格、技术性能、设备维护、节能减排技术的应用；

③物就是物料，在港口主要是指装卸的对象即货物，如集装箱、干散货等物料，物料的质量、状态、存放、保管等同样影响能耗；

④法在港口就是工艺方面，组织调度、装卸作业效率、设备和工艺涉及港口规划、设计和运营全过程；

⑤环主要是指环境，实际作业船舶大小，也包括港口环境、气候、雨天等影响。

在以上影响因素中，机的方面影响最大，港口设备主要技术指标对能耗的影响有：

(1)起重量对能耗的影响

起重量对能耗的影响较大，由于大型起重机按照重载、高速的要求配置各机构设备，当用于作业小型船舶时，大马拉小车，与只适应作业小型船舶的起重机相比较，也会导致起重机单位操作量消耗电量相对较大。大型起重机无论用于装卸大型船舶还是小型船舶，通常单位操作量能耗均较大。

(2)起升和运行速度对能耗的影响

起升、运行速度对能耗有影响，不同挡位的起升和运行速度电动机能源消耗不同，而起升速度、小车运行速度和大车运行速度对能耗的影响程度亦不同。

(3)起升高度对能耗的影响

起升的高度不同，设备的能源消耗也不同，起升高度越大，能耗越大。

(4)前伸距(跨距)对能耗的影响

规格越大的起重机，作业的船舶越大，前伸距较大，小车运行的距离长，导致起重机单位操作量能耗较大。

(5)电动机容量对能耗的影响

当前，装卸机械都在往大型化、重型化、高速化发展。而伴随着这些发展，电动机的容量越选越大、加减速时间越来越短，而这些都导致了能量消耗的急剧增大。

一般认为，每个港口装卸的集装箱中实际上大于 80％额定质量的集装箱比例小于 5％。如果采用 80％额定质量为起升机构电动机选择点，而对大于 80％额定质量的负荷则自动根据质量来选择加减速时间。随着电动机容量的降低，与其配套的变频器、主变压器容量都可降低，在这些设备上的待机损耗、工作损耗都可降低。电动机的功率减小，伴随着其配套设施容量的减小，特别是随着变压器容量的减小，其空载损耗、涡流损耗等都相应大幅度降低。

不同行驶速度对港口设备排放的影响不同，表 3-12 表明了某港集装箱卡车在不同速度的排放情况，基本趋势是速度越低，排放越大。

表 3-12 某港集装箱卡车不同速度下排放情况

速度	ROG	CO	NO_x	PM_{10}	SO_x	单位
怠速	7.96	42.75	70.10	0.55	0.067	g/h
5 英里/h	3.67	7.01	30.27	0.40	0.017	g/英里
10 英里/h	2.14	4.49	21.41	0.33	0.017	g/英里
15 英里/h	1.09	2.72	15.25	0.28	0.017	g/英里
20 英里/h	0.46	1.55	11.45	0.24	0.017	g/英里
25 英里/h	0.40	1.42	10.69	0.23	0.017	g/英里
30 英里/h	0.34	1.32	10.06	0.22	0.017	g/英里
35 英里/h	0.29	1.25	9.55	0.22	0.017	g/英里
40 英里/h	0.25	1.21	9.17	0.23	0.017	g/英里
45 英里/h	0.22	1.20	8.91	0.24	0.017	g/英里

3.4.2 现场检测能耗数据的敏感性分析

敏感性分析(sensitivity analysis)理论原是自动控制和经济学的概念，指观察响应跟随激励变化的方法。具体到节能设计上就是固定不关心的设计参数、变动关心的设计参数、观察能耗值等目标参数的变化，从而确定设计参数的影响力。通过模拟发现，改变某些设计参数后能耗值的变化要远大于其他技术参数，这类参数就具有较高的敏感性，它们在节能管理过程中就更加值得关注。所以，可以通过敏感性分析计算重要技术参数的敏感性来确定其影响力。从现有文献可知，敏感性分析在建筑的节能因素分析中得到了一定的应用。

敏感性分析包括单因素敏感性分析和多因素敏感性分析。单因素敏感性分析是指每次只改变一个因素的数值来进行分析，估算单个因素的变化对目标函数产生的影响；而多因素敏感性分析则是同时改变两个或两个以上因素进行分析，估算多因素发生变化的影响。为了找出关键的敏感性因素，通常多进行单因素敏感性分析。

敏感性分析不可能也不需要对项目涉及的所有技术参数都进行分析，而只是对那些可能对目标函数影响较大的重要的关键技术参数进行分析。关键技术参数可根据行业特点和经验进行选择和确定。

敏感度是指目标函数的变化量与关键技术参数的变化量之比。敏感度高表示目标函数对该技术参数的敏感程度高，应重视该技术参数对目标函数的影响。敏感度的计算公式如下：

$$E = \Delta A / \Delta F \tag{3-9}$$

式中：E——目标函数 A 对技术参数 F 的敏感度；

ΔA——技术参数 F 发生 ΔF 变化时，目标函数 A 的变化量；

ΔF——技术参数 F 的变化量。

在港口的能耗敏感性分析中，目标函数为能源消耗值，技术参数选择对能耗值影响较大的起升速度、小车运行速度等。由于大车一般不带载长距离运行，带载移动也只是微调，所以与起升速度相比，大车运行速度对能耗的影响不大。

根据现场检测的试验数据通过公式(3-9)计算得出敏感度的数值，对港口A和港口B的港口设备检测结果进行分析，得出不同技术参数的敏感度数值，见表3-13和表3-14。

表3-13 起升速度和运行速度对能耗影响的敏感性分析(港口A)

起升作业	速度变化量 ΔF	能耗变化量 ΔA	敏感度 E_1
1	1.55	−33.24	21.4451
2	3.37	−28.81	8.55023
3	6.76	−33.54	4.9609
小车运行	速度变化量 ΔF	能耗变化量 ΔA	敏感度 E_2
1	8.77	−14.60	1.66504
2	15.34	0.43	0.02832
3	18.16	−3.46	0.19076

表3-14 起升速度和运行速度对能耗影响的敏感性分析(港口B)

起升作业	速度变化量 ΔF	能耗变化量 ΔA	敏感度 E_1
1	6.25	−0.306	0.049
2	12.5	−2.650	0.212
小车运行	速度变化量 ΔF	能耗变化量 ΔA	敏感度 E_2
1	17.5	−0.040	0.002
2	35	−0.215	0.006

从表3-13和表3-14的计算结果可知：由起升速度变化引起的能耗变化的敏感度 E_1 明显高于小车运行速度变化的敏感度 E_2，这说明与小车运行速度相比，起升速度对能耗影响的敏感程度高，是能耗的重要影响参数。

3.4.3 基于不同工况下的能耗指标影响趋势分析

根据现场检测的试验数据，进行图表分析整理，分析能耗指标对能耗的影响趋势，为港口设备能耗评价和分析研究的建立提供依据。

通过试验测得不同起升速度、小车运行速度、大车运行速度下的能耗的起升速度-能耗曲线，小车运行速度-能耗曲线，大车运行速度-能耗曲线，分别见图3-13、图3-14、图3-15。

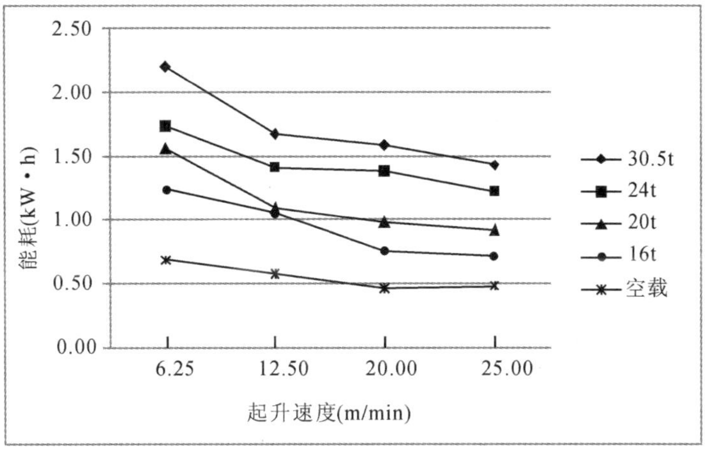

图 3-13 机型 1 不同起重量的起升速度-能耗变化

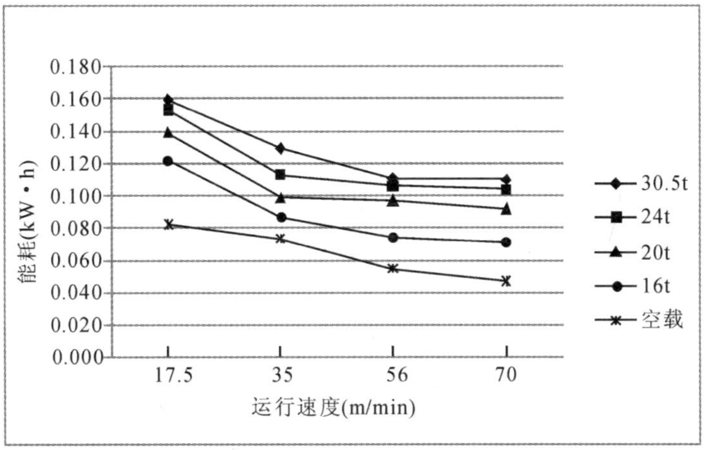

图 3-14 机型 1 不同起重量的小车运行速度-能耗变化

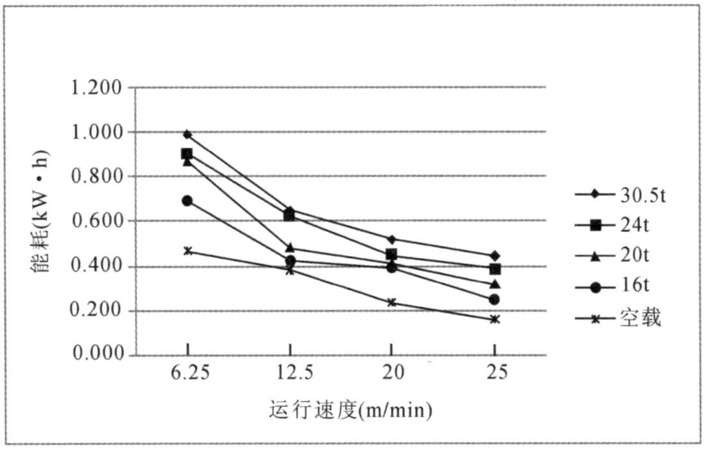

图 3-15 机型 1 不同起重量的大车运行速度-能耗变化

根据试验绘出机型 2 的起升速度-能耗曲线，小车运行速度-能耗曲线，分别见图 3-16、图 3-17。

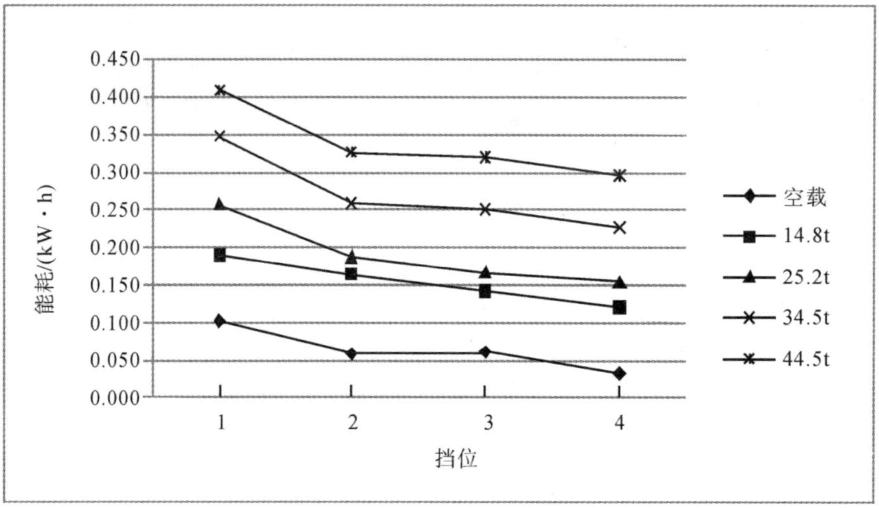

图 3-16　机型 2 不同起重量的起升各挡位能耗变化趋势

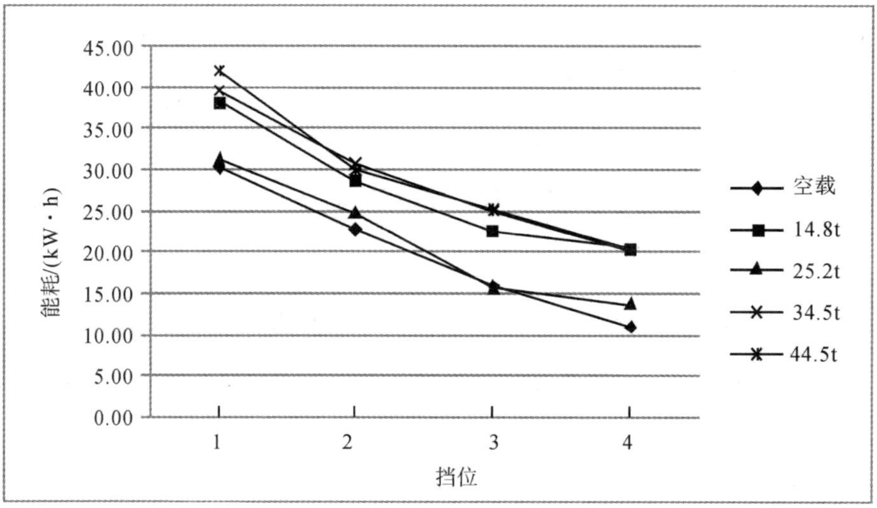

图 3-17　机型 2 不同起重量的小车各挡位能耗变化趋势

从图 3-13 至图 3-15 可以看出，起升速度、小车运行速度、大车运行速度与能耗成反比，即速度越快，能耗越小。且一般情况下，速度越高，装卸效率越高，因此，起升速度、小车运行速度、大车运行速度的选择应尽量高。同一挡速度下，起重量越大，能耗越大。

从图 3-13 至图 3-17 可以看出，整个工作循环过程中起升过程的能耗最大，小车运行过程的能耗较小，因此使用大跨距的轨道式集装箱门式起重机工作与小跨距的起重机能耗差别不大。

从图 3-16 可以看出，不同起重量的起升各挡位能耗变化趋势为：在同一个起重量下，起升速度越大，能耗越小；在同一挡位速度下，起重量越大，能耗越大。

从图 3-17 可以看出，不同起重量的小车各挡位能耗变化趋势为：在同一个起重量下，小车速度越大，能耗越小；在同一挡位速度下，起重量越大，能耗的影响不是很大，这是由于小车运行时，起重量的变化反映到运行阻力上要乘以一个很小的摩擦系数。由此可知起重量变化对起升作业环节的能耗影响较大，而对小车运行环节的影响很小，起升作业环节能耗占整个港口设备作业周期能耗的比重很大，所以起重量也是影响港口设备能耗的主要因素。

3.4.4　基于能源利用效率法的影响因素分析

1.岸边集装箱起重机试验及结果分析

根据《港口电动式起重机能源利用效率检测方法》(JT/T 314—2009)，供给能的计算公式为：

$$Q_C = 3.6\times 10^6 D \tag{3-10}$$

式中：Q_C——供给能，J；

D——电能表测量值，kW · h。

有效能量的计算公式为：

$$Q_y = 9800(G+G_1)h + 500(G+G_1)v_1^2 + 9800(G+G_1+G_2)\mu S_1 + 500(G+G_1+G_2)v_2^2 + 9800G_1h' + 500G_1v'^2_1 + 9800(G_1+G_2)\mu S_1' + 500(G_1+G_2)v'^2_2 \tag{3-11}$$

式中：Q_y——每一个工作过程的有效能，J；

G——集装箱载荷质量，t；

G_1——吊具质量，t；

G_2——小车质量，t；

h——集装箱提升高度，m；

h'——不吊集装箱时吊具提升的高度，m；

v_1——吊集装箱时提升集装箱的速度，m/s；

v_1'——不吊集装箱时提升吊具的速度，m/s；

v_2——吊集装箱时小车运行的速度，m/s；

v_2'——不吊集装箱时小车运行的速度，m/s；

S_1——吊集装箱时小车运行的距离，m；

S_1'——不吊集装箱时小车运行的距离，m；

μ——摩擦系数，取 0.015。

起重机能源利用效率的计算公式为：

$$\eta = \frac{Q_y}{Q_C}\times 100\% \tag{3-12}$$

检测结果按上述的公式(3-10)至公式(3-12)进行计算处理，可以得出：

①港口 C 所测岸桥的平均效率为 70%；港口 D 所测岸桥的平均效率为 68%。起升

机构的能源利用效率较高，重载起升在 76%左右，空载起升在 50%～60%之间；小车运行机构的能源利用效率较低，因载荷、运行距离以及运行速度的不同，效率会有些差异，空载运行效率在 10%～20%之间，重载运行在 30%～60%之间。

②起升机构的有效能占总有效能的 90%～96%。起升机构动能占起升有效能的比重较小，在 2%左右，小车机构动能占水平运动有效能的比重则在 40%左右；起重机运行过程中总动能占总有效能的比重在 2%左右。

③由上述可以看出起升机构对能耗的影响比小车运行机构要大很多。

2. 轨道式集装箱门式起重机试验及结果分析

$$\begin{aligned} Q_y = & 9800(G+G_1)h + 500(G+G_1)v_1^2 \\ & + 9800(G+G_1+G_2)\mu S_1 + 500(G+G_1+G_2)v_2^2 \\ & + 9800(G+G_1+G_3)\mu S_2 + 500(G+G_1+G_3)v_3^2 \\ & + 9800G_1 h' + 500G_1 v_2^{1\prime} \\ & + 9800(G_1+G_2)\mu S_1' + 500(G_1+G_2)v_2'^2 \\ & + 9800(G_1+G_3)\mu S_2 + 500(G_1+G_3)v_3'^2 \end{aligned} \tag{3-13}$$

式中：Q_y——一个作业周期的有效能，J；

G——集装箱载荷质量，t；

G_1——吊具质量，t；

G_2——小车质量，t；

G_3——整机质量，t

h——集装箱提升高度，m；

h'——不吊集装箱时吊具提升的高度，m；

v_1——吊集装箱时提升集装箱的速度，m/s；

v_1'——不吊集装箱时提升吊具的速度，m/s；

v_2——吊集装箱时小车运行的速度，m/s；

v_2'——不吊集装箱时小车运行的速度，m/s；

v_3——吊集装箱时大车运行的速度，m/s；

v_3'——不吊集装箱时大车运行的速度，m/s；

S_1——吊集装箱时小车运行的距离，m；

S_1'——不吊集装箱时小车运行的距离，m；

S_2——大车运行的距离，m；

μ——摩擦系数，取 0.015。

供给能和能源利用效率的计算同公式(3-10)和公式(3-12)。

通过按公式(3-10)、公式(3-12)和公式(3-13)对测试结果进行计算分析可知：

①港口 D 的轨道式集装箱门式起重机的能源利用效率为 67%，港口 E 的轨道式集装箱门式起重机的能源利用效率为 76%。

②在整个工作行程中，港口 D 数据显示动能占总能耗的 2%左右，势能占总能耗的

94%左右;港口E数据显示动能占总能耗的4%左右,势能占总能耗的87%左右。因此,起重机起升过程对能耗的影响最大,决定起升过程能耗的主要参数为负载质量和起升速度、起升高度。

3.桥式抓斗卸船机试验及结果分析

$$
\begin{aligned}
Q_y = {} & 9800(0.52G + 0.72G_1)(h_1 - h_2)/2 + 9800(G+G_1)h + 500(G+G_1)v_1^2 \\
& + 9800(G+G_1+G_2)\mu S_1 + 500(G+G_1+G_2)v_2^2 \\
& + 9800(G_1+G_2)\mu S'_1 + 500(G_1+G_2)v'_2
\end{aligned}
\tag{3-14}
$$

供给能和能源利用效率的计算公式同公式(3-10)和公式(3-12)。

检测结果经过计算处理,可以得出:

①港口F所测卸船机的平均效率为75%。起升机构的能源利用效率较高,重载起升在81%左右,空载起升在50%~60%之间;小车运行机构的能源利用效率较低,因载荷、运行距离以及运行速度的不同,效率会有些差异,空载运行效率在10%左右,重载运行效率在30%~50%之间。

②起升机构的有效能占总有效能的90%~95%。起升机构动能占起升有效能的比重较小,在2%左右,小车机构动能占水平运动有效能的比重则在40%左右;起重机运行过程中总动能占总有效能的比重在2%左右。

③由上述可以看出起升机构对能耗的影响比小车运行机构要大很多。

4.散货装船机的试验结果及分析

港口G所测的装船机的效率为85%。其中不同的输送量和输送速度的数据结果显示,输送量和输送速度对能耗影响较大,输送量越大能耗越大,输送速度越快能耗越大。输送量和输送速度是装船机的主要能耗影响因素。

综上所述,通过现场调研和对机型的数据检测,可以确定对港口设备能耗影响的技术指标包括起重量/载重量、起升速度、小车运行速度、大车运行速度、行驶(输送)速度、起升高度、前伸距、跨距(轨距)、后伸距等。

在进行能耗评价时,应优先考虑重要指标。在进行设备选型时应重点关注这些指标,以保证设备选型的合理性和节能环保性。影响典型机型的关键技术指标有起重量/载重量、起升/行驶/输送速度等。

4 港口节能增效技术及措施

4.1 结构节能增效

结构节能是指通过优化经济结构、产业结构和产品结构，降低高耗能产业或产品占比，提高产品工作质量，提高可再生能源在一次能源中的占比，节约使用各种物资等途径而达到的节约效果。结构节能是一种间接节能，是实现节能目标的关键。

产业结构偏重、能源效率偏低是我国实现碳达峰、碳中和的难点所在，转变发展方式、调整产业结构和工业内部结构成为能源节约的战略重点，在我国能源消费结构中，2017 年工业生产消费的能源占能源消费总量的 65.7%，交通运输行业的这一比例为 9.4%，交通运输的汽油和柴油占比仍然较高。能源消费结构调整的重点是减少煤炭、石油的消费，增加天然气、太阳能、风能、核能等清洁能源的消费。目前中国的火电排放标准比较高，但可再生能源发电比例逐步提高，重点企业生产的火电已经相对清洁，因此从污染严重、使用效率低的煤炭和石油消费转向相对清洁的电力消费，有利于促进节能减排和环境改善。

《节约能源法》第七条规定国家实行有利于节能和环境保护的产业政策，限制发展高耗能、高污染行业，发展节能环保型产业。国务院和省、自治区、直辖市人民政府应当加强节能工作，合理调整产业结构、企业结构、产品结构和能源消费结构，推动企业降低单位产值能耗和单位产品能耗，淘汰落后的生产能力，改进能源的开发、加工、转换、输送、储存和供应，提高能源利用效率。《节约能源法》从法律的角度规定了结构节能的重要性，合理调整产业结构、企业结构、产品结构和能源消费结构实现结构节能。

2005 年 12 月，《国务院关于发布实施促进产业结构调整暂行规定的决定》和《产业结构调整指导目录(2005 年)》为加强产业结构调整提供了指导性文件。产业分为鼓励类、限制类、淘汰类、允许类等，每一类别对应不同的产业政策。

如果仅从节能的角度考虑，港口企业可以根据各类码头能耗高低和效益的不同，调整产品结构，从而实现港口企业的结构节能。

4.1.1 促进港口转型升级和拓展服务

完善港口功能体系，港口企业在着力提升装卸仓储服务的基础上，积极拓展全方位服务功能，将港口与保税、临港物流园区经济相融合，利用保税区、自由贸易试验区等政策优势，大力发展物流、信息、商贸、金融、保险、咨询等现代服务业务，降低港口装卸高耗能产业占比。

优化港口产业结构。贯彻京津冀协同发展、长江经济带发展、粤港澳大湾区建设、长三角一体化发展等国家区域协调发展战略，完善港口布局规划，继续强化沿海港口和内河主要港口在全国综合交通运输体系中的枢纽作用和对区域经济发展的支撑作用。强化港口的区域性作用，通过管理创新、发挥资本纽带作用，优化资源配置，促进区域港口协调发展。

强化规划管理，加强新建码头和老港区的布局和功能调整，统筹新港区开发与老港区改造搬迁，促进港口与城市协调发展。优化总体规划布局，优化进出港、集疏运通道。提高码头的专业化、规模化水平，提高单位能耗的通过能力。

针对港口及周边集疏运布局问题进行优化调整，如内河港口因为空间狭小导致河道偏少，集装箱运输不畅，进出港口通道不足，导致进出通道拥堵，影响通过能力和生产效率，造成单位通过能力的能耗增加，必须通过整体结构布局调整促进能力提升。

4.1.2 构建综合交通运输枢纽

充分发挥港口衔接各种运输方式的优势，调整运输结构促进多式联运、水铁联运、江海联运发展，发展水转水运输，增加耗能低的水路运输和铁路运输的集疏运比例，降低公路运输的集疏运比例，构建绿色低碳的综合交通运输枢纽。

加强规划协调，尽量减少运输方式的种类，推进各种运输方式与港口的有效、无缝衔接，尽量做到零换乘，减少中间环节，降低能源消耗。

水转水运输是指进口船舶(一程船)到港的大宗货物卸到堆场或罐库，然后再从堆场或罐库装到二程船，运输至目的港的货物运输方式；或者是进口船舶到港的大宗货物直接用集装箱卡车或带式输送机或管道输送装到二程船，运输至目的港的货物运输方式。水转水运输分为国外进口水转水货物和国内水转水货物。进口货物的一程船就是远洋船，二程船就是接驳远洋船的内河船；出口货物的一程船就是接驳远洋船的内河船，二程船就是远洋船。水转水运输具有运输时间短、装卸效率高、综合物流成本低的优势。

集装箱码头水转水装卸工艺主要流程为：

海船 ⟷岸桥⟷集装箱卡车⟷堆场⟷集装箱卡车⟷门机⟷驳船。

海船⟷岸桥⟷集装箱卡车⟷门机⟷ 驳船。

集装箱海船装卸船与驳船装船的效率须相互匹配，使整个码头的物流系统趋于平衡，才能有效提高吞吐量。

海河联运是指将货物通过船舶从外海(或内河)航区进入内河(或外海)航区，实现沿海和内河水路交通运输方式的无缝对接，使外海与内河成为有机整体。江海联运是指货物不经中转，由同一艘船完成江河与海洋运输的全程运输方式。江海联运的操作主要分为两个部分，即江段运输和海上运输。江海联运实现了内河运输和海上运输之间的连续运输。

如某港口海河联运主要采用水陆水中转，作业流程为：外海码头→汽车短驳→内河港池和码头→内河船舶→内河航区。虽然内河航道已经初步成网，但由于缺少港口主航道与内河港池的直接连接，沿海港口与内河码头之间需要汽车短驳，因此“水转水”运输中间的陆运问题严重制约了该港口海河联运的发展。

4.1.3 优化能源消费结构

港口能源消费结构变化可促进结构节能：一是天然气占比提升。天然气在全国能源消费中的占比从2005年的2.4%提高到2018年的7.8%。二是近几年来港口煤炭消费占比大幅减少。三是港口能源结构逐步由以化石能源为主转向为电力为主，化石能源在港口的比例逐渐减少，逐步被电力所替代。四是电力等替代能源、风能和太阳能等可再生能源占有比例逐步提高。电能替代推进进度加快，并且电力更加清洁化，水电、太阳能发电等清洁电力占比稳步提升，如非化石能源的一次电力及其他能源消费等在全国能源消费中的占比从2005年的7.4%提高到2018年的11.15%。

在港口规划和设计阶段，以及港口改造升级和设备升级中，应优先选用高效率、低耗能的港口设备，优先选用以清洁能源及新能源作为动力源的港口设备，在源头上谋划好能源消费结构。

4.2 管理节能增效

管理节能是指在不改变现有技术、设备、工艺等硬件措施的条件下，加强组织管理，通过各种途径减少原材料消耗，提高能源利用效率、降低能源漏损率等。管理节能是一种间接节能。

我国港口管理节能是在多方面的协作下进行的，政府主管部门制定节能标准和法规政策，指导、监督和考核港口节能工作；港口企业建立管理组织机构，制定自身节能的管理制度，设立能源管理岗位，落实节能目标责任，完善能源计量统计和监测工作，建立考核和激励制度，建立能源审计制度，上报能源状况报告，总结节能经验，开展合同能源管理，做好节能宣传、教育和培训工作，积极推进节能管理工作，使节能的约束性目标得以实现。

4.2.1 政府管理节能

4.2.1.1 节能法律法规和政策文件

政府为了完成节约能源目标和能源管理，发布节能法律、法规和相关政策，如《节约能源法》是节能领域的基本法，为我国推进节能工作奠定了重要的法律基础，为企业开展节能管理工作提供了法律依据，港口企业应依法依规开展节能工作。

政府为推进能源和节能工作，不定期发布与能源效率、节能相关的指导意见、实施方案、通知等文件，为企业开展节能工作提供政策支撑。

4.2.1.2 节能目标责任制

《节约能源法》第六条规定国家实行节能目标责任制和节能考核评价制度，将节能目标完成情况作为对地方人民政府及其负责人考核评价的内容。省、自治区、直辖市人民政府每年向国务院报告节能目标责任的履行情况。

《公路、水路交通实施〈中华人民共和国节约能源法〉办法》第五条规定各级人民政府交通运输主管部门应当加强对节能工作的领导，建立健全公路、水路交通节能管理体制，实行节能目标责任制和节能考核评价制度，部署、协调、监督、检查、推动节能工作。

节能目标责任制是上级政府和下级政府之间，政府与企业之间，企业内部，以签订目标责任书的形式，规定相关责任人在某一时期内的或与基准期比较的节能目标，通过对节能数据的统计和监测，在期末对相关责任人进行考核的一种节能管理制度。

节能目标责任制主要包括节能目标的分解与确定、节能目标责任签署、节能统计与监测、目标责任考核。节能目标责任制的分解是政府的各级逐级分解节能目标，以保证总体目标的实现。节能统计、监测和考核体系是为了保证节能目标责任制的落实，在节能目标实现过程中实施节能统计、监测和考核体系。节能目标考核评价是对节能目标完成情况进行考核评价。

4.2.1.3 固定资产投资项目节能评估和审查制度

《节约能源法》第十五条规定国家实行固定资产投资项目节能评估和审查制度。不符合强制性节能标准的项目，建设单位不得开工建设；已经建成的，不得投入生产、使用。政府投资项目不符合强制性节能标准的，依法负责项目审批的机关不得批准建设。具体办法由国务院管理节能工作的部门会同国务院有关部门制定。

国家发展改革委发布了《固定资产投资项目节能审查办法》（国家发改委 2016 年第 44 号令），原《固定资产投资项目节能评估和审查暂行办法》（国家发展改革委令 2010 年第 6 号）同时废止。新办法规定固定资产投资项目节能审查意见是项目开工建设、竣工验收和运营管理的重要依据。政府投资项目，建设单位在报送项目可行性研究报告前，须取得节能审查机关出具的节能审查意见，而企业投资项目，只须在开工建设前取得节能审查机关出具的节能审查意见即可。建设单位应编制固定资产投资项目节能报告。节能审查机关受理节能报告后，应委托有关机构进行评审，形成评审意见。

固定资产投资项目节能审查由地方节能审查机关负责，取消了国家发展改革委的节能评估和审查。年综合能源消费量 5000 吨标准煤以上（改扩建项目按增量计算，电力折算系数按当量值）的固定资产投资项目，其节能审查由省级节能审查机关负责。其他固定资产投资项目，其节能审查管理权限由省级节能审查机关依据实际情况自行决定。年综合能源消费量不满 1000 吨标准煤，且年电力消费量不满 500 万千瓦时的固定资产投资项目，以及用能工艺简单、节能潜力小的行业的项目应按照相关节能标准、规范建设，不再单独进行节能审查。另外，强化了事中事后监管，明确把能耗“双控”管理要求等作为节能审查的主要内容。

4.2.1.4 能效标识制度

《节约能源法》第十八条规定国家对家用电器等使用面广、耗能量大的用能产品，实行能源效率标识管理。实行能源效率标识管理的产品目录和实施办法，由国务院管理节能工作的部门会同国务院市场监督管理部门制定并公布。

2016 年 2 月国家发展改革委和国家质量监督检验检疫总局发布了《能源效率标识管理办法》(国家发展改革委国家质检总局令 2016 年第 35 号)。能源效率标识是指表示用能产品能源效率等级等性能指标的一种信息标识，属于产品符合性标志的范畴。国家对节能潜力大、使用面广的用能产品实行能效标识管理。具体产品实行目录管理。截至目前，我国已经连续发布了十五批《中华人民共和国实行能源效率标识的产品目录》，主要包括家用电器、照明灯具、商用设备、工业设备等，具体见附录 2。

4.2.1.5 节能产品认证制度

《节约能源法》第二十条规定用能产品的生产者、销售者，可以根据自愿原则，按照国家有关节能产品认证的规定，向经国务院认证认可监督管理部门认可的从事节能产品认证的机构提出节能产品认证申请；经认证合格后，取得节能产品认证证书，可以在用能产品或者其包装物上使用节能产品认证标志。

节能产品认证制度是原国家经贸委为配合《节约能源法》的有效实施而推出的一项重要节能措施。中国节能产品认证管理委员会作为我国节能产品认证的最高权力机构，由来自相关部委的专家学者组成，具有代表性和权威性，接受国家质量监督总局的指导、管理和全社会的监督。中国节能产品认证管理委员会确定首批开展认证的产品有以下三大类：绿色照明产品，包括紧凑型荧光灯和交流电子镇流器；家用电冰箱；工业耗能产品，包括风机和水泵。

2015 年 9 月国家质量监督检验检疫总局和国家发展改革委发布了《节能低碳产品认证管理办法》(质检总局国家发改委令第 168 号)，节能产品认证是指由认证机构证明用能产品在能源利用效率方面符合相应国家标准、行业标准或者认证技术规范要求的合格评定活动；低碳产品认证是指由认证机构证明产品温室气体排放量符合相应低碳产品评价标准或者技术规范要求的合格评定活动。

《节能产品评价导则》(GB/T 15320—2001)规定了节能产品的定义、分类、评价原则和方法。节能产品认证工作一般按国际上通用“二八”分配原则，也就是按市场上只有20%的产品能达到节能认证标志的比例来制定认证标准，以推动行业向更高的节能目标发展。

4.2.1.6 制定用能单位能耗定额标准

《公路、水路交通实施〈中华人民共和国节约能源法〉办法》第二十一条规定交通用能单位应当制定并执行本单位产品能耗定额标准，并定期对用能设备进行技术评定，对技术落后的老旧及高耗能设备，提出报废、更新、改造计划。如港口相关的标准有《集装箱码头单位产品能源消耗限额》(GB 31823—2015)、《干散货码头单位产品能源消耗限额》(GB 31827—2015)等。

4.2.1.7 高耗能特种设备节能监督管理

为加强高耗能特种设备节能审查和监管,提高能源利用效率,促进节能降耗,2009 年 7 月国家质量监督检验检疫总局发布了《高耗能特种设备节能监督管理办法》。高耗能特种设备是在使用过程中能源消耗量或者转换量大,并具有较大节能空间的锅炉、换热压力容器、电梯等特种设备。

4.2.2 企业管理节能

企业是节能的主体,港口节能管理主要体现在港口企业在日常生产运营及其他方面的集约化管理。企业在国家有关法律法规、标准规范的规定下,为降低能耗、提高能源利用效率,通过建立能源管理制度,完善能源计量、统计和监测技术,规范能源审计、合同能源管理、节能自愿协议等一系列管理措施推进节能管理工作。

4.2.2.1 设立管理组织机构和岗位

《节约能源法》第五十五条规定重点用能单位应当设立能源管理岗位,在具有节能专业知识、实际经验以及中级以上技术职称的人员中聘任能源管理负责人,并报管理节能工作的部门和有关部门备案。能源管理负责人负责组织对本单位用能状况进行分析、评价,组织编写本单位能源利用状况报告,提出本单位节能工作的改进措施并组织实施。能源管理负责人应当接受节能培训。设立能源管理岗位是企业加强能源管理的重要部分。

能源管理组织机构建设指的是港口企业设立专门的组织机构和岗位专项管理港口节能工作。沿海大型港口企业一般都设立了三级节能管理组织机构,一般由主管副总任组长,各部室负责人组成了集团节能领导小组,明确分工和职责,做到能源和节能管理分工明确、层层落实,为港口能源管理提供组织保障。各公司设立了节能专职部门,公司所属队、站、车间设立主管节能工作的领导和节能员。管理机构和岗位设立后,负责制定节能专项规划,推行节能的政策法规,并监督考核其执行程度。

4.2.2.2 增强能源管理和节能发展理念

加强港口节能管理工作的组织领导,在港口高层领导逐级树立节能发展理念,增强和提升节能减排意识。港口企业管理者节能意识的高低,直接影响着港口能源管理工作的好坏。管理者意识强,在日常的管理工作中始终贯穿节能理念,对港口企业节能工作是极大的促进,同时增强普通工人的节能意识。

4.2.2.3 建立能源管理体系和制度

港口应按照《能源管理体系要求》(GB/T 23331—2012)建立和推行能源管理体系,并把能源管理体系作为港口能力建设的重要组成部分。如根据德国工业标准化组织对汉堡哈芬物流公司和 HHLA 公司的认证,德国和波兰所有能源消耗量较大的 HHLA 公司现在都采用了能源管理体系。

港口企业在能源管理体系框架下，建立严格能源管理制度，通过制定和实施港口能源管理制度，贯彻《节约能源法》实施细则，制定和实施节能减排发展规划等政策文件，促进港口节能工作的有序开展。节能的管理制度包括落实节能目标责任、能源统计和计量制度、奖励激励制度、监督考核制度、能源状况报告制度等。

港口企业应落实节能目标责任。《节约能源法》第二十五条规定用能单位应当建立节能目标责任制，对节能工作取得成绩的集体、个人给予奖励。企业为落实政府下达的节能目标，在企业内部上级和下级之间以目标责任书的形式规定相关责任人在一定时期内完成的节能目标。根据公司能源管理任务和年底能耗指标，逐级下达港口生产能耗限额。

港口企业应建立能效考核制度。依据港口设备的定额计量，按相关能效标准进行定额考核，并进行奖惩，促进基层设备操作和管理者的节能。建设长效机制，促使水运企业积极履行社会责任，发挥主体节能减排作用。能耗统计和定额考核是港口企业节能工作的一项重要内容，做好能源消耗统计和制度制定是企业开展能耗定额考核的基础。如青岛港制定了“计量工作管理规定”“能源管理办法”等管理标准文件，对节能各项工作的执行都有详细的规定，对全港装卸设备按机种、使用年限、型号、货种制定了先进合理的能源消耗定额标准。厦门港制定了合理的内燃机千吨起运吨柴油消耗定额，并每季度考核一次。上海港也制定了能源使用的计量、记录、报告、奖惩等管理制度，制定了“司机能耗考核制度、燃油节能考核管理办法”、“对外供电管理办法”和“生活用水管理办法”等能源管理制度。秦皇岛港制定了“秦皇岛港务集团公司节约能源管理实施细则”，促进了集团节能工作制度化和标准化。

港口节能奖励激励制度是一项调动员工节能积极性的管理制度。青岛港激励员工积极创造节能新方法、新途径，在每季度总结表彰科技创新成果、软件开发应用成果、生产新纪录、“金点子”、员工品牌和行业专家等。天津港每年设立专项奖励资金用于优秀节能技改技措项目、优秀节能单位和个人的奖励，激励全体员工参与节能工作的积极性。

港口企业应建立节能监督考核制度。上海港将能源消耗指标纳入集团经济运行监控指标体系，结合集团预算编制工作，编制集团的能源消耗成本预算，在此基础上确定各单位的节能指标，并将其纳入基层领导的责任考核体系。各单位将本单位计划能耗指标，层层分解，落实到各部门、班组，一级抓一级，落实责任，实施监督并逐级考核。洋山港将节能指标纳入各部门的月度及年度考核之中，层层落实。

港口企业应建立能源利用状况报告制度。能源利用状况报告制度是国家对重点用能单位能源利用状况进行跟踪、监督、管理、考核的重要方式，也是企业查找节能潜力、明确节能方向、改进能源管理、进行节能技术改造的有效手段。《节约能源法》第二十七条规定用能单位应当建立能源消费统计和能源利用状况分析制度，对各类能源的消费实行分类计量和统计，并确保能源消费统计数据真实、完整。第五十三条规定重点用能单位应当每年向管理节能工作的部门报送上年度的能源利用状况报告。能源利用状况包括能源消费情况、能源利用效率、节能目标完成情况和节能效益分析、节能措施等内容。第五十四条规定了管理节能工作的部门应当对重点用能单位报送的能源利用状况报告进行审查。对节能管理制度不健全、节能措施不落实、能源利用效率低的重点用能单位，管理节能工作的部门应当开展现场调查，组织实施用能设备能源效率检测，责令实施能源审计，并提出书面整改要求，限期整改。《公路、水路交通实施〈中华人民共和国节约能源法〉办法》第二十五条规定交通重点用能单位（公路、水路交通年能耗超过5000吨标准煤的用能单位）应当定期向交通运输部、省级交通运输主管部门报送上一年度的能源利用状况报告，应当包括以下内容：（一）能源购入和消耗量；（二）节能量；（三）单位产品能耗或者产值能耗；（四）用能效率和节能效益分析；（五）节能措施；（六）其他需要报告的情况。

4.2.2.4 完善能源计量、统计和监测工作

《节约能源法》第二十七条规定用能单位应当加强能源计量管理，按照规定配备和使用经依法检定合格的能源计量器具。

《公路、水路交通实施〈中华人民共和国节约能源法〉办法》第十九条规定交通用能单位应当按照国家有关计量管理的法律、法规和有关规定，加强能源计量管理，配备和使用经依法检定合格和校准的能源计量器具，对各类能源的消耗实行分类计量。第二十条规定交通用能单位应当建立能源消耗统计制度，建立健全能源计量原始记录和统计台账，确保能源消耗统计数据真实、完整，并按照规定向有关部门报送有关统计数据和资料。

港口能源计量是指港口通过科学合理配备计量器具，以实现港口能源在存储、使用、管理等全过程的单位统一、量值准确可靠的活动。能源计量是港口能耗统计工作的基础，对港口能源消耗核算具有重要意义。通过能耗监测和统计可以了解港口行业能源消耗的变化趋势，分析能耗变化的原因，对节能降耗政策措施的执行效果进行评估。

《港口能源计量导则》（JT/T 1258—2019）规定港口应建立能源计量管理制度，配备能源计量人员。能源计量器具配备率应该符合规定要求，计量器具配备率根据用能单位能源消耗量限定值、主要用能设备能源消耗量限定值等进行确定。构建能源管理台账和信息化系统，实现对用能设备的能耗监控。

改变人工进行能源统计和监测方式，采用计量传感器与互联网相结合的方式进行能源计量、统计和监测工作，有利于实现能源计量和监测的实时化、及时化和智能化。

4.2.2.5 建立和加强能源审计制度

能源审计是一种能源科学管理和服务的方法。能源审计是专业的能源审计机构或具备资格的能源审计人员受政府主管部门或企业的委托，依据有关法律、法规和标准，对用能单位的用能系统、设备的运行、管理及能源利用状况等用能物理过程和财务过程进行检查、诊断、审核，找出高能耗的原因，对能源利用效率、消耗水平和能源利用经济效果做出评价，并提出改进措施或提高用能效率建议和意见，以增强政府或企业对用能活动

的监控能力和提高能源利用的经济效果。

《节约能源法》规定公共机构应当按照规定进行能源审计，并根据能源审计结果采取提高能源利用效率的措施。对节能管理制度不健全、节能措施不落实、能源利用效率低的重点用能单位，管理节能工作的部门应当开展现场调查，组织实施用能设备能源效率检测，责令实施能源审计。

《能源审计技术通则》（GB/T 17166—2019）是对《企业能源审计技术通则》（GB/T 17166—1997）的修订，该标准对能源审计的定义是根据国家有关节能法律、法规、标准，对用能单位能源利用的物理过程和财务过程进行调查、测试和分析评价的活动，能源审计应按照该标准的要求进行。另外，钢铁行业和建筑材料行业分别制定了各自行业的能源审计技术导则，主要是根据行业特点在《能源审计技术通则》（GB/T 17166—2019）的基础上细化、明确相关内容，更有针对性和指导性。

能源审计主要包括用能单位能源管理状况、能耗状况及用能过程、能源计量及统计状况、能源绩效参数计算分析、能源费用指标计算分析、节能机会及节能措施的技术经济分析等。

能源审计是港口企业开展能源和节能管理的前提、主要途径和重要手段。能源审计可将港口企业能源利用的过程分为能源购入储存、加工转换、输送分配和最终使用等环节，港口的能源主要是电力、柴油、天然气、汽油，部分港口还有少量煤炭和蒸汽等。港口企业能源审计可从能源、港口装卸工艺、设备、过程控制、管理制度和相关员工，以及港口服务或产品、废弃能等进行问题的查找、原因的分析和整改措施的提出。

4.2.2.6　推行合同能源管理

《合同能源管理技术通则》（GB/T 24915—2010）定义的合同能源管理为节能服务公司与用能单位以契约形式约定节能项目的节能目标，节能服务公司为实现节能目标向用能单位提供必要的服务，用能单位以节能效益支付节能服务公司的投入及合理利润的节能服务机制。合同能源管理项目的要素包括用能状况诊断、能耗基准确定、节能措施、量化的节能目标、节能效益分享方式、测量和验证方案等。

合同能源管理是一种新型的市场化节能机制。其实质就是以减少的能源费用来支付节能项目全部成本的节能业务方式。能源管理合同在实施节能项目的企业（用户）与节能服务公司之间签订，有助于推动节能项目的实施。在合同能源管理方式中，一般不要求企业自身对节能项目进行大笔投资，项目投资是由节能服务公司完成。

日照港率先在港口推行合同能源管理模式，2006 年，日照港第三港务公司、科研检测中心与广东友美电源公司三方共同签订了第三港务公司场地照明系统节电改造项目协议书，共改造高杆灯 45 座，节电率达到 25%，预计年可节约电费 40 多万元。2007 年日照港又按照 EMC 模式与连云港亚太节能技术有限公司就日照港股份一公司场地照明系统节电改造项目达成了合作协议。这一机制的推行，使日照港在省下数百万元节能设备投资的同时，港口全年节电成本在 100 万元以上。

4.2.2.7 执行节能自愿协议

根据《节能自愿协议技术通则》(GB/T 26757—2011)的定义,节能自愿协议是为达到节能减排目标、提高能源利用效率,政府与用能单位或行业组织签订协议的一种节能管理活动。节能自愿协议一方面是用能单位或行业组织通过实施节能技术达到一定节能减排目标,另一方面是政府部门对完成节能减排目标的用能单位或行业组织给予利息、财政和税费等方面优惠的支持政策和荣誉奖励。

《节约能源法》规定国家运用财税和价格等政策,支持推广电力需求侧管理、合同能源管理及节能自愿协议等节能办法,这为节能自愿协议的实施奠定了法律基础。《节能自愿协议技术通则》(GB/T 26757—2011)是节能自愿协议的规范性文件,规定了节能自愿协议的定义、技术要求和协议样本,节能目标设定主要是通过对用能单位节能潜力评估,计算当前的能源消费总量、各工序用能和能效指标等,并结合以前能源和节能情况,设定节能目标。协议文本主要包括协议各方、能效基准、实施周期、节能目标、各方的权利和义务,以及节能效果核查和验证方案等内容。

目前,中国节能自愿协议还处于起步阶段,港口领域的应用还需进一步加大推广力度,节能自愿协议在第三方机构评估和审计的情况下,更有利于保证协议的实施。

4.2.2.8 总结节能经验并进行示范推广

港口企业应定期总结和借鉴行业内节能方面的最佳做法和经验,并在企业内部或行业内进行示范推广,形成示范效应,促进企业或行业节能减排目标的实现,推进全行业节能减排工作。

4.2.2.9 做好节能宣传、教育和培训工作

《节约能源法》第二十六条规定用能单位应当定期开展节能教育和岗位节能培训。《公路、水路交通实施〈中华人民共和国节约能源法〉办法》第七条规定各级人民政府交通运输主管部门应当组织开展交通运输行业节能的宣传教育,增强交通运输行业节能意识。

通过电子传媒、行业报刊、企业活动等途径,宣传能源和节能知识、节能成果,营造良好的舆论氛围,加大对专业人员的节能教育和培训,提高所有人员的节能意识。另外,通过参加行业节能减排技术交流等活动,提高能源和节能管理能力。如天津港在港口连续举行"节能周"活动,组织重点用能单位的主管人员参加节能先进单位经验交流会和节能技术、产品推广交流会;还组织节能知识讲座、培训及节能答卷活动、节能宣传板报展、节能操作技术比武等,同时还利用港口报刊和电视台等媒体加强节能的宣传。

人员的培训不仅包括对港口操作人员的技术培训,还包括对节能管理人员的管理培训。员工操作技能的高低直接影响着港口设备的能耗水平,影响着节能水平。如青岛港连续多年开展技术工人考工晋级和操作技术大比武,集团大部分技术工人都成为高级工、技师和高级技师,树立了一批示范典型。广州港对一线操作人员进行技能培训,提高司机的操作水平,提高装卸效率,推广节油驾驶、节能操作经验,同时也对节能管理人员

进行知识经验培训和交流。天津港实行节能管理人员持证上岗制，每年制定节能培训计划，并对专职人员进行能源审计方面的学习和培训。

港口企业之间应相互学习和借鉴节能经验，包括港口设备节能减排操作在内的先进经验，在互相学习节能操作实践经验中提高能源利用效率和管理水平。

4.3 技术节能增效

技术节能是采用新工艺、新设备、新技术和综合利用等方法，在能源系统流程各环节中减少跑、冒、滴、漏，减少能量损失，提高能源利用率，降低单位产品的能源消费量。

技术节能也叫直接节能，本书将工艺节能作为技术节能的一种来介绍，也有一些文献将工艺节能单独列为一项节能方式。

4.3.1 优化生产调度和操作方法

4.3.1.1 优化港口生产组织和工艺

港口的装卸生产能耗占港口总能耗比例最大，在生产过程中的污染物排放也最多。因此，合理安排装卸工艺流程和优化组织调度对节能起到重要的作用。

通过加强港口生产运营管理，加强港口生产优化调度，优化港口货物运输组织和生产工艺流程，改善老旧港口基础薄弱、生产工艺落后、耗能严重、拖车等运输机械利用率较低、水平运输车辆空驶率高居不下的现状，降低港口生产装卸的单耗，使得港口装卸工艺更加先进、合理、科学。

根据泊位停靠船舶吨位和频次、装卸时间等条件，进行设备配置优化，在一定生产率的条件下确保港口装卸设备的拥有量合理，提高港口设备利用率，降低港口装卸设备数量和能耗。

合理安排装卸工艺流程是指在实际生产中，尽量合理安排资源使流程耗能量达到最小。例如天津港不断改进装卸工艺，提高作业效率和用能效率，降低生产能耗，进行装卸生产合理配置设备及资源优化，近年对新建的四个码头工程进行了仿真模拟测试，优选出节能工艺方案，研制了各种货类的专用及高效的工属具，提高了机具与生产的科学配套水平，如研制的轻型散货抓斗探索出传统装卸工艺节能降耗的新途径。厦门港的东渡分公司的散杂货类作业中，在多种装卸工艺可选择的情况下，依据实际状况尽量选择直装直取的生产工艺，因为此工艺生产效率最高、能耗少。随着直卸量的逐年上升，港口取得了较好的节能效果。

优化组织调度管理是指生产部门在安排装卸作业过程时，根据现有的资源条件，合理调度，提高工艺效率，尽量避免货物移场、重复堆垛而造成的人力、设备、能量的损耗。青岛港建成了青岛港信息中心、中央调度指挥中心、现代化的物流信息中心，应用信息化管理实施优化调度，实现了由中央控制室调度指挥、系统化、流程化作业。青岛港还开发了集装箱码头装卸工艺优化系统，将过去单条作业线固定配置机械设备变为现在的所有作业线随机智能调度机械设备，最大限度地减少了集装箱卡车空驶，RTG 和岸桥的作业效率得到很大提高。

4.3.1.2 优化生产调度系统

1.集装箱牵引车“一拖双挂”技术

“一拖双挂”模式是指在有效牵引动力范围内，改变传统的一个牵引车拖挂一个挂车的形式，由一个牵引车拖挂两个挂车的一种先进运输组织模式。该运输模式能够有效提高车辆的有效荷载和设备利用效率，增加车辆的牵引动力和载重量，实现节能减排效果。“一拖双挂”模式可以充分利用原有半挂车，做适当改造，投入成本不高。但对码头平面布置的通过性要求较高，并且尽量避免双挂后出现牵引车动力不足等问题。

2.双箱牵引车作业

为配合双箱吊具岸桥作业出现了双箱牵引车，当两个集装箱由岸桥从船上卸下后，直接卸到双箱牵引车上，两个集装箱是并排放在牵引车的挂车车架上，增大了单次运输量外，还增加了车辆宽度，宽为 5～6m，对整个港口的道路系统提出了更高要求。

3.集装箱牵引车共享及“重去重回”技术

(1)集装箱牵引车共享技术

传统的集装箱装卸工艺按照作业线来配置堆场和水平运输设备，如一台岸桥对应固定的水平运输设备，这样会造成不同作业线的设备的利用状态不同，有的作业线水平运输设备很忙，有的作业线的水平运输设备很闲。

集装箱牵引车共享技术就是按需分配，可以多条作业线内集装箱牵引车共享，集装箱牵引车不再仅仅对应一台岸桥服务，可以对应场内的多台岸桥，实现集装箱牵引车在场内的智能调度，使每一辆集装箱牵引车都能发挥最大的效能，在一定程度上降低集装箱牵引车的数量，实现集约和节约。另外，这种集装箱牵引车共享模式还可以扩展到相邻的几个码头相互共享，充分提高每一辆水平运输车辆的利用率，当然这种共享模式对智能调度系统提出了更高的要求。

集装箱牵引车共享技术可通过货物的智能调度实现集装箱牵引车的“重去重回”，进一步提高集装箱牵引车的重载率。

(2)“重去重回”技术

集装箱牵引车“重去重回”是指物流运输中往返均为满载，简单地说就是重箱去、重箱回，避免单程空载，实现降低运输成本、提高车辆燃油利用效率。集装箱重去重回也称为集装箱双重运输。“重去重回”的操作原理是当集装箱牵引车到达目的地将货箱甩留之后，集装箱牵引车再拖带其他装满货物的集装箱返回港口或者驶向新的地点。这种运输模式可以做到“集装箱停、车不停”，大大提高了运输效率，提高了车辆燃油有效利用率，节约了货物装卸的等待时间，降低了企业经营成本。

集装箱“重去重回”运输必须有合适的货源，做到目的地匹配。可利用互联网＋集装箱牵引车运输的模式，努力解决货源的匹配问题，缩短集装箱牵引车司机寻找货物的时间，提高运输效率，真正发挥集装箱牵引车“重去重回”运输的作用。

另外，为提高集装箱牵引车利用率，通过全场智能调控，根据作业线需求的优先级，兼顾路径最短化原则，动态配置集装箱牵引车作业，使场内所有的集装箱牵引车同时为所有的作业线服务。但存在作业线繁忙时，出现拥堵现象，对智能调度系统提出更大的挑战。

同倍位装卸技术是装船和卸船同时作业并且实现在同一倍位内同时装集装箱和卸集装箱的装卸技术。当岸桥从集装箱船上卸下一个集装箱后，随机又从岸上为集装箱船装上一个集装箱，岸桥不需要移动，实现边装边卸，大大降低了总的装卸时间。同倍位装卸技术与集装箱牵引车“重去重回”技术相结合，在实现岸桥重箱装、重箱卸的同时，实现了集装箱牵引车的重去重回，提高岸桥满载率的同时，也降低了集装箱牵引车的空载率。

同倍位装卸技术对集装箱船的配载、同一码头泊位的装船量和卸船量平衡等要求很高。

4. 集装箱码头智能配载系统和调控系统

广义的集装箱配载是指航运公司在其航线上各个港口的装载计划，狭义的配载是指集装箱码头根据航运公司的预配，确定每个集装箱在船上的位置的业务过程。集装箱配载是集装箱码头物流供应链管理环节，对码头作业资源调配起着非常重要的作用。集装箱配载是衔接船舶和堆场作业的关键业务，直接影响集装箱码头生产效率。

集装箱配载主要是通过数学规划方法、启发式方法、模拟进化方法和专家系统寻求码头智能化的配载优化算法，实现集装箱码头的岸桥、场桥等码头资源的智能调配、自动化、智能化的生产作业指挥，实现基于作业资源优化调配的集装箱智能配载，提高集装箱配载效率，从而优化作业流程、提高作业效率、降低生产能耗。

5. 堆场智能堆放系统

堆场智能堆放系统是总结操作和管理人员的经验，运用智能控制理论，通过设定一定的堆存规则，实现堆场的智能存放，提高堆放效率。堆存原则包括不限于出口箱“重压轻”、按排堆放、按位堆放，在安排位置时，同一船同一港口的集装箱尽量安排在一起，以提高装船效率。

6. 预约集疏运系统

预约集疏运系统是集装箱码头堆场和场外集装箱用户建立预约机制，通过统筹规划集装箱的集、疏运作业进行优化组织管理。预约集港系统是通过限定和合理分配不同时间段内的集装箱牵引车到达码头数量来降低高峰时段集装箱牵引车的等待时间，可以有效缓解集装箱牵引车拥堵、提高码头作业效率、减少集装箱牵引车在码头的排放。

青岛港采用了按单号堆码和按单号预约提箱技术，实现大客户按单号预约疏运。一般集装箱堆场作业模式下造成提箱翻倒较多，其主要原因为无序堆箱和码垛导致的生产不可控，进口箱卸船时，码头会根据自身堆存能力和设备配置自行设定操作规则，如作业线规则、货类规则、特殊堆存规则等，在原有操作模式下，货主提箱时按照箱号进行提箱，提箱时间不定，造成进口箱提箱无序，因此提箱时翻倒箱成为集装箱码头司空见惯的现象。采用按单号堆码和按单号预约提箱技术后，在卸进口船时，码头统一调度对同一提单号的进口箱进行集中堆码，客户需凭有效单据到码头进行预约提箱业务，提供集中提箱时间，码头提前安排堆场作业起重机到场地做提箱准备，大大缩短互相等待时间，减少码头集装箱牵引车的拥堵。提箱时，货主按提单号提箱，码头计算机系统根据当前场地情况，按货主提单中最优位置的集装箱派送提箱外集装箱牵引车，从而最大限度地降低翻倒箱率。

德国汉堡港采用集装箱计算机辅助技术优化储存位置，最大限度地减少运输设备的行驶距离，从而减少能源消耗和噪声污染。

7.合理规划流程和设备用电时间实现“削峰填谷”

根据不同作业流程和设备的用电规律，合理地、有计划地安排和组织各类流程和设备的用电时间。以降低负荷高峰时高电价成本，提高负荷低谷时用电量，实现用能终端的“削峰填谷”，降低用能成本。重庆港在编制港口装卸工艺流程时，利用峰谷用电期的不同价格，尽量将耗能高的设备安排在低谷期内作业，这样每年节省电费数万元。

4.3.1.3 优化设备控制方法

1.带式输送机逆流程启动技术

在带式输送机的传统启动工艺中，下游设备最先启动，启动后等待受料，待机时间长，其他各级转接带式输送机由下游到上游依次启动，空载等待的时间也依次减少，在这种顺向启动运行模式中，带式输送机的距离越长，空载等待的时间越长，空载损失的能量越大。

带式输送机逆流程启动技术是采用逆向启动流程，先启动靠近物料输送的上游给料设备，启动后就上料，根据带式输送机的长度和运行速度，可以计算物料到达下一条转运带式输送机的具体时刻，在该时刻前的足够安全时刻再提前启动下一条转运带式输送机，以这样的操作方式依次启动全部带式输送机，直到启动下游的受料设备。这样的逆流程启动顺序与传统的操作模式正好相反，大大降低了各级带式输送机的空载等待时间，通过秦皇岛港的研发和应用，该系统使得空载启动运行时间缩短了 77%，带式输送机系统能耗降低约 4%。

2.带式输送机的减电机控制技术

带式输送机设计时，是按照带式输送机满载运行所需要的传动功率来配置电动机，但是在带式输送机作业时，不论所输送的负荷多少，所有电动机都参与工作，当输送的物料没有达到额定负荷时，出现大马拉小车的现象，浪费大量的能源。

带式输送机减电机控制技术根据带式输送机负荷的大小优化调整运行电动机的数量。当输送机的负荷较少时，可以减掉 1 台至多台电动机，在满足输送系统正常工作的同时，达到节能和提高功率因数的目的，这种节能技术简称为“减电机”控制技术。

4.3.1.4 节能操作法

1.斗轮堆取料机节能操作法

操作技术水平的高低对港口能耗有较大的影响,同一港口设备由不同水平的人员操作,能耗量大不相同。操作水平的高低与操作人员的素质、对港口设备的熟练程度、操作方法是否恰当、操作培训方法、设备本身操作的难易等有直接关系。如针对港口散货码头广泛使用的斗轮堆取料机,天津港就在实践中总结出了能够有效降低能耗的操作方法——“零空闲操作法”,该方法相比于传统的操作方法,节能效果明显。零空闲操作法的节能原理就是通过臂架换向过程中的提前操作,摒弃空转时间,减少设备空载时间,达到节能目的。另外,为减小斗轮机取料流量波动,实现取料流量平稳、高效,依据斗轮机臂架回转角度的大小,确定回转取料速度的大小,进行变速操作。

2.港口起重机节能操作法

港口起重机的特点是起重量大、起重机外形尺寸大、部分机构速度快,节能操作方法如下:

熟悉起重机状况和货物情况。司机在操作起重机前,必须熟悉起重机的状况和各种操作方法,只有熟悉起重机本身的状况和各个工况的操作方法,才能轻车熟路地操纵起重机在最佳的状态工作。另外,司机也要熟悉所装卸的货物基本情况和分布情况,熟练掌握当前装卸对象和下一步的装卸对象,这样才会使得装卸过程连贯,提高装卸效率。

平稳起步。操作各个机构时,启动应平稳,并逐挡加速,每挡转换时间尽量短,严禁高挡启动。

换挡及时。换挡要快而及时,快速换挡可以充分利用电动机较大功率和最佳能耗区段,缩短由低挡到高挡的加速时间和加速行程,减少加速过程的耗能。

高速挡运行。起升或运行机构控制中,尽量在最高挡运行,最高挡下是最经济的运行方式。

降低单位载荷耗能量。在起重机或车辆状况允许的条件下,将起重机或车辆的载重量提高至额定载荷,即可提高生产率,又能使单位质量的耗能显著下降。

减少使用制动。在大车运行和小车运行到指定位置前,都应提前换挡减速,使起重机自然减速达到“以滑代刹”的目的,降低不必要的制动造成的能源消耗。

3.港口车辆节能操作法

港口车辆的特点是牵引力大、扭矩大、行驶速度低,节能操作方法如下:

先暖车后启动。尤其是冬季气温低,是否先暖车再让车辆启动,燃料消耗的区别是明显的。一般来说,冬天出门前先热车一到三分钟,让水温达到 40℃以后才起步,并且让车子稳定行驶 1～2 km 后再加速。这样可以减少燃油的消耗,也对车辆的引擎和车辆部件都有好处。

平稳起步。挂低挡起步,缓缓地踩下油门踏板,缓慢加速。让车辆达到一定挡位速度时,学会听着发动机的声音来逐步把挡位从低换到高。这可以减少发动机的升温时间，增加燃油的利用率。如果启动时轰大油门来提速，这样不但伤车也会大大增加耗油量。平稳起步前不应轰油门，而应快速踏下离合器踏板，迅速分离离合器，挂上低挡后，慢松离合器踏板的同时，慢慢加大油门。这样，可减少空载运转和加速阻力，能平稳起步而节油。

使用经济车速。在驾驶车辆中应控制好安全、油耗和车速几方面的正确关系。尽量控制车速在额定速度运行，一般港口车辆速度为25～30km/h。

轻抬油门。轻抬油门能省油。如果猛抬油门，则会使发动机转速突然降低而起到牵阻作用，抵消一部分行驶惯性，并使车辆产生“颤动”，而使耗油量增加。

换挡及时。换挡要快而及时，特别在斜坡上行驶，换挡的时间越短，车辆的动力性就发挥得越好，就越能节省燃料。如果换挡不及时，并且手脚配合不好而空踩油门，那必然大大地增大油耗。快速换挡可以充分利用发动机较大功率和最小燃料消耗区段，缩短由低挡到高挡的加速时间和加速行程，减少加速过程的耗油。

尽量采用高速挡行驶。一般来说，尽可能使用高速挡行车，少用中间挡。要掌握好换挡时机，当发动机要“发抖”前，就要把挡位降下来，让车速提上去再换回高挡。在同一道路条件下，虽然发动机功率相同，但是在低挡行驶时，发动机负载低，燃料消耗高，而使用高挡时则相反。

减少使用制动。制动实质上是一种能量转化的过程，制动意味着能量的消耗，试验证明，载重汽车以30km/h的速度行驶时，紧急制动一次就会浪费50mL汽油。所以在通过交叉路口、下坡时，都应提前抬起油门，使车辆自然减速达到“以滑代刹”的目的。所以如果经常不合理使用制动，就会浪费能源，不仅增加车辆的耗油，而且会加速车辆轮胎的磨损。

保持车距。如果道路拥塞，而前车又经常刹车，就应该和前车保持足够的跟车距离，这样既可以从容减速，又可以减少制动次数，以达到省油的目的。

尽量降低车辆运行时的车辆自重。增加车辆自重将相应地增加油耗，因此，作业时在不影响作业效率的前提下应卸下车辆上不必要的附加设备和物品。

4.3.2 港口电能替代技术

4.3.2.1 港口设备“油改电”

电能替代是在终端能源消费环节，使用电能替代燃油、散烧煤的能源消费方式，如电采暖、地源热泵、工业电锅炉、电动车辆、靠港船舶使用岸电、机场桥载设备、电蓄能调峰等。港口设备“油改电”就是使用电能替代燃油的能源消费方式。

我国政府大力推广电能替代政策，虽然电力在发电属地仍有污染，但是目前我国的火电技术在全球处于领先地位，我国执行的《火电厂大气污染物排放标准》(GB 13223—2011)已经非常严格，相当于美国和欧盟的排放标准(表4-1)，因此中国的火电相对是清洁的，火电排放的二氧化硫、氮氧化物及烟(粉)尘已经相对较少。

表 4-1 部分国家或地区现有和新建发电厂排放限制(单位为 mg/m^3)

国家或地区	政策法规	二氧化硫		氮氧化物		颗粒物	
		现有	新建	现有	新建	现有	新建
中国	《火电厂大气污染物排放标准》	200～400	100	200	100	30	30
欧盟	《工业排放指令》	200～400	150～400	200～450	150～400	20～30	10～20
美国	《新污染源执行标准》	160～640	160	117～640	117	23	23
日本	《空气污染控制法》	—	—	123～513	123～513	30～100	30～100

港口设备“油改电”的重要意义在于：

①虽然目前“油改电”的环保效果还不是彻底消除污染物排放，但是随着我国进一步优化电力能源结构，清洁能源发电比重会进一步提高，中国的电力将会越来越清洁。

②“油改电”减少对燃油的消费，而燃油来源于石油，可以降低中国石油对外依存度，为保障中国的能源安全作出贡献。

③“油改电”技术相当于把原来分散的污染排放源集中到火电厂进行污染排放，将污染物集中起来，在传统技术中，每台燃油设备就是一个独立的污染源，而实施“油改电”技术方案后，把污染源转移到火电厂，而火电厂采用大规模、高效率的污染处理设备对排放的污染物进行集中治理，效率更高、效果更好。另外，“油改电”的污染转移功能还将港口产生的污染由人口密度较高的港口城市转移到人口密度相对较低的火电厂所在地区。

港口流动设备的机动性大，可以“满场飞”，因此通常港口流动设备主要以燃油为主，港口流动设备主要是港口水平运输设备(车辆)，还有少量起重设备，包括传统轮胎式集装箱门式起重机、港口牵引车、集装箱正面吊运起重机、空箱堆高机、叉车、装载机、挖掘机等，由于燃油价格高、消耗大，“油改电”能够实现节能。另外，港口二氧化碳排放主要是这些以燃油作为动力的设备导致的，同时伴随着污染物的排放，而电能在港口属地无污染物排放。因此，港口流动设备“油改电”是港口一个重要的节能减排技术，是国家支持的“电能替代”的一个重要技术方向。

1. RTG“油改电”

我国 90%以上的专用集装箱堆场使用的起重设备是传统轮胎式集装箱门式起重机(RTG)，传统 RTG 主要是以柴油发电机组为整机提供电力，柴油发电机组燃烧柴油污染环境、能耗大、发电机组维护成本高。自 2006 年以来，各个港口陆续采用市电替代柴油发电机机组，据初步统计，全国 85%以上的 RTG 已完成“油改电”。

RTG“油改电”主要有三种供电形式，分别为电缆卷筒式、刚性滑触线式和高架滑触线式。

电缆卷筒式供电是在 RTG 门架的一侧设置电缆卷筒，电缆缠绕在电缆卷筒上，电缆的一端与 RTG 的整机供电回路连接，另一端通过导缆架到码头地面的电缆槽，再连接至市电的地面固定接电箱上。电缆卷筒供电系统由电缆卷筒、导缆架、供电电缆、电缆插头、地面接电箱、控制系统等各部件组成。电缆卷筒供电形式广泛地应用于岸边集装箱起重机、轨道式集装箱门式起重机、门座起重机等轨道式运行的起重机上，技术成熟、投资省、操作简单。

刚性滑触线式供电是相对高架滑触线而言，也叫低架滑触线，在集装箱堆场的箱区内架设刚性滑触线供电线路，其设置高度大概在整机底梁的高度，一般为 2～3m，每隔约 3m 有一个支架作为支撑。刚性滑触线形式主要由滑触线系统、集电小车、支架及集电小车轨道、快速接头，以及安装保护、自动纠偏与防碰撞安全装置等构成。该形式具有工程量小、投资少、结构简单等特点。

高架滑触线式供电是通过架设高空铜滑线来实现市电电源向 RTG 供电。RTG 可以像公交电车那样从头顶上的高架滑触线获取电力，滑触线的高度高于整机的最大高度，一般在 25m 以上，每隔一定距离设有塔架支撑。该供电形式主要由布置在两排集装箱堆场间的塔架、高架滑触线、机上滑线集电器、地面配电箱等组成。该形式具有占用场地少、供电效率高、初期投资大、使用成本低、维护成本低等特点。

目前应用较广的三种供电形式的特点和应用场合优缺点比较见表 4-2。电动 RTG 供电形式的选择应综合考虑港区的自然条件、设备使用经验、陆域特点、投资情况、港区规模等因素。一般来讲，对于中小码头、堆场宽度较小的集装箱堆场适合用电缆卷筒方案；大中型码头、单条作业线较长、堆场通过能力较大的港区适宜选用刚性和高架滑触线形式，其中刚性滑触线应用较多。另外，还有采用锂电池作为 RTG 全动力的方案，但目前仅限于个别港口试用。

表 4-2 电动 RTG 三种供电形式的比较

项目	电缆卷筒供电	刚性滑触线供电	高架滑触线供电
场地占用	需铺设电缆槽，占用一定的场地，设置安全距离需要占用地面上场地	由于每隔 3m 须架设支架，占用场地大，设置安全距离需要占用地面上场地	架设塔架数量少，滑触线在高空中，占用场地小，占用的不是稀缺的场地
供电效率	较低(由于线损、变压器和自重等原因)	铝材料，效率低； 铜材料，效率较高	铜材料，效率较高
维护工作	由于电缆在场地上拖动，电缆易磨损，寿命短，工作量较小；低空操作，安全性好	平常只需定时更换碳刷，工作量小，需要一定的维护工作；低空作业，安全性好	平常只需定时更换碳刷，工作量小，系统寿命长，需要一定的维护工作；高空作业，雷击影响大，安全性差
系统可靠性	供电质量高，但由于电缆拖在场地上，损耗大	供电质量高，但电线杆数量很多，易碰撞，安全性差	供电质量高，塔架高，须防雷、防台风、防覆冰，系统对可靠性要求高

续表 4-2

项目	电缆卷筒供电	刚性滑触线供电	高架滑触线供电
设备操作性	较差，对跑偏要求一般，易与周边发生碰撞，且防碰撞实施困难	差，对跑偏要求高，易与周边发生碰撞，需采取措施避免碰撞	好，对跑偏要求一般，与柴油发电机组供电的操作一样
0°过街区性能	不好，需要柴油发电机组辅助，人工拔插快速接头	不好，需要柴油发电机组辅助，人工拔插快速接头	好，无需拔插操作，直接正常操作过 0°街区
90°转场性能	不好，需要柴油发电机组等辅助，人工拔插快速接头	不好，需要柴油发电机组等辅助，人工拔插快速接头	较好，需要柴油发电机组等辅助，司机可自动进行集电器等的切换
同一箱区近距离作业	受电缆槽影响，性能较差	近距离作业性能好	受集电器电杆影响，性能较差
设备成本	一次投入高（单台 130 万元），使用成本高，可以单台投入	一次投入低（铝滑线单台 45～60 万元），使用成本中等，维护工作中等，需要多台投入	一次投入中等（单台 80～96 万元），初期投资大，使用成本低，维护成本低，需要多台同时投入
适用场合	适用面广，特别适合于中小规模码头	适用面中等，特别适合于大中等规模码头	适用面有一定要求，特别适合规整和狭长的场地、大中规模码头

西班牙某港口集装箱码头 RTG 等燃油设备二氧化碳排放量占码头总二氧化碳排放量的 68.1%。RTG“油改电”将减少 43% 的二氧化碳排放，降低二氧化碳的同时降低了能源消耗。电动 RTG 应用的典型港口码头见表 4-3。

表 4-3　电动 RTG 应用的典型港口码头

供电形式	供电电流	应用的典型港口码头
电缆卷筒形式	交流供电	深圳招商国际港务码头、天津港第一港埠有限公司、肇庆港、邯郸陆港、扬州港、连云港新东方国际货柜码头、宁波港梅山集装箱码头、苏州太仓港、佛山南港码头、惠州港、珠海港、洋浦港、深圳大铲湾港、曹妃甸港、厦门港海润码头、威海港青威集装箱码头、温州港金洋集装箱码头、挪威奥斯陆港、巴拿马曼萨尼约国际码头（MIT）

续表 4-3

供电形式	供电电流	应用的典型港口码头
刚性滑触线形式	交流供电	青岛港、广州港、南京港、厦门港、深圳盐田国际集装箱码头、深圳蛇口集装箱码头、湛江港、福州新港国际集装箱码头、营口港、香港 MTL、美国 Georgia Ports Authority Garden City Terminal、土耳其伊斯坦布尔马波特溺谷码头、耶尔波特集装箱码头、香港 HIT
	直流供电	天津港东方海陆等集装箱码头、宁波港北仑第二集装箱码头分公司、宁波大榭招商国际集装箱码头、大连港湾集装箱码头、福州港江阴港区、深圳赤湾集装箱码头、深圳妈湾港、美国萨凡纳港的花园城码头(GPA)
高架滑触线形式	交流供电	上海港振东、沪东、闵东、浦东等集装箱码头，宁波港远东码头、港吉码头、北仑国际集装箱码头
	直流供电	深圳妈港仓码公司

2. RTG 转场技术

目前，电动 RTG 转场一般采用柴油发电机组和电池组，分别介绍如下：

(1)改造的电动 RTG 的原大功率柴油发电机组

一般情况下，RTG 原有的柴油发电机组保持不变，保留原有大功率柴油发电机组，柴油机额定功率一般在 400kW 以上，在此基础上进行“油改电”。RTG 正常堆场作业时，采用外接电力驱动；而 RTG 转场时，采用原柴油发电机组驱动，此时柴油发电机组具有很大的冗余，转场时对环境造成的污染较大。

(2)新制造电动 RTG 固定安装的转场小型柴油发电机组

对于箱量较少、堆存周期较长的中小型集装箱码头，RTG 转场作业机会较多，可采用 RTG 上固定安装的小型柴油发电机组，专用于 RTG 的转场使用，柴油机额定功率一般在 100kW 左右，只保证大车运行机构和控制系统、照明等的用电。

(3)新制造电动 RTG 专用的临时转场柴油发电机组

对于大中型集装箱码头，集装箱周转量大，RTG 配备数量一般充足，RTG 转场工作的机会较少，此时 RTG 上不需要每台都固定配备转场用柴油发电机组，而是根据需要多台 RTG 共用一台柴油发电机组单元。这样 RTG 可以取消柴油发电机组，既大大降低了设备投资，同时又降低了设备自重。

柴油发电机组单元作为独立单元，也可直接集成到 20 英尺集装箱内，柴油机额定功率只有 100kW 左右。在 RTG 需要转场时，通过吊耳、钢丝绳悬挂在集装箱吊具下方，起吊至一定高度，然后断开滑触线或电缆卷筒供电，改由柴油发电机组单元供电；转场到达指定位置后，再就近改由滑触线或电缆卷筒供电，将柴油发电机组单元放在地面上，由叉车运到指定位置放置。

(4)多台电动 RTG 共用的移动电源车

将柴油发电机组放到移动车辆的货箱内，将移动电源车开到需要转场的电动 RTG 的供电电源接头处，电源接到移动电源车的供电端，在转场时，移动电源车跟随电动 RTG 一起移动，转场到指定位置后，再改成滑触线或电缆卷筒供电，移动电源车可再去为其他的电动 RTG 转场供应电源，实现多台电动 RTG 共用一辆移动电源车。

(5)电池组为转场提供动力

可采用磷酸铁锂电池或铅酸蓄电池组为 RTG 的转场提供动力，省去柴油发电机组，彻底实现了全电力化的运行。另外，如加装能量回馈单元，在起升下降、机构制动过程产生的回馈能量可存储在电池组中，实现能量的节约利用。

3. 轮胎起重机“油改电”

轮胎起重机是件杂货堆场装卸的主要设备，传统轮胎起重机采用柴油机组发电驱动或柴油机液压泵驱动，能源消耗、大气污染物排放、噪声均较大，进行轮胎起重机“油改电”能彻底解决上述问题。

为港口轮胎起重机加装电缆卷筒供电方式，原柴油机组作为转场电源和备用电源，利用电缆卷筒供电控制系统实现电缆卷筒的收放电缆速度与轮胎起重机的走行速度相匹配，将堆场按照网格划分区块，在每个网格的节点处设置供电装置，轮胎起重机在任何区块都可以从节点处的供电装置获取电力。“油改电”后的轮胎起重机增设动力切换系统，保证轮胎起重机转场时可以及时转换为柴油发电机组驱动。

传统发动机液压驱动形式的轮胎起重机也进行了油电双动力的推广应用。油电双动力轮胎起重机采用两套完全独立的供能系统，由发动机和电动机分别驱动。发动机驱动的液压供油系统主要通过弹性盘与发动机飞轮连接，其他各泵通过主泵的取力口获得动力；电动机驱动的液压泵采用变频器控制转速，电动机与液压泵之间通过弹性联轴器相连。在作业现场具有外接电力的条件下，起重机使用电动机模式可达到环保并能降低成本的作用。

4. 水平运输车辆“油改电”

港口水平运输车辆是在码头前沿和堆场进行装卸搬运的车辆，主要是以柴油作为燃料驱动。港口水平运输车辆“油改电”是用电池＋电动机驱动形式代替柴油机。

纯电动水平运输车辆的驱动包括电动机和储能装置等，常用的储能装置包括化学蓄电池和超级电容等。纯电动车辆中适用的能源是高比能量的化学蓄电池。蓄电池是电动车辆储能装置的主角，其中镍氢蓄电池和锂离子电池的比能量最高，但相应的价格也高。超级电容是通过电极上正负电荷的物理性吸附和脱落而进行充放电操作，具有优越的快速充放电特性，而且寿命也很长。通常情况下，超级电容一般不单独使用，而是在混合动力或纯电动车辆中，作为蓄电池或燃料电池的辅助装置使用。

(1)电动港口牵引车

①电动港口牵引车驱动形式

电动半挂港口牵引车的动力与传动系统包括驱动电动机(变速箱)、传动轴、驱动桥等。目前电动半挂港口牵引车驱动电动机多采用异步感应电动机或永磁同步电动机,变速箱不是电动半挂牵引车所必需的部件,主要根据驱动电动机的选型匹配,电动机直驱技术不使用变速箱。

电动半挂港口牵引车的充电通过两种方式实现:一是通过驾驶室的低压开关控制充电弓的升降来实现车辆从高压电网的充电;充电弓通过一个支架固定在驾驶室后侧的车架上,在车辆需要充电的时候,驾驶员可以直接通过操作驾驶室里面的翘板开关来进行充电操作,充电完成后,充电弓会自动进行降弓操作。二是车载直流充电插座通过充电动机来进行充电。整车可通过 DC/DC 转换器把高压直流电稳压输出为 24V 直流电,为低压蓄电池充电。

美国洛杉矶港使用电动集装箱拖挂车。目前,因为电池技术有待提高、供电设备设施不普及等因素,在短期内电动车辆广泛应用的前景并不看好,但是洛杉矶港早就开始了在集装箱码头应用电动牵引车的尝试,目前这一尝试仍在继续。洛杉矶港集装箱码头使用的 35 辆电动港口牵引车是由 Balqon Corporation 公司生产,电池控制系统是其核心技术,主要是改善电动汽车的动力性能。电动港口牵引车购置成本约为普通柴油港口牵引车的 1.4～1.6 倍,电池质量约 1.25t,一次充电可以行驶 80～100 英里,电池充电时间约 2h,洛杉矶港使用的每台电动港口牵引车配置一组电池,充电时车辆停驶。

按照通常港口牵引车行驶平均速度约 25km/h 计算,为应用电动牵引车替代普通柴油牵引车,需要多配置 24%～28%的车辆,集装箱码头的牵引车配置成本增加 70%～100%;此外,车辆行驶时总得背负 1.25t 重的电池,额外背负的质量高于普通柴油港口牵引车,增加了能耗。在这样的情况下,美国集装箱码头使用电动港口牵引车的原因如下:尽管美国将二氧化碳作为污染物看待,但是在港口环保实践中,更多注重的是对于周边社区居民生活环境和空气质量的影响,对于影响全球气候变化的二氧化碳的减排重视程度相对较低,港口使用电力代替燃油,将使用燃油影响港区周边环境和空气质量的污染物排放有效转移出去了,因此,美国港口将其视为"零排放"措施,将车辆电气化视为解决港口环境问题和推动港口绿色发展的最有效手段。

②超级电容电动形式

陕西汽车集团公司进行了超级电容作为动力源的电动牵引车的研究工作。陕汽开发的电动牵引车选用 50 组超级电容作为动力源,大功率电动机驱动的纯电动设计,具有启动力矩大、调速精度高、系统效率高、维护简便等优点,达到零排放、无污染、低噪声,预计使用费用比传统柴油机减少 1/3 左右,在短距离、固定区域内,运行机动灵活,性价比高。但由于各种原因,该电动牵引车并未在港口得到推广。

③锂电池电动形式

2018 年,天津港集团公司、中国重汽集团公司和天津主线科技公司三方携手打造的无人驾驶电动集装箱卡车在天津港开启试运营。该电动集装箱卡车是由电池模块驱动,车上安装了北斗定位系统和激光雷达、毫米波雷达、摄像头等设备进行智能行驶。该车配备了世界先进的驾驶系统和成熟可靠的纯电中央驱动控制系统，整车满载行驶可达120km/h，并且充电时间小于1h。

电动牵引车以其低能耗、零污染的优点在国外已经得到了较广泛的应用，已在我国深圳妈湾港、广州港、武汉港、上海港、厦门港、宁波舟山港等港口得到了应用，但从长远发展来看，电动牵引车在国内有广阔的发展前景。

(2)电动自动导引车

电动自动导引车(AGV)有采用锂电池和铅酸电池两种常用方式，电池为电动机供电，电动机通过联轴节、驱动桥等机械元件驱使车轮运转，这种传动方式在工程车辆上广泛使用。

国外纯电动AGV技术已经非常成熟，并在一定范围内得到了应用，Gottwald在2009年与德国汉堡港合作试运行了铅酸蓄电池全电动AGV，目前已在荷兰鹿特丹的APMT和RWG、美国长滩LBCT等新码头实施应用；ZPMC在2002年开发的第一代样机率先采用了基于超级电容+小型柴油机的混合动力系统，随后又在厦门全自动化码头上采用了锂电池电动AGV。

德国汉堡港配备86台电动AGV，是CTA“码头绿色效率”的最新成功案例。该项目于2011年9月完成了“零排放”试点，并获得了著名的“汉斯环球2011”可持续发展奖。该电动AGV有效载荷为60t，电池可在5min内被自动电池更换站(连续运行17h后)替换，电池驱动的AGV在CTA码头要求苛刻的运行环境中创造了新的经济和生态纪录。欧洲区域发展基金(ERDF)为这种转换为电池驱动的电力驱动车辆提供约800万欧元的资金，主要用于减少二氧化碳排放量，系统改造并使用可再生能源发电，每年将减少约15500t二氧化碳。同时减低了噪声、细颗粒物、烟尘和氮氧化物排放。

(3)电动空箱堆高机

世界各国制造厂商和用户正在尝试空箱堆高机的“油改电”。

2019年10月，美国洛杉矶港推出了号称全球第一台电动空箱堆高机，该设备由美国泰勒(Taylor)机械公司制造，配备了1MW的电池，可满足连续工作18h的需要，每台设备都配有一个数据记录器，用于跟踪运行时间、充电频率、能源使用情况和其他性能指标，数据收集还包括从设备操作、维护人员获取相关的信息。电动空箱堆高机是770万美元的Everport先进货物装卸示范项目的关键部分。加州能源委员会(CEC)正在为这一大规模零排放技术项目提供450万美元的可持续发展补助金。青岛港某集装箱码头改造了两台空箱堆高机，用锂电池+电机驱动的形式代替了原来报废的发动机，改造费用为100多万元，改造后的使用情况良好。徐工集团生产的空箱堆高机由100kW驱动电机加120kW举升电机为系统提供动力，电池采用磷酸铁锂电池，容量为350kW·h。

(4)电动集装箱正面吊

徐工集团研制了电动集装箱正面吊，主电机直接与驱动桥连接，转速为1000r/min，采用422kW·h大容量免维护动力电池，拥有智能化的能源管理系统，再辅以回收率可达 20%的能量回收技术，将集装箱吊具的重力势能及刹车时动能转化为电能，对电池进行充电，电池系统充电需要 2h，可连续工作 8h。

(5)其他电动车辆

博雷顿公司生产的纯电动装载机，额定载量为 5t，最大磷酸铁锂电池容量为282kW·h，充电时间为 0.8～1.5h，续航里程为 6h，工作电机功率为 200kW，驱动电机功率为 240kW。

自 2017 年以来，德国汉堡港一直在努力使港口地面载重运输车辆的动力系统逐步替换成锂离子电池供电，为此需要建立一套全新的基础设施，包括充电站、变压器和电力线等。这套锂电池节能设备、系统和工艺不仅能够减少当地的污染物排放，而且具有经济效益，因此，汉堡港在进行新的和替代性投资时，特别注意使用节能、低排放的设备。2017 年，所有电动车辆的车队增至 79 辆。汉堡港的电动车辆由可再生电力驱动，是一种低噪声、低维护的解决方案，在港口属地不会产生排放。电动车辆每年行驶约 50 万千米，可减少约 160t 二氧化碳排放。

由于我国电动车辆市场的发展缓慢，相应的电池产业链等技术落后，在一定程度上影响了新能源技术在港口水平运输车辆上的应用，因此我国在新能源港口水平运输车辆的研发上具有重大缺口，应加快新能源驱动技术的投入。

我国已经进行了各种电动车辆及电池的研发工作，但由于港口水平运输车辆的载重量大相应要求功率较大，采用先进的锂电池驱动，须突破体积与质量、安全性及电池、电动机和控制系统的匹配等问题，锂电池尤其是磷酸铁锂电池作为港口水平运输车辆的动力能源技术已经成熟，只是经济性问题。但是随着电池及相关技术的发展，锂电池和氢燃料电池成本逐步降低，采用电池为港口水平运输车辆提供动力是未来一个重要的发展方向。

5. 水平运输车辆无接触式供电技术

无接触式供电技术类似于目前比较流行的手机无线充电技术，其供电原理是埋藏于地下的主线圈通电后，与车辆底部的副线圈之间通过电磁感应向车辆端传输电能。

无接触式供电板从设置在路面的地面充电板获得电能，通电时可为电动机供电，驱动车桥和车轮，使得整车运行，同时可为动力电池充电，当行驶到没有地面充电板的路段，由动力电池为电动机供电，驱动整车运行。

在水平运输车辆上设置无接触式供电板，与固定区域地面设置的能量输出组件相匹配，当水平运输车辆通过地面充电板区域时，充电板自动对水平运输车辆的无接触式供电板进行供电。其他交叉运行区域采用储能装置如锂离子电池对水平运输车辆进行供电。

6. 电动集装箱吊具

传统集装箱吊具一般为液压驱动，液压集装箱吊具动力源一般采用电动机带动油泵的形式，把电能转化成压力能。吊具的所有机构由液压泵来驱动。液压集装箱吊具上的伸缩、转销开闭等动作均由液压动力驱动液压油缸提供，吊具上一般装有集成的液压动力站。而电动集装箱吊具上的伸缩、转销开闭等动作均由电动动力源驱动，由电动推杆代替液压油缸。电动吊具是近年来发展比较迅速的一种吊具，其运行原理、结构形式相对于液压伸缩式吊具区别很小，不同之处在于电动吊具用电动机等电动驱动装置来实现所有的动作。

电动吊具的能耗约是传统液压型吊具的十分之一。在传统液压型吊具上，由于液压动力站一直处于工作状态，因此液压吊具能耗大。而在电动吊具上，电动机只在需要动作时才通电，有效降低了能耗，从而降低了吊具的使用成本。

4.3.2.2 船舶靠港使用岸电技术

船舶靠港使用岸电技术是指船舶靠港时，将港口电网的电力通过岸上的供电设施，经过船-岸连接电缆，供应船舶使用，取代辅助发电机组（辅机）燃油发电，从而可以停掉辅机，避免了辅机燃油发电产生的污染物在港口的排放。在当前情况下，船舶靠港使用岸电是节能、环保、减噪、低碳的技术，随着国家电力越来越清洁、发电效率越来越高，船舶靠港使用岸电的环保和减碳、节能效果会更好。船舶靠港使用岸电技术不仅适用于港口停靠的外来船舶，同样适用于港口港作拖轮、公务船等。

船舶靠港使用岸电系统主要包括港口岸电设施、船岸交互部分和船舶受电设施三个部分。港口岸电设施是码头将供电部门提供的电力（35kV）经过码头变电站变为10kV后，再经过港口的变频变压（外贸码头停靠船舶的频率是60Hz），一般港口岸电设施输出6.6kV/60Hz或6.0kV/50Hz的电力，以及450V/60Hz或400V/50Hz、220V/50Hz的电力。船岸交互部分包括码头的接线箱、船舶的电缆插头等。受电的船舶根据船舶接受电压的不同分为高压船舶和低压船舶，如高压船舶受电设施包括电缆卷盘、控制屏、监控系统等，低压船舶受电设施一般还包括变压器等设备，当然由于供电方式的不同系统的构成会有所差别。具体技术及应用情况详见《靠港船舶使用岸电技术及应用》（李海波等著，武汉理工大学出版社 2019 年出版）。

在交通运输部的大力推进下，船舶靠港使用岸电建设和使用已经初见成效。截至2020年6月，全国已建成岸电设施5800多套，覆盖泊位7200多个（含水上服务区），大部分岸电分布在内河区域。港口按照进度完成港口岸电布局方案目标，“十四五”时期在国家“双碳”目标推动下，船舶靠港使用岸电是碳达峰、碳中和的重要抓手，国家将进一步加大港口和船舶岸电建设力度，集装箱码头、客滚码头、邮轮码头、三千吨级以上客运码头、五万吨及以上干散货码头岸电泊位覆盖率将进一步提高。目前岸电主要的问题是船舶受电设施较少，整体岸电的使用率不高。

4.3.2.3 港口设备混合动力技术

港口设备混合动力技术主要是将柴油机或燃料电池与储能型电池相结合，从而降低柴油机或燃料电池功率的驱动技术。基于柴油机的混合动力技术是由柴油机驱动向完全电动化的过渡阶段技术，传统柴油机混合动力设备仍有小功率的柴油机在工作，港口设备最终目标是完全电动化，最终要走向使用氢燃料和实现零排放。

国外对混合动力轮胎式集装箱门式起重机(RTG)研发起步较早,技术较为先进,在转换效率、能量回收、柴油机气体排放、噪声、废油水泄漏等方面取得很好的效果。西门子的经济节能型轮胎式门式起重机(ECO-RTG)的柴油机组采用最新的驱动发电技术,充分体现了混合动力驱动和能量需求综合管理的技术优势,通过动态功率管理,使发动机始终处于最佳运行区域或怠速状态,最大限度地降低了油耗。日本株式会社安川电动机公司研发了满足节能控制要求的超级电容存储再生能量控制技术,以超级电容为储能系统。当 RTG 处于怠速等候状况时,发电机组直接向超级电容充电,而在各运行机构工作时,超级电容存储的能量和柴油发电机组共同提供所需电能。通过超级电容与小容量发电机组,达到节油和降耗目的。日本名古屋港的锅田集装箱码头采用了混合型 RTG,下降过程中产生的电力被存储在电力存储设备中,供 RTG 在起升周期中再次利用,这样废气排放量就减少了约 40%。上海振华重工(ZPMC)超级电容 HYBRID RTG 系统充分发挥超级电容的超大容量储能、快速充放电及长使用寿命的特性,组成包括超级电容能量回收系统的起重机。还可将锂电池应用于 RTG 上,利用多组高功率锂电池和一个小功率柴油发电机组组成的 RTG 锂电池动力系统取代传统 RTG 的大功率柴油机组可以获得很好的节能减排效果,大幅降低运营成本。

RTG 工作环境相对固定,可以由市电提供动力。而对于像集装箱正面吊等港口水平运输车辆,由于其机动性大,不能采用市电提供动力。港口水平运输车辆进行混合动力改造是一项重要的节能技术。目前,相对成熟的混合动力系统主要有燃油/电动混合动力(简称电动混合动力)和燃油/液压混合动力系统(简称液压混合动力),可根据不同情况对电动混合动力和液压混合动力进行选型研究。液压混合动力传动系统是基于二次调节静液传动技术而形成的一种新型传动系统,可回收车辆的制动动能,保证发动机工作于最佳燃油经济区。相对于电动混合动力技术,静液传动技术具有功率密度大的特点,存储能力强并在短时间内完成能量释放,在中、重型车辆和工程机械上具有较广的应用前景和较好的应用价值。

液压混合动力适用于燃油动力设备尤其是燃油液压驱动设备,不仅能够有效利用制动动能,而且通过改造能够利用吊重下降时的势能。液压混合动力的制动动能被送入液压蓄能器,并马上在车辆启动阶段得到重新利用,对于启动及停车周期频繁而短暂的车辆而言,液压混合动力是理想之选。尤其是港口的燃油动力设备的自重和起吊载荷都很大,以集装箱正面吊为例,最大吊载 45t 集装箱时,整机质量约为 115t。整机质量大,制动时可在短时间内蓄积大量的制动能量。液压混合动力改造有并联和串联液压再生系统两种方式,并联方式尤其适用于不带静压驱动的燃油动力车辆,在车辆上安装液压再生系统是作为一种辅助系统来使用;串联方式用于采用静压驱动的车辆上,充分利用静压传动系统现有部件节省燃油消耗。美国的 Eaton Corp 和 Parker Hannifin 两家公司都进行了液压混合动力系统的开发,其明显优势是提高了燃油经济性和减少了排放。Kalmar 的集团公司芬兰 Cargotec 公司与新加坡科技动力有限公司(ST Kvnetics) 合作，共同完成新加坡国家港务集团(PSA)液压混合动力技术的开发，将 hyPOWER 混合动力液压驱动装置整合到 Kalmar 的牵引车上，首台混合动力车已在 2009 年 11 月投入使用，能够实现节能减排 15%左右。美国 Capacity 公司开发出一种串联电动混合动力牵引车(PHETT)，可减少 60% 的燃油消耗，降低 30% 的噪声。

2013 年科尼公司推出混合动力集装箱正面吊，最大的起升能力是 45t，其动力系统由柴油发动机直接驱动发电机，整个行驶系统实现电气化驱动；液压起升系统由电动马达直接驱动；设备配备能量储存装置超级电容能源可再生系统，用于回收和储存能源，确保满足车辆牵引、提升等操作需求，传统的设备每小时的能耗为 20～26L，而混合动力正面吊每小时的能耗为 8～10L，在环境保护和成本节约方面具有显著优势。

燃料电池车辆非常适合混合动力技术，即燃料电池＋蓄电池的混动模式。混动的本质是系统可以根据外部载荷的不同，调整主动力的输出，而燃料电池自身调整负载非常复杂，如燃料电池管理系统中调整进气量，燃料电池电堆、空压机等核心部件适应不同工况等。储能蓄电池像一个蓄水池一样不断地进行充放电调整，以平衡供电系统的功率特性和容量特性。2010 年 4 月美国洛杉矶港引进由 Vision Industries 公司与 Capacity 公司合作开发的零排放插电式电动/氢燃料电池混合动力码头牵引车(ZETT)，由氢燃料电池和锂电池共同为车辆供电，该牵引车可连续工作 16h，充电仅需 15min，以明显的优势超过电池动力牵引车，每台设备的成本不超过 28 万美元。

丰田公司推出的燃料电池的电电混合模式，不仅具有能量回收功能，还能“削峰填谷”，从而让燃料电池工作在最佳的状态。燃料电池电电混合系统是由燃料电池、锂离子电池构成，燃料电池可以和锂离子电池同时出力，实现功率提升功能。

德国汉堡港采用传统的柴油-液压驱动集装箱跨运车(最高堆 4 层集装箱)进行集装箱的水平运输和垂直装卸，每台集装箱跨运车每小时消耗 30L 柴油。2004 年开始采用柴油-电力混合驱动后，节约 20%～30%的燃油，仅 2005 年至 2008 年就减少二氧化碳排放 22000t。2009 年通过优化集装箱跨运车的驱动技术，每台集装箱跨运车每年搬运作业时间为 4500h，40 台集装箱跨运车的车队每年节省 100000L 柴油。

港口轮胎起重机混合动力系统是在常规的轮胎起重机的柴油发电机组中加入蓄电池或超级电容等储能装置，降低柴油发电机组的能源消耗。

4.3.3 清洁能源及新能源利用

4.3.3.1 港口设备“油改气”

天然气作为新型的车辆燃料具有显著的环保性、安全性、经济性等特点，由于天然气车辆的排放性能好、运行成本低、技术成熟、安全可靠，所以被世界各国公认为最理想的替代燃料车辆。天然气是车辆和船舶减少排放的重要过渡性能源。天然气包括液化天然气(LNG)和压缩天然气(CNG)，目前，液化天然气作为一种新型的清洁型燃料得到了广泛的应用。但“油改气”并不是一个彻底解决环境问题的措施，因为改为使用天然气后还会带来一定的污染物排放,尤其是氮氧化物的排放,而氮氧化物也是PM2.5的重要来源。

国家鼓励、支持试点采用清洁能源LNG驱动港作船舶、港作车辆及其他流动机械。2012年国家发展改革委颁布的《天然气利用政策》中,明确规定LNG汽车属于“优先类”用气项目。国家清洁汽车行动已将天然气列为首选的车辆替代燃料。

国内外主要港口水平运输车辆生产商都推出了LNG车辆。国内的发动机制造商的天然气发动机技术已经成熟。国内沿海的多个港口已应用或试用了各种LNG港口水平运输车辆,国产的LNG港口水平运输车辆从技术上和市场上都不断进步和成熟,主要有:LNG港口牵引车、LNG集装箱正面吊、LNG装载机、LNG挖掘机等,其中LNG牵引车技术最为成熟。

1. LNG牵引车/集装箱卡车

2009年7月陕汽新试制两辆LNG半挂港口牵引车顺利下线并交付深圳盐田国际集装箱码头使用,成为国内将LNG技术应用到半挂港口牵引车的较早企业之一,盐田国际集装箱码头、宁波港等是国内最早使用LNG为燃料的半挂牵引车的港口。

2012年哈工机械向市场推出了采用举升式鞍座的以LNG为燃料的80t半挂港口牵引车,并交付天津港使用。同期,中国重汽集团也有LNG燃料半挂港口牵引车供应市场。与柴油动力相比,LNG发动机驱动的半挂港口牵引车节能减排效果显著。如对现有的使用柴油发动机的半挂牵引车进行改造,一般是将柴油发动机换成相应型号的LNG发动机,改造成本较大。

目前LNG牵引车在我国港口得到了广泛的应用,如深圳盐田港、宁波港、上海港、广州南沙港、青岛港、日照港、厦门港、天津港等港口均使用了LNG港口牵引车,其中深圳盐田港、宁波港、上海港、青岛港等应用数量在百台以上。目前国内在推进LNG车辆的过程中,存在LNG加气站审批程序复杂、建设难度大等问题,在一定程度上阻碍了LNG的推广。

国外一些港口设备制造厂家在制造港口水平运输车辆时已经根据不同用户的要求采用LNG发动机,如瑞典Terberg公司、Kalmar公司和美国Capacity公司就有配备康明斯LNG或CNG发动机的码头牵引车,其技术性能和参数达到柴油发动机水平。我国一些港口引进了国外生产的以LNG为动力的流动机械,在节能减排方面已有显著成效。

长滩港、洛杉矶港实施清洁卡车(主要是LNG卡车)计划,清洁卡车计划要求所有服务于洛杉矶港和长滩港的卡车在2012年1月1日之前,在安全保障达标的基础上,满足2007年美国环保署制定的重型道路机动车辆排放标准规定。清洁卡车项目针对卡车换置计划需要大额财政投资。2009年洛杉矶港务局和长滩港务局开始收取清洁卡车费(凡是不符合2007年及以后生产使用且装载集装箱的卡车需缴纳35美元以上的清洁卡车费),所收取的资金用于补贴符合条件的卡车更新为清洁卡车。洛杉矶港务局和长滩港务局、加州空气资源委员会、南海岸空气质量管理局为申请购买符合标准的卡车申请者提供 5 万美元的补贴。洛杉矶港务局提供每台 2 万美元的补贴，用以鼓励在圣佩德罗湾港区购买美国环保署发布的标准规定的集装箱卡车，补贴共计大约 4400 万美元。洛杉矶港务局、长滩港务局和南海岸空气质量管理局共同管理 2500 万美元的消费激励专项基金，鼓励购买 500 辆 LNG 卡车。在该项行动中，只要满足排放标准的卡车都有资格参与行动项目。为了鼓励港口集装箱卡车车队引入由替代燃料驱动的车辆，港务局特别设立了 LNG 卡车达到 50%的目标，希望补贴奖励机制可以促成这一目标。港务局也采取积极行动，开发并检验那些利用电池组和氢燃料电池驱动的先进卡车技术，以应用在港区的行动计划中。目前集装箱卡车登记中心约有 16000 台卡车(15100 辆柴油车和 900 辆 LNG 车)，2016 年 5 月，38%的发动机达到了 2010 年标准要求。

在洛杉矶港和长滩港运行的包括 LNG 集装箱卡车在内的清洁集装箱卡车每年将减少超过 30t 的颗粒物排放。美国 LNG 与石油相比较，经济优势显著，进出洛杉矶港和长滩港的集疏运集装箱卡车中目前已经有 1000 多辆的 LNG 动力卡车。美国通用电气油气公司(GE Oil & Gas)、美国环保协会(Environmental Defense Fund)等机构，均认为美国用能结构向更多使用 LNG 方向发展，符合美国的国家利益，但是目前美国港口使用 LNG 动力的港口设备和车辆不是很广泛，主要原因如下：使用 LNG 代替燃油，尽管减少了硫氧化物、颗粒物的排放，但是依然存在氮氧化物的排放，无法有效解决港口生产对周边社区的环境影响。

2. 其他 LNG 车辆

2010 年，徐工集团研发推出 LNG 装载机，随后在港口、矿山等领域得到推广应用。2012 年，8t LNG 装载机在连云港进行试验研究。随着我国经济的发展，国家对生态文明和绿色发展工作日益重视，LNG 装载机以其良好的社会效益、经济效益正在成为 LNG 利用的一个重要方向。2013 年以来，各制造商分别推出了 LNG 挖掘机、自卸车、轮胎吊、空箱堆高机等产品。

2013 年 Kalmar 开发了双燃料驱动正面吊，由柴油和 LNG 燃料驱动的发动机提供动力，可以减少对环境的影响和降低能源消耗。未来港口将建设越来越多的 LNG 加气站，会有更多正面吊等港口水平运输车辆使用 LNG。LNG 将减少污染物排放，在一定程度上也能降低运营成本，经过运行测试每小时能够降低 20%的燃油成本。这种双燃料正面吊将为客户提供一种更节能、更低排放量的港口水平运输车辆。

4.3.3.2 港口设备“油改氢”

氢燃料电池是利用外部供给的反应物发电，通过依次排出生成物连续产生电能的电池，氢燃料电池是直接把化学能转换为电能，所以效率很高，而且反应排出气体的主要成分是水蒸气，具有较好的环保性。目前，国家正在加大港口柴油机污染的设备淘汰和大气污染物排放的治理力度，实现港口设备“油改氢”是解决港口区域大气污染、温室气体排放问题的最佳途径。

氢燃料电池的一种重要特点就是加气快，续航里程长，对于港口设备一班连续工作

12h来说，完全没问题。在港口加氢站的布置相对来说也较容易，可在原加油站附近布置加氢站，另外，港口可以利用海上运输来的氢的优势使用氢能。目前氢气的使用成本较高，但随着终端设备用氢量的增加，在氢能推进前期，国家会有相应的补贴，在制氢、运输、储存等环节降低相应的成本。未来会有更多的柴油机驱动港口设备替换为氢燃料电池港口设备，甚至如果氢能的成本下降后，部分电力驱动港口设备替换为氢燃料港口设备。

如前文介绍，美国洛杉矶港引进的零排放电动/氢燃料电池混合动力牵引车具有充电快、连续工作时间长、成本相对较低的特点。

燃料电池在港口重型车辆方面的应用逐渐增多，2018年7月，丰田正式对外展示其第二代氢燃料电池卡车。该车是零排放半挂卡车，续航里程升级后逾300英里(483km)。丰田指出，其燃料电池卡车原型车(第一代)于2017年4月开始运营，在长滩港口和洛杉矶港口之间的街道上行驶了近1万英里。此外新推出的第二代车型Project Portal 2.0将在进行实地测试，新款Beta的总质量为8万磅，采用氢燃料电池，每次填充的行驶里程超过200英里，其中包括一对Mirai燃料电池组和一个12kW·h电池，功率达到670马力。

燃料电池叉车的使用成为港口实现零排放的重要举措。截至2019年9月，全球燃料电池叉车保有量超过2.5万台，其中美国最多，占全球销量的96.7%。

2019年，江铃重汽推出了4×2T燃料电池半挂牵引车。半挂牵引车车重8970kg，轴距为4200mm，最高时速为89km/h，主要用于公路运输，续航里程突破了300km。大功率燃料电池实现了裸堆110kW以上功率输出、燃料电池系统95kW以上功率输出。对比纯电动车，氢燃料电池车型最大的优势是续航里程长，该车搭载有8个140L的氢气瓶和127kW·h的电池包，氢气瓶的规格是普通的35MPa，续航里程可超过400km。

2019年10月，青岛港前湾集装箱码头公司参与研发、测试的3台氢能源集卡车正式投入测试运营，在全国同行业中率先成为氢能源集卡车运行应用的码头。该氢燃料集卡车采用氢燃料反应堆(输出功率为60kW)配合锂电池(容量为133kW·h)驱动，车辆综合续航能力为210km，最高车速35km/h。该集卡车以氢气和氧气为原料，反应后产生水和能量，解决了传统车辆环境污染的问题，是一款高效、清洁、零污染、零排放的新型新能源车辆。

2019年11月，氢动力自动化轨道吊在青岛港完成试点测试并投入运行。该项目采用了青岛港自主研发、集成创新的氢动力自动化轨道吊、5G+自动化技术等科技成果。通过在轨道吊上加装氢燃料电池组、大功率锂电池组以及自动充电系统，给自动化轨道吊提供动力，减轻了设备自重，并实现完全零排放。

2020年4月初，福田汽车与北京民航机场巴士有限公司等企业，准备在加氢以及氢燃料电池客运车运营方面合作，称要引领客运"氢"时代，未来穿梭机场的巴士可能都是氢能源车。

4.3.3.3 风能和太阳能应用技术

1. 太阳能加热和制冷技术

(1)太阳能加热技术

目前世界绝大部分国家已把发展可再生能源作为占领未来能源领域制高点的重要战略措施,我国太阳能等可再生能源发展较快,太阳能热水器年增长速度达到了20%以上,太阳能建筑已经成为开拓经济增长点、节约能源的有效途径,如天津港在太阳能建筑方面进行了有益的探索。

目前在建筑领域,已经实现太阳能热水器与建筑一体化。太阳能热水器可以为港口供应生活用水,用于生活区洗澡。除了可用于生活用水加热外,太阳能也可用于建筑采暖。

(2)太阳能制冷技术

太阳能制冷技术可用于替换空调制冷。主要有两种方式:一种是利用太阳能集热器实现光热转换,以热制冷;另外一种是利用光电转换器实现光电转换,以电制冷。目前太阳能制冷技术仍在发展中,需不断解决系统成本、系统可靠性和稳定性等问题。

2. 太阳能光伏发电技术

太阳能光伏发电是根据光生伏特效应原理,利用太阳电池将太阳能直接转化为电能,是未来改善港口能源消费结构、提高可再生能源比例的重要措施。将太阳能光伏设置在港口建筑物的屋顶、顶棚上,也可以充分利用闲置空地,进行光伏发电。太阳能发电可以应用于路灯、航标灯等供电,也可以直接将发电并入电网。

我国已有多个港口探索太阳能光伏发电技术在港口的应用。如厦门港结合自身特点,充分利用港区内仓库及办公场所屋顶面自然条件,开展太阳能光伏发电系统应用,目前已经完成多个分布式小型太阳能光伏系统的建设工作。比如厦门港海天码头机材仓库和机修车间屋顶建立光伏发电系统,占地面积约720m^2,电站装机容量60kW,共采用240块250W多晶硅光伏组件,预计1年光伏发电系统的发电量为6万kW·h。随着相关技术的发展,太阳能光伏发电成本越来越低。

3. 风能发电技术

风能开发利用的形式主要是以风力作为动力或风力发电。而现在风力发电成为风能利用的主要形式,受到各国的高度重视,发展速度较快。海岛和边远地区甚至海上的风力资源丰富,可以进行风力发电。如曹妃甸港在港口沿岸布置了4台风力发电机组,该风机系统可以为曹妃甸港口照明设备提供足够的电能,而且可以将其并入电网,为其他设备提供电能,以节约能源的使用,减少环境污染,对于改变港口用能结构具有重要意义。

欧洲安特卫普港建设了风力发电设施,取得了较好的经济效益和社会效益。德国汉堡港也建设了风力发电设施,为港口提供绿色电力,2020年在集装箱码头托勒港(CTT),能源供应商汉堡能源太阳能公司安装和运营的光伏发电系统产生了94690kW·h的无二氧化碳电力。

江阴港在港区闲置区域内安装了分布式风力发电系统，装机容量为16.8MW，据统计，2020年发电3586万kW·h，其中由港口消纳2083万kW·h，港口用风力电量占风力总发电量的比例为58.1%，港口用风力电量占港口总用电量的比例为46.13%。目前天津港、大丰港等港口也在筹划建设风力发电。风力发电系统是港口实现碳中和的重要支撑。

4.风光互补供电技术

港口除了应用太阳能发电外，还有风能和太阳能相结合的典型应用——风光互补供电技术。其中风光互补照明技术是完全依靠太阳能和风能进行供电的节能、环保、自动化程度较高的照明技术，可以实现太阳能和风能相互弥补各自的缺点，保证稳定供电。风光互补照明灯是以白天太阳光/风能作为能源，利用太阳能电池及风力发电机给蓄电池充电，把太阳能及风能转换为化学能储存在蓄电池中，晚间使用时以蓄电池作为电源给节能灯提供能量，把蓄电池中的化学能转变成光能，使照明灯工作。太阳能照明系统包括太阳能电池板、充放电控制器、蓄电池和光源，既可直接产生低压直流电，也可通过逆变器转换成交流电，然后供给照明负载。

4.3.3.4 热泵节能技术

1.热泵技术原理

热泵是以消耗少量电能或热能为代价，将大量的低温热能输送到高温热能，其工作过程类似于水泵泵水过程，水泵消耗少量的电能（水泵的电动机）将大量的水从低位处泵送到所需的高位处。

热泵所泵取的有效能等于低温热能加上所消耗的电能或热能。与传统的热水器等加热装置所获得的热能小于所消耗的电能或热能相比，热泵所泵取的有用热能总是大于所消耗的电能或热能。因此，与传统加热装置相比，热泵实现的节能效果显著。

热泵按照工作介质不同，分为空气源热泵、地源热泵和水源热泵。

2.空气源热泵技术

空气源热泵是指工质通过换热器与室外空气换热而制取热量的热泵系统。空气源热泵以环境空气作为低品位热源，用来制取热水，是比太阳能热水器更为节能环保的热水系统。热泵工作时把空气中储存的能量在蒸发器中加以吸收，压缩机消耗少量电能将空气压缩，通过工质循环系统在冷凝器中释放能量，热泵输出的能量为从空气中吸收的能量和压缩机消耗的电能之和，由此可见热泵技术可以实现较大的节能。空气源热泵冷、热源合一，安装方便，适用范围广，但空气源热泵受环境温度影响较大，另外初始投资较高，噪声也较大。空气源热泵可与太阳能热水器相结合，与太阳能的利用实现优势互补。日照港空气源热泵生产出的热水可以用来作采暖的热源，也可以用来满足其他生产、生活需求。上海港空气源热泵系统满足职工生活热水的需求。

3.地源热泵技术

地源热泵系统是以岩土体、地下水或地表水为低温热源，由水源热泵机组、地热能交换系统、建筑物内系统组成的供热空调系统。地源热泵技术是利用浅层地温资源作为热源。地源热泵系统一般由室外地能换热系统、循环系统、地源热泵机组系统和建筑物采暖、空调系统等部分组成。地源热泵系统根据地热能交换系统形式不同分为土壤源热泵系统、地下水源热泵系统和地表水源热泵系统等三种类型。地源热泵系统具有充分利用地热能可再生能源、环境效益好、节能效果好、运行稳定可靠等特点，但产品成本和初始投资较大。港口企业因地制宜采用不同形式的地源热泵技术为改变能源消费结构提供了新思路，是对国家绿色港口政策的积极响应，在节约能源、防治环境污染方面有着较大意义。我国港口的综合办公楼、候工楼、食堂、职工公寓等辅助建筑物已开始采用地源热泵技术，如天津港、京唐港、河北港口集团黄骅港区等。天津港在地源热泵技术方面进行了十几年的有益探索，据统计截至 2012 年底天津港港区共有 35 万平方米以上的建筑采用了地源热泵空调系统。

4. 水源热泵技术

水源热泵是以水为介质来提取能量，实现制热和制冷的热泵系统。若采用地表水或地下水作为冷、热源的水源热泵属于“地源热泵”的一种。港口应用水源热泵技术主要以海水源热泵技术为主。

海水源热泵技术用于为港口提供生活热水等。大连港集团在矿石码头公司、散粮码头公司、杂货码头公司、集装箱码头公司等推广海水源热泵技术，整个集团采用该技术建筑物的总面积已达到 45000 m^2。

4.3.3.5 海洋能利用技术

海洋能是海洋所具有的能源，是海水运动过程中产生的可再生能源，主要包括潮汐能、波浪能、海流能、温差能、盐差能。

潮汐能是海水在月球和太阳等天体引力作用下，所进行的有规律的升降运动产生的能量，是指海水潮涨和潮落形成的水的势能。潮汐发电与普通水利发电原理类似，通过出水库，在涨潮时将海水储存在水库内，以势能的形式保存，然后在落潮时放出海水，利用高、低潮位之间的落差，推动水轮机旋转，带动发电机发电。

港区公共建筑临海建设，具备利用潮汐能发电的基本条件：一是潮汐的幅度必须大，按照目前的发电技术，3m 以上潮差才具有实际利用价值；二是海岸的地形必须能储蓄大量海水，并布置土建设施。这两个条件对于港区利用潮汐能提出了限制，国内港口潮差较大，基本分布在东海、黄海沿岸，而潮差过大对于港口生产会造成不利影响。另外在港区海域中布置发电设施不利于船舶靠泊、驶离等作业安全。现有潮汐能发电工艺虽然在港口应用受到限制，但是作为一种极具潜力的可再生能源，随着技术发展成熟，将会在港口得到应用。

4.3.3.6 生物质能利用技术

生物燃料是由生物质组成或萃取的固体、液体和气体燃料，通过生物资源生产的燃料乙醇、生物柴油和航空生物燃料等，可以替代由石油制取的汽油和柴油，是可再生能源开发利用的重要方向。

生物柴油是利用植物油脂或动物油脂等可再生资源制造出来的可以替代传统柴油的清洁安全的新型燃料。生物柴油与传统柴油具有相近的性能，并且具有：优良的环保特性（生物柴油排放的二氧化碳比传统柴油少40%～60%）、较好的低温发动机启动性能、较好的润滑性能、较好的安全性能、良好的燃烧性能、可再生性能、无须改动柴油机、可直接添加使用等特点，同时无须另添设加油设备、储存设备及人员的特殊技术训练。

由于生物柴油成本高，以及生物柴油原材料供给的有限性，可将生物柴油以一定比例与传统柴油混合使用，以降低成本、提高动力性，并降低大气污染物排放。康明斯公司声称满足欧美非公路用排放标准的工程机械发动机QSB 4.5、QSB 6.7、QSC、QSL、QSM和QSX都可以使用B20混合生物柴油（由80%的传统柴油加20%的生物柴油混合而成）。我国港口的集装箱正面吊和空箱堆高机大部分使用的是该公司的工程机械发动机，虽然排放标准已经达到了欧洲标准，但是为了进一步降低排放，可以考虑使用混合生物柴油。

美国是交通运输部门消耗石油燃料比例最多的国家之一，为改善石油类燃料的环保性，美国在石油燃料中添加生物燃料。生物柴油实际上是最初用于汽车的燃料，但后来被柴油所取代。如今生物柴油被添加到柴油中，改善柴油的性能。2018年，生物燃料消费总量约占美国交通运输部门能源消费总量的5%，其中生物柴油占1%，乙醇占4%，乙醇作为生物燃料添加到汽油中。美国也是世界生物燃料生产最多的国家之一，主要以大豆为原料生产生物柴油。

欧盟是世界上最主要的生物柴油生产地，生产原料主要是油菜籽和向日葵。欧盟声称2020年生物柴油的使用量将占所有交通燃料的10%。

4.3.4 港口设备轻量化技术

4.3.4.1 港口设备结构轻量化

《交通强国建设纲要》指出推广新能源、清洁能源、智能化、数字化、轻量化、环保型交通装备及成套技术装备。面对全球倡导的绿色低碳循环理念，码头运营公司对码头主力设备也提出节能要求，即在满足各项性能指标的情况下，力求设备的轻量化及低能耗，从而有效降低码头长期运营费用。

港口设备轻量化技术就是指应用的机械零部件和整机质量大幅减少，同时在生产过程当中采用最先进的材料和技术，以优化产品性能，实现降低企业后续运营成本以及节能减排的目的。一方面，运用设备轻量化技术，在制造过程当中可以大量地减少钢材的使用量，对于环境保护而言则不仅降低了生产过程当中的能量消耗而且减少了碳排放。同时，在噪声污染方面，同样得到了有效的降低；另一方面，运用设备轻量化技术可以减少在运行过程当中接触力和摩擦力，也即提升了设备的整体动力性能，不仅实现了降低能量损耗的目的而且有利于提升设备的使用寿命。

整机结构轻量化包括在现有起重机结构基础上优化整机结构、优化整机布置，降低起重机上部质量，从而实现整机部件布置的优化。

(1)优化整机结构

结构的轻量化设计包括形状优化、尺寸优化和拓扑优化。通过多目标优化设计理论及有限元等分析软件，以整机质量最轻等为目标，对各个工况下的载荷进行优化计算。改变结构设计中传统经验公式取值做法，通过计算做到结构最优，在减轻自重的同时提高起重机的可靠性和使用寿命。

(2)优化整机布置

通过合理布置整机各机构，可实现轻量化。如传统轮胎式集装箱门式起重机由龙门架、起升机构、小车运行机构、大车运行机构、司机室、梯子平台、电气设备等组成。小车运行机构和起升机构一般布置在龙门架的上部，共同安装在小车架上，称为小车总成。

小车总成的质量占整个起重机质量的20%左右。按桥架类起重机自重估算的经验公式，移动载荷每降低10%，仅主梁就能降低4%的质量。通过优化布置，合理实现起升和小车运行功能，降低上部机构移动载荷质量，将整机重心下移，从而达到整机优化的目的。由于轻量化的关联性，降低了小车总成的移动载荷质量，相应地会降低小车架、主梁、门腿、大车运行机构等部件的质量，从而大大降低了整机质量。

交通运输部水运科学研究院研发了两种新型结构形式的轻型RTG，分别为四卷筒组合驱动起升与小车结构形式、牵引起升驱动结构形式。四卷筒组合驱动技术是将起重机的起升机构和小车运行机构共用驱动装置，并安装在下面两侧底梁上，分别由两侧底梁的两个卷筒组合控制起升和小车的运行。牵引起升驱动结构形式是将起升机构安装在下面的一侧底梁上，通过牵引方式实现货物的起升和下降，而小车运行通过“三合一”电机、制动器和减速器直接驱动来实现。

科尼公司推出了一种新型的BOXHUNTER集装箱门式起重机，起升机构布置在下部底梁上面，另一侧沿门腿设有起升配重，司机室布置在另一侧的底梁上，降低了小车的移动载荷，利用摄像头和激光技术获得最佳视野控制起重机的运行。

轻量化港口设备还有轻型集装箱跨运车，轻型集装箱跨运车改变了传统集装箱跨运车的功能，取消了进行高层堆垛的功能，主要是进行码头前沿和堆场之间的水平运输，整机高度大大降低，提高了稳定性，更适合快速的水平运输。

4.3.4.2　关键零部件轻量化技术

对零部件进行集成化设计、功能整合、模块化设计，应用功能集成技术，减少冗余的零部件，不仅能够降低质量，而且能减少故障点。

大车和小车驱动采用“三合一”减速电动机驱动方式，即电动机、制动器和减速器合并组装成一个部件，可使运行机构紧凑、体积小、质量轻。与传统的分散式布置相比，高度集成化，降低质量。

RTG大车运行机构具有转向功能，利用回转轴承来实现，可以替代传统的“立轴＋滚动轴承”结构形式，布置简单、集成度高。

4.3.4.3 起重机平衡重节能技术

起重机平衡重节能技术主要是参照电梯升降的工作原理，在起重机的起升机构中引入平衡重技术，采用平衡配重来抵消集装箱吊具的质量，使得起重机每次吊载减少吊具无效载荷所消耗的能源，直接减少起升机构负载，降低动力消耗，从而达到节能效果。用平衡重装置后实现节电量为30%。该改造技术需要在原有起升机构中增加一套钢丝绳缠绕系统，应用时存在改变原有结构受力、平衡重布置困难及稳定性差等问题。

起重机平衡重技术已先后在上海盛东集装箱码头、上海冠东集装箱码头进行了应用。科尼集团也开发了类似平衡重的RTG，该起重机主要是将牵引起升形式与平衡重技术相结合。

4.3.5 电动机系统节能技术

4.3.5.1 电动机变频调速技术

电动机变频调速是改变电动机定子电源的频率，从而改变电动机的同步转速，实现调速的方法。变频调速效率高、特性好，调速过程中没有附加损耗。目前港口设备，如岸边集装箱起重机、轨道式集装箱门式起重机、轮胎式集装箱门式起重机、桥式抓斗卸船机等基本均采用变频电动机作为驱动。

如带式输送机采用变频电动机驱动，电动机可以根据负载大小调整输出功率，可以大大改善带式输送机的启动和运行时的能量浪费现象。

4.3.5.2 高效节能电动机技术

高效节能电动机主要是指采用冷轧硅钢片为导磁材料生产的三相异步电动机。该形式电动机采用新的设计方法、新工艺及新材料，通过降低电磁损耗、机械损耗和热损耗，使电动机的输出功率大大提高。高效节能电动机可以用于港口设备的驱动机构。

4.3.5.3 稀土永磁电动机技术

港口的起重设备中，如运行机构、起升机构、俯仰机构等需要提供一种低转速大扭矩的驱动能力。传统解决方案是采用异步电动机加减速器结构，但其具有结构复杂、效率低、安装维护费用高等缺点。

低速永磁同步电动机可采用直接驱动的方式，省去减速器，电动机本身效率与功率因数高、传动链短、无额外的损耗。相比异步电动机带减速器结构可节约30%电能。

永磁电动机体积小、质量轻、安装方便、可靠性高、基本实现免维护。缺点是价格高，国产大功率电动机成熟产品少，控制系统复杂。

新型稀土永磁电动机正向大功率、高转速、高转矩、高功能化方向发展，技术性能和可靠性都有明显的提高，将逐步成为常规电动机产品提升功效的重要途径。目前稀土永磁电动机在交通领域的电动汽车、电动公交车等应用较多。

4.3.6 能量回馈和利用技术

(1)能量回馈

能量直接回馈电网是将起重机减速停车或重物下降等起升电动机处于发电状态工

况时产生的电能，经整流、逆变、滤波后，回馈到起重机供电电网中，并提供给其他机械使用或送入电网，从而达到提高能源有效利用率的目的。

能量储能回馈电网是将起重机减速停车或重物下降等起升电动机处于发电状态工况时产生的电能，经储能介质储存，在起重机起升过程中回馈到起重机供电电网中，或提供给其他设备使用，充分利用能源。

(2)储能装置

目前新型储能介质主要包括锂电池、超级电容、飞轮等，分别对应化学、物理和机械三种储能形式。超级电容式 RTG 在电气回路中并接几组较大容量的电容用于回收多余能量，在需要时再释放出来以达到节能效果，这种方式电容成本较高，使用寿命尚待检验。目前部分港口探索用储能装置存储低谷时成本低电能，在成本高峰时使用。

4.3.7 供配电系统节能技术

4.3.7.1 供电系统无功补偿节能技术

由于供电系统中的用电设备多为感性负载，所以会造成供电系统的功率因数降低。功率因数高可以减少系统的线路损耗，因此一般希望功率因数越大越好。

无功补偿是利用补偿设备提供必要的无功功率，来提高供电系统的功率因数，降低电耗，提高电压质量，实现节能。

4.3.7.2 供电系统谐波污染治理技术

由于大功率可控硅变流以及变频器的大量使用，港口电网的次谐波污染带来的问题日益凸现，增加了输配电和用电设备的附加损耗。

谐波治理技术是通过无源滤波器、有源电力滤波器、混合型电力滤波器等方法进行谐波抑制，限制谐波源注入电网的谐波电流，将系统谐波电压控制在允许的范围内。

4.3.7.3 配电变压器节能技术

配电变压器节能主要是解决配电变压器的能源损耗问题，主要措施有设置自动调压器、平衡三相负载、优化经济运行方案、选用新型节能变压器等。

一般配电系统在运行时，负荷会发生变化，在反复的变化中增加了电能耗损，再加上配电系统的自动调节能力不足，导致配电变压器的性能难以提升，电能耗损无法得到有效的控制。为解决此问题，应针对配电系统的负载自动化调控设置自动调压器，保证配电系统的稳定性与低耗能特性。

配电变压器如出现线路中三相负载的不平衡现象，会造成变压器三相压差过大，从而产生负序电压，导致供配电系统电压发生波动，就会引起整体电流的变化，影响配电质量。由于变压器某相绕组中负载电流变化大会增加铜损，增大变压器的能耗。所以需要采取措施进行三相负载的平衡，如将变压器设置在配电线路的中心，配电系统加装消谐及无功补偿系统等。

配电变压器一般为多台联合使用，一方面为提高供电容量，一方面是为了保证配电的稳定性。在配电变压器设计及分配过程中，进行负载方案的优化，可以降低配电变压器组的能耗，保证配电变压器组的经济运行。配电变压器按照相关标准操作，保证在经济运行区运行，降低运行能耗。

配电变压器厂家不断通过使用新技术、新材料来优化变压器的性能，推出节能型变压器产品，港口在进行变压器选型时可以优先选用新型节能变压器产品。

4.3.7.4 配电线路节能

配电线路节能主要包括减少配电线路运行中的损耗、线路的导线和电缆节能等方面。

在高压配电线路中，如果导线的电阻高，会使配电过程的线损增加，电能损耗增大。如采用新型的电阻小的导线会实现配电线路的节能。如铝合金、碳纤维复合导线等新型导线是未来配电线路导线的发展方向。

4.3.8 效率提升及智能化技术

4.3.8.1 港口设备提高作业效率的方法

船舶装载能力的最大化以及船舶在港时间的最小化要求大幅提高港口装卸作业效率，港口提高作业效率不仅仅是航运企业降低船舶在港时间的要求，也是港口企业降低运营成本和提高泊位利用率的要求。航运公司为了最大限度地发挥船舶的运载效率，要求停靠的时间短，尽快将货物卸下或装上，对港口设备装卸效率的要求越来越高。提高装卸效率可降低装卸成本，降低单位装卸量能耗。

(1)码头平面布置和装卸工艺

装卸效率与码头的平面布置、装卸工艺密切相关，如码头布置中的前沿轨道到码头外侧的距离、码头前沿与堆场的距离、堆场通道的布置方向、堆场堆存能力、码头车流组织、作业线安排、工艺流程的合理性等。

(2)设备数量和效率

装卸效率与岸边装卸设备、水平运输车辆、堆场作业设备的性能和数量以及匹配度密切相关。一方面在保证作业安全空间情况下尽可能提高同时装卸船作业设备的数量，如一个10万吨级集装箱泊位，最多可同时停靠8台岸边集装箱起重机进行装卸船作业，一般情况下为4～6台岸边集装箱起重机进行装卸船作业，同时作业的岸边集装箱起重机越多，泊位效率(船时效率)越高；另一方面选择效率高的设备，港口设备各个机构的速度越来越快，单次装卸的集装箱数量越来越多，目的就是为了提高作业效率。

在装卸船环节，集装箱码头可采用双小车岸边集装箱起重机，双小车可以接力式进行集装箱装卸，最新技术前小车可以采用远程人工遥控，后小车采用自动化运行。吊具可考虑采用双箱吊具，一次可起吊两个40英尺集装箱。新型双小车岸桥技术改变了传统的装卸集装箱的位置，不在门框之内而是在后伸距处装卸。水平运输车辆装卸区域在岸桥后伸距下方，不再经过转弯处进入岸桥门框内，有利于优化水平运输路线，提高装卸效率，又可避免水平运输车辆进入岸桥门框下接收 GPS 信号的盲区。另外，结合现代最新科技进步成果，岸边集装箱起重机综合节能技术的研究与应用已取得初步成效，并将全面推广应用，为码头创造直接、显著的节能效益。

在水平运输作业环节，为配合双箱吊具的岸边集装箱起重机，水平运输可以采用同时运输双 40 英尺集装箱牵引车，通过增加水平运输车辆的数量和合理调度优化，提高水平运输环节的效率，保证快速转运，避免出现拥堵现象。

在堆场作业环节，合理布置和设置统一堆场通道的起重机形式，尽量避免起重机间相互干扰。提高堆存能力和转运能力的同时，通过合理的码垛堆箱，减少倒箱率。通过合理安排堆存位置，尽量减少堆场起重机带重载集装箱整机行走的距离，可以大大降低堆存环节的能耗。在堆场的设备布置中，综合考虑箱位和车道布置，设置堆场起重机悬臂形式、装卸位置等参数，在设计时通过模拟仿真使得效率达到最优。

除了选用效率高的港口设备外，还要对设备定期进行维护保养，保证设备在最好的状态下进行港口作业。

(3)操作水平

操作水平是影响港口设备装卸和运输效率的重要因素，港口应加强操作人员管理，鼓励操作人员使用节能操作法，为操作人员创造良好的操作环境。对操作人员进行定量考核，通过各种激励措施让操作工人有良好的工作状态，提高装卸操作人员的工作效率。提高职工待遇，保证操作人员的稳定性。

4.3.8.2 自动化集装箱码头

自动化集装箱码头是指应用自动化作业设备以及配套的管理和控制软件，形成一个完整的可以全部或部分替代通常需要由人工控制的集装箱搬运和装卸作业的集装箱装卸作业工艺系统，使得需要配备的码头现场生产人员大量减少的集装箱码头。

目前，自动化集装箱码头一般可以达到集装箱堆场作业和水平运输的全自动化，岸边集装箱起重机装卸船作业的半自动化。按照物流流程，仅在堆场的装卸实现自动化的集装箱码头称为半自动化集装箱码头，在码头前沿实现半自动化、堆场作业和水平运输实现全自动化的集装箱码头称为自动化集装箱码头。自动化集装箱码头在一定程度上能够提升生产效率。

从 20 世纪 80 年代开始欧洲鹿特丹、汉堡港等相继建设自动化码头，近年来全球各大港口也纷纷致力于创建新的全自动化码头系统，降低人力成本高涨、操作效率低等因素对码头作业的影响，通过彻底改变码头传统作业方式来全面提高管理水平及赢利能力。据不完全统计，世界已建或在建的自动化集装箱码头约 50 个，目前我国厦门远海码头、青岛港、上海洋山港等自动化集装箱码头都已投产使用，广州港、京唐港、天津港、宁波-舟山港等港口也在筹建智慧码头。很多集装箱码头正在进行岸边集装箱起重机和堆场起重机的自动化改造。自动化集装箱码头的应用情况见表 4-4。

表 4-4 自动化集装箱码头应用情况

所在地区	码头名称	所在港区	建成年份	自动化程度
欧洲	ECT 码头 Delta	荷兰鹿特丹	1993	全自动化
	ECT 码头 DDE	荷兰鹿特丹		全自动化
	ECT 码头 DDW	荷兰鹿特丹	2002	全自动化
	Tham Esport 码头	英国伦敦	1996	半自动化
	CTA 码头	德国汉堡	2002	全自动化
	Euromax	荷兰鹿特丹	2010	全自动化
	CTB 码头	德国汉堡	2008	半自动化
	安特卫普门户码头	比利时安特卫普	2010	半自动化
	TTI 码头	西班牙阿尔赫西拉斯	2010	半自动化
	BEST 码头	西班牙巴塞罗那	2013	半自动化
	伦敦门户码头	英国伦敦	2013	半自动化
	Maasvlakte Ⅱ码头	荷兰鹿特丹	2014	全自动化
	RWG 码头	荷兰鹿特丹	2014	全自动化
	泰晤士港自动化码头	英国	1993	半自动化
	FATA 码头	意大利		全自动化
亚洲	川崎自动化码头	日本川崎	1996	半自动化
	香港国际货柜码头	中国香港	1999	半自动化
	TCB 码头	日本东京	2003	半自动化
	长荣码头	中国台湾高雄	2006	半自动化
	万海码头	日本名古屋	2008	全自动化
	韩进码头	韩国釜山	2008	半自动化
	现代码头	韩国釜山	2009	半自动化
	PNC 码头	韩国釜山	2009	半自动化
	港巴西班让	新加坡		半自动化
	台北港货柜码头	中国台湾台北	2009	半自动化
	高明码头	中国台湾高雄	2013	半自动化
	K halifa 码头	阿联酋阿布扎比	2012	半自动化
	釜山新集装箱码头	韩国釜山	2012	半自动化
	厦门港远海码头	中国厦门	2014	全自动化
	拉蒙湾码头	印尼泗水	2016	半自动化
	川崎港	日本	1996	半自动化
	外高桥集装箱堆场	中国上海	2005	半自动化
	振华长兴岛示范基地	中国上海	2007	全自动化
	上海港洋山四期	中国上海	2017	全自动化
	青岛港新前湾	中国青岛	2017	全自动化
	广州港南沙四期	中国广州	2021	全自动化
	天津港	中国天津	2021	全自动化

续表 4-4

所在地区	码头名称	所在港区	建成年份	自动化程度
北美	弗吉尼亚码头	美国弗吉尼亚	2007	半自动化
	GCT 码头	美国纽约	2014	半自动化
	长滩中港码头	美国长滩	2016	全自动化
	Trapac 码头	美国洛杉矶	2016	全自动化
澳洲	布里斯班码头	澳大利亚布里斯班	2013	半自动化
	悉尼国际集装箱码头(SICTL)	澳大利亚悉尼	2013	半自动化
	帕特里克码头(Patrick 码头)	澳大利亚布里斯班	2014	全自动化
	维多利亚国际集装箱码头	澳大利亚墨尔本	2017	全自动化

德国汉堡港不断升级自动化集装箱码头系统。集装箱码头 Altenwerder(CTA)是世界上自动化程度最高的集装箱码头之一。自 2002 年运营以来,CTA 一直在不断地研究和探索,以改善和扩大码头的自动化。从一开始,就建立了将自动化工作区域分开、隔离并禁止工作人员进入的工作模式,以保证作业安全。然而,这种模式正在阻碍自动化过程的加快,因为它不可避免地将它们排除在人们使用的领域之外。“集装箱码头 4.0——通过人机交互而非分离实现集装箱码头自动化的转变”的研究作为德国政府的创新港口技术奖励计划项目的一部分,该项目的主要目标是为码头使用的各种集装箱起重机系统开发自动化解决方案,这些系统位于人员和设备共享的工作区域(如船舶和卡车旁边),并作为原型加以实施。同时,在此过程中收集的经验、知识和数据将在制定安全标准方面发挥基本作用,为未来的自动化码头建立可靠的框架。

4.3.8.3 集装箱码头自动化改造

(1)码头前沿岸桥自动化改造

集装箱船、岸桥的日益大型化使得司机作业时靠人工肉眼对箱变得越来越困难,岸桥司机劳动强度增大、综合效率降低。近年来,全新研发的船型扫描半自动系统、自动放大系统及远程操作系统可实现岸桥作业的自动化功能,即自动选取最优行车路线、自动提供最清晰作业视角,司机工作地点从小车转移到下横梁或码头后方中央控制室,作业过程中司机不再跟随小车高速往返,大大降低劳动强度,该技术已在部分超大型岸桥上得到应用,将来会越来越普遍。目前改造的码头主要有深圳盐田港、厦门港、天津港、日照港、威海港等。

(2)码头堆场自动化改造

对集装箱进行安全高效的堆放一直是集装箱码头作业所追求的目标。在集装箱堆场使用的传统起重机主要是 RTG 或 RMG,依靠驾驶室人工操作运行、集装箱对准等作业,人力成本较高且设备定位精度、作业效率受司机个体技术差异、疲劳程度等因素影响较大。堆场的自动化改造对于提高集装箱堆场和设备的利用率、减少人为安全事故、降低运营成本起到了非常重要的作用，采用自动化集装箱门式起重机（ARMG 或 ARTG）的集装箱堆场无人化操作已成为未来集装箱堆场发展趋势。目前已有天津港、深圳赤湾集装箱码头等进行了堆场自动化改造。

4.3.8.4 自动化散货码头

全自动化散货码头作业方式的概念已经提出很长时间，但实际生产及设备的发展还没有达到人们的期望。目前全自动操作技术在不断探索中，受太多不确定因素的影响，技术上仍需不断完善。全自动化卸船机仍需要人干预，船底少量货物需要人工清仓。堆场设备全自动操作技术在国内外码头发展较快，堆取料设备自身的全自动化程度比较高，可以实现无人化操作。全自动化散货码头要突破物料轮廓和分布自动检测技术、位置测量与精确定位技术、卸船策略优化技术及装船路径规划技术、散货工艺流程智能管控技术、基于数字化堆场的全自动无人装卸技术、料堆轮廓实时扫描及堆场建模技术、堆取料流量/流程控制工艺优化技术、袋装物料自动堆存技术等关键技术。

目前我国已经建好的自动化散货码头黄骅煤炭码头，对翻、堆、取、装全流程工作环节开展智能化改造，实现煤炭码头的全流程远程作业，系统控制机械自动完成前后移动寻找作业点、起落等动作，不仅节省了人力和时间，更降低了人为出错的概率，提高了装卸效率。山东烟台港西港区也改造了自动化干散货码头，东营港实现了门座起重机作业自动化。

码垛装车也在不断地智能化，主要是通过智能装卸、搬运机器人来实现，在粮食、化工和水泥行业应用较为广泛，将其应用于港口码头的散货码垛作业可有效推进实现港口智能化装卸和搬运，提高码垛效率和整车装车效率，并大幅降低人力需求和提高作业安全性。

4.3.8.5 3D 打印技术在港口应用

3D 打印技术可直接从计算机三维图形数据中生成任何形状的零件，从而极大地缩短设备零部件的研制周期，提高生产率和降低生产成本。

鹿特丹港采用 3D 金属打印机打造备件制造现场实验室（Fieldlab）。鹿特丹配备了金属打印机等硬件设备，以及金属打印、3D 扫描、3D 设计和认证领域开发中心。该实验室将为所有相关企业提供一个协作平台，以加速这一领域的发展并合力推动在行业中的应用，该实验室位于鹿特丹的“创新码头”，这是在鹿特丹港区内的创新基地，企业、科研人员和学生将齐心协力合作塑造全新的智能制造业。鹿特丹港务局启动了使用 3D 打印技术生产船舶备件的试点项目，而现场实验室正是该项目的延伸。鹿特丹港希望成为世界上最智能的港口，并能在此类创新应用领域成为领导者。鹿特丹现场实验室项目投资高达数百万欧元，其中一台 3D 金属打印机就将花费近 100 万欧元。该现场实验室的最终规模将取决于企业和机构的参与程度，目前已有 15 家企业签署了加入该现场实验室的意向声明，该实验室预计将很快投入运营。

4.3.8.6 港口设备智能维护系统

港口设备智能维护系统是综合利用状态监测系统所获得的各种数据和信息，对设备本身的运行状态、健康状况进行分析和专家系统评估，并制订相应的维护计划，系统主要涉及远程预知维修（状态信息感知、健康状态评估）、远程故障诊断（故障预测预警、故障信息提取）、安全模拟仿真等关键技术。

（1）远程预知维修技术

远程预知维修即远程状态检修，是以远程港口设备运行状态数据为基础的维修。港口设备配备各类传感器的数据自动采集系统，实行在线监测，远程系统具备高级诊断功能，可实行离线诊断，根据状态监测和诊断技术提供的信息来判断设备是否异常，预知设备故障，执行最有效率的维修资源调度策略，在故障发生前适当时机进行维修，提高港口设备运行的安全性和稳定性。

（2）远程故障诊断技术

远程故障诊断技术是利用港口设备各传感器所获取的故障特征参数信息，通过网络传输至故障诊断系统，并进行分析与识别，提出诊断结论。故障诊断的实质是机器学习与模式识别问题，用已知故障模式的样本训练分类器，进而识别设备故障状态，并提出相应解决方案。故障诊断是模式识别应用领域的一个重要部分，基于数据驱动的故障诊断方法是其中重要的理论方法。随着人工智能、大数据及工业网络化的发展，基于大数据的智能远程故障诊断技术将是港口设备故障诊断发展的必然趋势。

4.3.9 能耗监测和评价技术

港口能耗监测系统可以采集港口设备的能耗数据，通过人工或系统分析能耗的高低，与历史数据、行业平均数据或标准数据进行对比，找出能耗变化的原因，提出有针对性的改进措施，实现港口节能。港口能耗监测技术详见“9 港口设备能耗监测和诊断技术”部分。

港口能耗评价技术是通过标准规范对港口能耗统计和评价进行规定，我国已经制定了大量的港口和港口设备能耗统计、检测方法，能效评价方法等标准规范，这些可以为能耗监测提供可行的依据。港口能耗标准详见“6 港口设备能耗评价方法及标准”部分。

4.3.10 设备维护节能技术

港口设备故障排除和维修是节能管理中容易忽略的部分，如不注重设备维护管理，也会使港口企业造成很大的能源浪费。

首先做好港口设备的日常维护，保证设备始终处于良好的状态，保证港口正常作业，及保证港口设备在最佳能源消耗率下工作。

港口起重机械要按厂家维护说明书定期保养，如电动机等零部件的维护保养等。

港口水平运输车辆维护时选好润滑油是关乎发动机能否减少功率消耗、降低燃料消耗量的关键因素。根据外部环境选择合适的发动机润滑油，冬、夏季应选用不同规格和牌号的润滑油。定期维护发动机，使得发动机压缩比提高，有利于混合气的燃烧、膨胀，使发动机的热效率提高，燃料消耗降低。可采取的维护措施是：降低进气系统的阻力，滤清器要及时清洁、保养，保证有足够的空气及时地进入气缸，保持车辆有良好的状况。另外，燃烧室内的积炭会使压缩比有自动提高的倾向，过高的压缩比及积炭易使气缸产生爆燃，引起油耗增加，因此，清除积炭是非常必要的；再者，进、排气门的间隙一定要调到规定值，因为间隙过大、过小都会引起油耗量的增加。

国内一些港口针对港口设备的使用和维护采取了节能减排措施。如宁波港对空箱堆高机采取定期保养、认真做好各类故障排除、重视液压节能、节油先减重和培养良好的驾驶习惯等节能减排措施，港区内 9 台设备共实现一年节约 10t 燃油。使用高效的柴油消烟节能添加剂能有效提高燃烧热效率，易与燃料油混溶，性能稳定，无毒无污染，节能减排。柴油清净剂能有效地清除炭烟和降低尾气排放，在欧美国家早已普遍使用，我国现在也在大力推广使用柴油清净剂。

4.3.11　液压系统节能技术

液压系统是港口设备的重要部件，如传统吊具的伸缩、回转，旋锁的转动，集装箱正面吊的俯仰起升，臂架伸缩等主要机构，空箱堆高机的起升机构和吊具均为液压驱动，装载机的举升等机构、挖掘机的臂架和挖掘机构等也均为液压驱动，可以说液压系统在港口设备中仍占有重要位置。但由于效率低、液压泄露等原因，人们正在用电动方式替代液压驱动方式。

液压系统包括液压泵、液压马达、液压油缸、液压附件、液压管路和控制系统等。液压系统工作时电动机和液压泵把电能转化为流体势能，再通过液压执行元件把流体势能转化为机械能，能量损失较大，所以效率较低。

液压系统的能量消耗与液压泵的工作性能有很大关系，当然也与其他元件的工作状况密不可分。液压泵的压力和流量决定系统所需要的能量。通过对液压泵的压力和流量的优化控制，降低能耗。比如采用变量泵，或者在不工作状况时对系统进行卸荷，都可以降低液压系统的能耗。采用负载敏感变量泵系统，在不工作待机时，压力和流量都降低到较低值，从而降低系统的待机功率，节约能源。

液压元器件尽量选用效率高、能耗低的元件，如选用效率较高的变量泵，可根据负载的需要改变压力，减少能源消耗，选用集成阀以减少管连接的压力损失，选择压降小、可连续控制的比例阀等。液压系统的压力补偿控制、负载感应控制以及功率协调系统等技术是提高液压系统效率、降低能耗的重要手段。

液压系统管路和元器件之间的连接应正确和可靠，防止泄漏和能量损失。液压系统的能量损失全部以热能的形式释放。应尽量降低液压泵和液压马达的发热、各类控制阀节流引起的能量损失等。

4.3.12 港口新材料利用技术

4.3.12.1 港口设备应用新材料

港口设备可以合理使用新材料和轻质材料，如高强钢、塑料、玻璃纤维或碳纤维复合材料、铝合金、镁合金、陶瓷等。

港口设备可选用高强钢代替普通钢。由于高强钢强度高，在等强度条件下，用高强钢制作钢结构，比用普通钢制作钢结构的钢板厚度或者截面尺寸小，使结构质量减轻。如岸边集装箱起重机在选择材料时，根据结构各部位受力的不同，不同受力部位选择不同强度的钢材，做到充分合理地利用材料的力学性能，降低制造成本，达到节材和节能的目的。钢材选择对起重机主体结构的制造、性能及使用寿命都有着至关重要的影响。对岸桥来说，一般受力部位可采用符合《碳素结构钢》(GB/T 700—2006)的 Q235 钢。主要受力杆件如主结构箱体的翼缘板和腹板、拉杆等应选用符合《低合金高强度结构钢》(GB/T 1591—2018)的 Q345 钢或国际通用的 ASTM A709M 345 级钢。近年来，随着起重机大型化趋势，为了控制板厚，确保钢板性能及控制整机质量，也将高强度钢板用于局部应力较大部位，常选用 ASTM A709M 485 级或者同等强度高强钢板。根据起重机结构各部位受力的不同，因地制宜地设置钢板材料，有利于充分发挥钢材性能，实现降低设备质量和减少能耗。

港口设备的防护材料可选用复合材料。如工程塑料具有强度高、密度低、耐腐蚀等特点，具有优良的综合机械性能，但价格较高。在起重机设备设计中可选用 MC 尼龙滑轮，不仅具有自润滑功能，可以延长钢丝绳的使用寿命，质量轻方便高空安装，同时减轻小车等机构质量。电动机、制动器等罩壳采用玻璃钢等轻质材料，不仅减轻质量，而且方便维护和保养。

4.3.12.2 照明灯具应用新材料

港区照明是电能消耗的主要方面，照明的节能措施包括选择高效电光源和高效灯具、选择合理的照度、合理安装布置照明灯具、应用智能照明控制系统等。传统港口生产照明主要采用高压钠灯，经过几十年的发展虽然照度、光效、寿命已有大幅度提高，并广泛应用于各个行业。但随着新技术、新材料的发展，相比高压钠灯，陶瓷金属卤化物灯、LED 灯等节能灯具在光效、平均寿命等技术指标均有较大幅度的提升，且较高压钠灯节能 50%以上，可以显著节约能源、改善工作环境。

除了在港区应用新材料、新技术的节能灯具外，加强照明管理是实现节能的有效手段。上海港研发了高杆节能灯，功率因数高，电网损耗下降，工作电流明显减少，发光达到规定照度，可以达到 20%以上节能率。德国汉堡港 CTA 码头，将所有 52 台堆场起重机的照明转换为满足需求的 LED 灯，除了减少照明排放外，与以前的传统照明系统相比，LED 灯耗电量减少了约 90%。

4.3.13　余热余压利用技术

余热余压利用技术通常指回收企业在生产过程中逸散的热量、压力，并加以利用的过程。余热余压利用技术主要是从生产工艺上来改进能源利用效率，通过改进工艺结构和增加节能装置，以最大幅度利用生产过程中产生的势能和余热。

热交换技术是采用换热器置换出余热源的能量进行二次利用，回收的热量可用于原料、水等预热，也可用于生活厨房、洗浴中心，是工业领域最常见、应用最广泛的节能技术之一。余热余压技术主要应用于工业，在港口应用主要是锅炉余热的利用。

4.4　港口节能现状及发展方向分析

4.4.1　港口结构转型升级仍在持续推进

港口长期积累的结构性矛盾尚未根本解决，粗放型发展方式尚未根本转变。能源结构还是以化石能源为主，替代能源、可再生能源占有比例低。沿海港口规划及布局有待继续调整和升级，港口资源整合力度还需加强。老港口基础薄弱、生产工艺落后、耗能严重。

内河港口发展水平较落后，存在布局不合理，功能不完善，规模化、专业化不足等问题。内河高等级航道偏少，部分沿海港口集疏运通道不畅、进出港航道能力不足。码头泊位大型化、专业化和现代化水平还有待提升，影响了水路运输和港口生产节能的规模化、集约化效应。

4.4.2　港口能源精细化管理需要加强

港口能源消耗管理能力的提升也是亟待解决的重点问题之一。港口能源精细化管理意识有待增强、理念有待提升。应在港口推行能源管理体系，并把能源管理体系作为港口能力建设的重要组成部分。

应在各个管理层面完善港口能耗的管理，建立能耗在线监测系统实现精细化管理，进一步加强港口生产运营管理，优化港口货物运输组织和生产工艺流程，提高装卸设备利用率，改善拖车等运输机械利用率较低、空驶率高居不下的现状。

港口能源管理负责人和能源管理岗位上的专业技术人员需要定期进行专业培训，不断进行知识更新，提高能源精细化管理和创新能力。

4.4.3　技术节能仍需不断创新

近年来，在交通运输主管部门的大力推进和港口企业的不断技术升级改造下，轮胎式集装箱门式起重机(RTG)“油改电”、船舶靠港使用岸电、照明节能、减电机输送系统、变频调速、港口水平运输车辆节能减排等技术在港口得到了应用，也取得了较好的节能效果，但与国际上先进国家比较，我国港口节能的潜力空间仍然很巨大。尽管节能改造技术的研究和应用取得一些成果，但大量低水平存量装卸工艺和设备的存在，使总体能效水平不高。大部分港口节能减排科技研发投入不足，创新激励机制不够完善，节能环保型运载工具、替代燃料等一些重大共性和关键技术研究开发不够，缺乏鼓励新技术新产品推广的配套激励政策和机制，推广应用进展缓慢。港口信息化水平还有待进一步提升，现代信息技术应用推广还比较滞后。同时，具有综合服务能力的技术机构不多，面向港口从事节能技术诊断和能效技术评估服务的能力尚有不足，迫切需要加强技术创新管理，规范港口节能技术产品市场，开展港口节能技术评估、能源审计与认证活动。

4.4.4　基础和配套设施需不断完备

节能技术的推广需要有配套基础设施的支撑。如我国氢气推广面临的主要问题是制氢成本高昂，加氢站等基础设施缺乏，氢能发展相关配套政策和标准规范不足，企业和公众对氢能的重视程度不够。从国家以及地方层面，应该在配套建设上更具前瞻性地布局，在氢能生产、运输，加氢站建设等瓶颈方面，有更具有操作性的落地规划或实施方案。

LNG 的推进也需要基础配套设施支撑，LNG 加气站的缺失是各港口应用 LNG 车辆积极性不高的重要原因。各地主管部门因为安全问题，对 LNG 加气站建设审批程序把关严格。

2019 年中共中央、国务院发布的《交通强国建设纲要》提出加强充电、加氢、加气和公交站点等设施建设。未来充电站、加氢站和加气站不足问题将会得到逐步完善。

4.4.5　节能标准和规范尚需完善

我国港口在能源和节能评价技术和标准规范方面开展了开创性的工作，逐步建立了港口节能标准体系和评价制度，但还存在以下问题：港口节能减排法规标准体系还不完善，节能减排的统计监测等基础性工作薄弱，节能减排的绩效评价考核体系尚未建立，交通节能减排监管能力和水平有待提升，节能减排长效机制尚未形成。港口设备缺乏完善的节能评价技术指标体系和评价方法；评价内容不全面，以定性评价居多，主观随意性大，可操作性不强，严重影响评价结果的客观性等。需要以法规化和制度化的方式强化基础管理，提升港口在能源计量、能源统计、能效评价、能源审计等方面的技术和管理水平。

5 港口及港口设备能耗现状分析

5.1 我国港口能耗情况

5.1.1 水运行业能源消耗情况

水运行业的主要消耗能源包括沿海和内河的船舶运输、港口运作消耗的能源，中国水运行业能源消耗占交通运输行业的能源消耗总量的16%～20%，港口能源消耗总量占水运行业能源消耗总量的10%左右。美国水运行业能源消耗占交通运输行业的能源消耗总量的6%左右。

根据兰天阳的交通运输和能源消耗的关系研究，2005—2014年十年发展时期关于交通运输与能源消耗相关数据统计，可知在能源资源（石油、LNG、柴油等）消费方面，主要包括城市公共交通产业、水上运输业、航空运输业、管道运输业、铁路运输业、道路运输业，其中道路运输业能源消耗占总消耗量的35%，铁路运输业为14%，水上运输业为17%，城市公共交通产业为14%，航空运输业为9%，管道运输为3%。

5.1.2 港口能耗变化情况

近年，港口吞吐量和能耗情况见表5-1。我国港口吞吐量增长较快，2018年吞吐量是2005年的3倍多，是2011年1.4倍，但港口生产综合单耗呈逐年下降趋势，2018年单耗比2011年下降27%。2018年全国港口完成货物吞吐量143.51亿吨，比上一年增长2.5%。2018年港口企业每万吨单耗2.3吨标准煤，比上一年下降4.1%。2019年港口企业每万吨单耗2.1吨标准煤，由于自2019年起，对港口统计范围进行了调整，因此本书没有对2019年的数据进行对比分析。

表 5-1 港口吞吐量和能耗情况

项目	2005年	2011年	2012年	2013年	2014年	2015年	2016年	2017年	2018年
吞吐量/亿吨	48.54	100.41	107.76	117.67	124.52	127.50	132.01	140.07	143.51
港口生产综合单耗/（吨标准煤/万吨吞吐量）	5.16	3.16	3.0	2.9	2.7	2.6	2.5	2.4	2.3
港口生产综合能耗/万吨标准煤	250.50	317.30	323.28	341.24	336.20	331.50	330.03	336.17	330.07

资料来源：交通运输发展统计年报。

以上港口吞吐量和生产综合单耗是按全国平均水平进行统计的，沿海港口生产单耗与内河港口生产单耗对比见图5-1，沿海港口生产单耗要高于内河港口生产单耗，约高出50%。

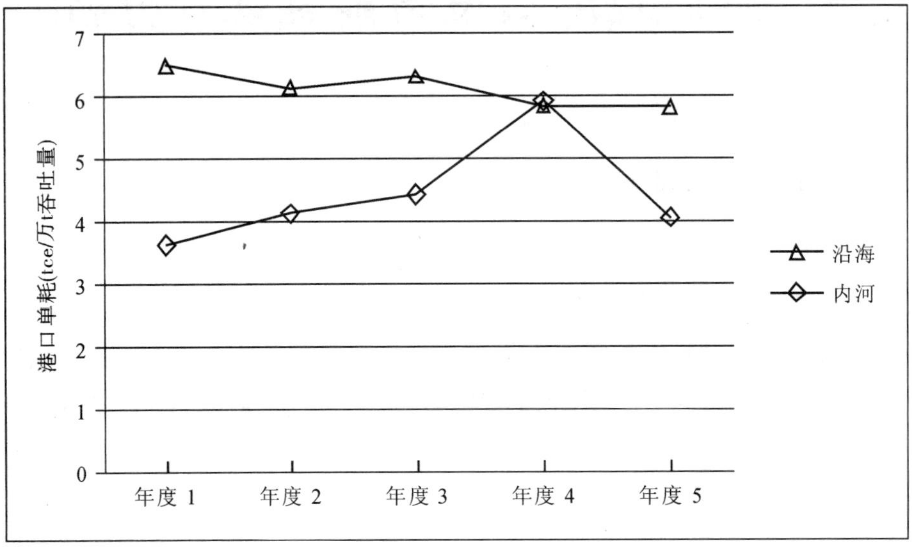

图 5-1　沿海和内河港口生产单耗对比

由图5-2港口吞吐量和单耗的变化趋势可以看出，港口生产综合单耗与吞吐量的相关度已经大大减弱，综合单耗下降趋势平缓，将接近极限区域。如果不采用新技术措施改变现有的工艺与技术条件，节能的空间将十分有限。因此，若想取得明显的节能效果，就应当大力应用节能新技术，改进工艺提高效率。

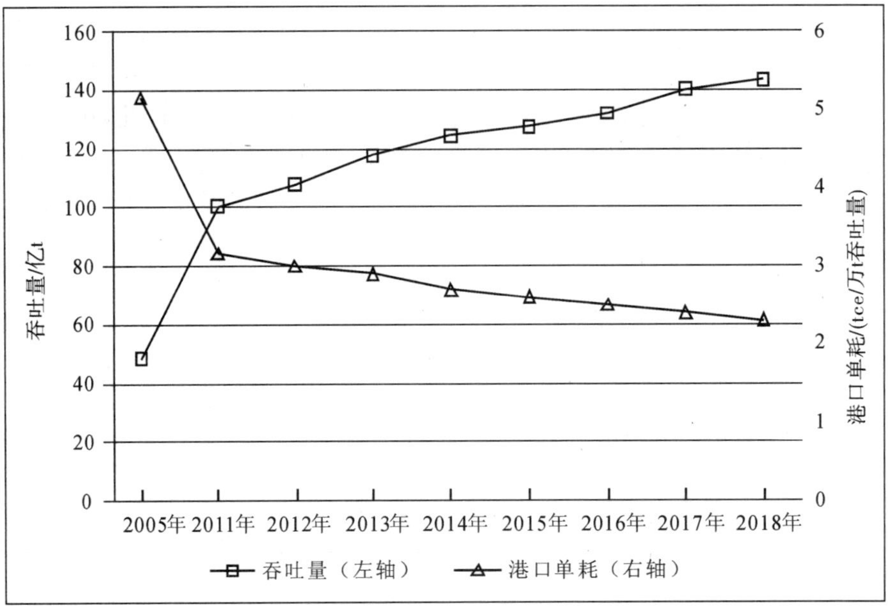

图 5-2　港口吞吐量和单耗变化趋势

按照《交通强国战略研究》(第三卷)的水运强国战略目标，到 2030 年建成水运强国，我国水运发展水平总体进入世界前列，港口企业每万吨单耗为 1.5 吨标准煤；到 2045 年，水运建设总体处于世界领先地位，港口企业每万吨单耗为 1.0 吨标准煤。从水运强国战略目标来看，水运降低单耗的任务十分艰巨。

5.1.3　港口能源消费结构

中国公路运输的能源消耗主要以化石能源为主，最近几年，电动汽车应用逐渐增多。相对来说，水路运输的其他能源应用也较多。2020 年 1 月开始船舶在航行期间使用 0.5%硫含量低硫油，也有采用 LNG 发动机驱动船舶，以及小功率的太阳能船舶，船舶停靠港口时优先使用岸电。到 2020 年底，中国主要港口岸电设施的泊位覆盖率将超过 50%，船舶靠港使用岸电的比率将大幅度提高。

除了部分港口水平运输车辆、岸边集装箱起重机、轨道式集装箱门式起重机、门座起重机、桥式抓斗卸船机、带式输送机、斗轮堆取料机等大部分港口设备是电气驱动，港口电耗占有很大比例外，目前还主要以燃油为主的港口水平运输车辆包括集装箱正面吊、空箱堆高机、轮胎起重机、装载机等，这些设备主要以柴油为主。一些主要港口的港口牵引车已经采用 LNG 发动机作为驱动动力，全国 85%的轮胎式集装箱门式起重机已经实现“油改电”，新购置轮胎式集装箱门式起重机基本采用电力驱动。

港口消耗能源的种类主要有汽油、柴油、重油、煤炭和电力等。中国沿海主要港口能耗结构中，能源结构差别也较大，见图 5-3，根据统计 2000 年到 2005 年沿海港口的电耗占总能耗的比例从 31.7%增加到 45.1%。由于从 2003 年开始，特别是 2005 年之后全国港口开始大规模地实施轮胎式集装箱门式起重机“油改电”，所以电耗占总能耗的比例会

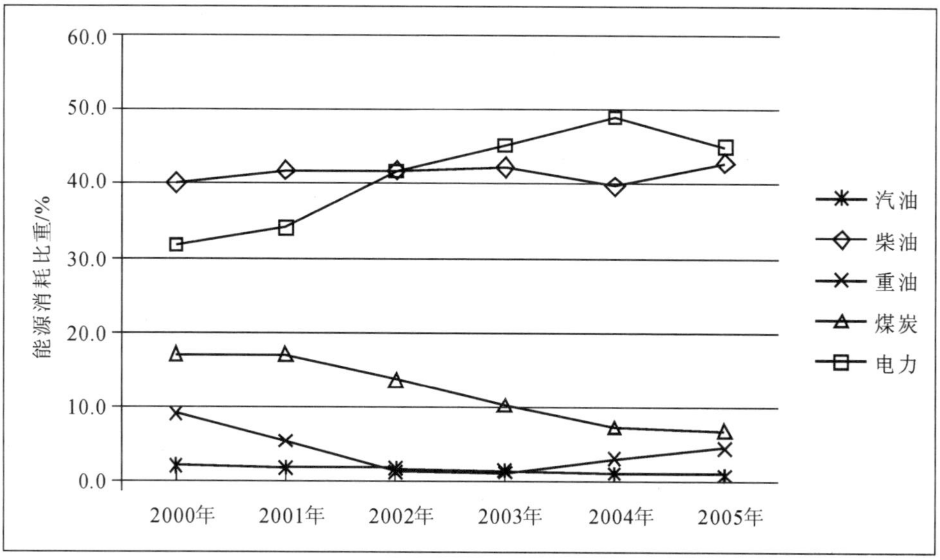

图 5-3　沿海港口主要能源消耗比重

更高。虽然能源利用结构得到了一定程度的改进，但油耗和煤耗在能源消耗中所占比例仍然偏高。我国内河港口主要能源消耗比重趋势见图 5-4。

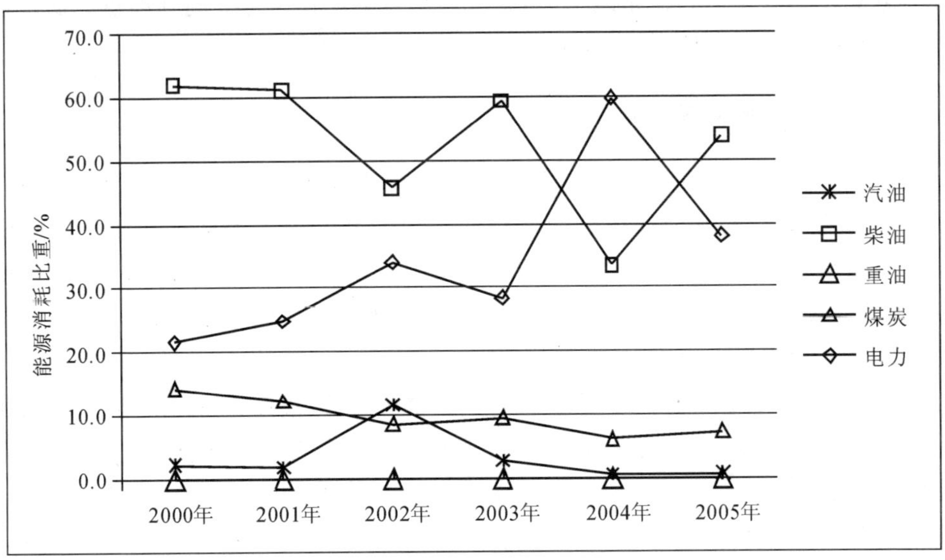

图 5-4　内河港口主要能源消耗比重

近年来，我国港口吞吐量单耗呈逐年下降的趋势，港口能源消费结构也逐步向好。本书选取了 8 个典型港口近几年的能源消费结构进行分析。

本书在将电力折算成标准煤的过程中，选择了两个标准煤系数，算出的结果分别见表 5-2 和表 5-3，当电力折算标准煤系数为 0.330kgce/(kW·h)，为电力的等价值系数。港口主要以电力和柴油两种能源为主，这时电力的占比高于柴油的占比，电力的占比为 36.22%～66.52%，平均为 53.14%；柴油的占比为 26.65%～54.80%，平均值为 37.08%；只有部分港口使用了 LNG，而且占比较低。

表 5-2　典型港口能源消费结构数据(一)(单位为%)

港口	电力	柴油	汽油	煤炭	天然气	其他
P1	44.81	54.80	0.37	0.02	0.00	0.00
P2	52.62	43.59	0.80	1.01	1.98	0.00
P3	49.55	26.65	0.40	14.27	0.00	9.13
P4	36.22	28.71	26.24	3.79	0.00	5.04
P5	57.09	34.74	0.43	0.00	0.00	7.74
P6	66.52	32.25	1.23	0.00	0.00	0.00
P7	47.92	43.93	0.72	0.00	5.52	1.91
P8	65.33	34.67	0.00	0.00	0.00	0.00
平均	53.14	37.08	3.77	2.21	0.94	2.87

注：电力折算标准煤系数取 0.330kgce/(kW·h)。

当电力折算标准煤系数为0.1229kgce/(kW·h),为电力的当量值系数,港口主要以电力和柴油两种能源为主,这时柴油的占比高于电力的占比,电力的占比为17.46%～42.53%,平均为29.89%;柴油的占比为37.16%～76.24%,平均值为56.03%。电力当量值系数小于等价值系数,这时算出的电力消耗少,因此占比也就相应降低。

表5-3 典型港口能源消费结构数据(二)(单位为%)

港口	电力	柴油	汽油	煤炭	天然气	其他
P1	23.21	76.24	0.51	0.03	0	0.01
P2	29.26	65.08	1.19	1.5	2.96	0.01
P3	26.78	38.67	0.58	20.71	0	13.26
P4	17.46	37.16	33.96	4.9	0	6.52
P5	33.14	54.15	0.66	0	0	12.05
P6	42.53	55.36	2.11	0	0	0
P7	25.52	62.83	1.03	0	7.89	2.73
P8	41.23	58.77	0	0	0	0
平均	29.89	56.03	5.01	3.39	1.36	4.32

注:电力折算标准煤系数取0.1229kgce/(kW·h)。

5.1.4 港口能源消费成本

由于各类能源的使用比例和价格不同,能源成本的差别也较大,港口能源结构对整个能源成本的影响较大。可通过计算各种能源的吨标煤成本和权重来计算整个能源成本,吨标准煤成本不仅可以方便地估算能源成本支出,并且可以精确地测算目前和潜在的节能效益。

由于各个港口各种能源使用比例不同,市场价格也不相同,各种能源折算吨标准煤的成本不同。吨标准煤成本由各种能源按标准煤折算系数乘以能源价格和权重得出:

$$\text{折算吨标准煤成本} = \sum \text{能源折算标准煤系数} \times \text{能源价格} \times \text{能源权重} \tag{5-1}$$

其中能源权重是根据消耗的各类能源折算标准煤后除以总消耗量得出的比例。

5.1.5 港口能源消费弹性系数

能源消费弹性系数可以反映经济指标与能源消费之间的关系。在港口行业测算的是港口吞吐量与能源消费间的弹性系数，也就是能源消费增长率与吞吐量增长率之比，可以根据吞吐量的增长预测能源的需求量。用公式表示为：

$$\text{能源吞吐量弹性系数} = \text{能源消费量增长率}/\text{吞吐量增长率} \tag{5-2}$$

计算出能源吞吐量弹性系数，不仅能够看出能源消费增长与吞吐量增长之间的变化关系,而且可以方便地预测未来的能源消耗需求。

根据2011年到2018年中国港口平均吞吐量和生产能源消耗量计算增长率和弹性系数,见表5-4。

表 5-4 港口能源消费弹性系数

项目	2005 年	2011 年	2012 年	2013 年	2014 年	2015 年	2016 年	2017 年	2018 年
吞吐量增长率/%	16.35	12.42	7.32	9.20	5.82	2.39	3.54	6.11	2.46
能耗增长率/%	1.92	7.65	1.89	5.56	−1.48	−1.40	−0.44	1.86	−1.81
能源消费弹性系数	0.12	0.62	0.26	0.60	−0.25	−0.58	−0.13	0.30	−0.74

如 2013 年能源消费弹性系数为 0.60，即吞吐量每增长 1%，能源消耗将增长 0.60%。

2014 年、2015 年、2016 年和 2018 年的港口能源消费弹性系数为负数，说明能源消耗降低的情况下还实现了港口吞吐量的增长。这几年能源消费下降的可能原因如下：一是能源结构调整，能源合理化，导致能源消费总体下降。二是港口生产率提高，消耗较少的能源创造更多的吞吐量。三是能源利用效率不断提高。由于采用新工艺、新技术、新设备，淘汰高耗低效设备，加上节能技术的广泛应用和管理水平的提高，港口能源利用效率不断提高。

5.2 国外港口能耗情况分析

5.2.1 国外典型港口能耗情况

从港口的大气污染物排放和二氧化碳排放比例可以看出能源消耗情况。

国外典型港口的大气污染物排放和二氧化碳排放比例见图 5-5 至图 5-11。从图中可以看出，包括远洋船舶和港务船舶的大气污染物排放比例为 56%～80.8%，其中美国奥克兰港的船舶排放占比达到 80.8%。远洋船舶和港务船舶的二氧化碳排放比例为 42.6%～59%，其中加拿大温哥华的二氧化碳排放比例达到 59%。上述分析结果表明，船舶靠港期间的大气污染物排放和二氧化碳排放都是港口区域排放的主要来源，占比均基本达到港口总排放的 50%以上，因此船舶的大气污染物和二氧化碳排放的控制对于港口及周边的环境非常重要。

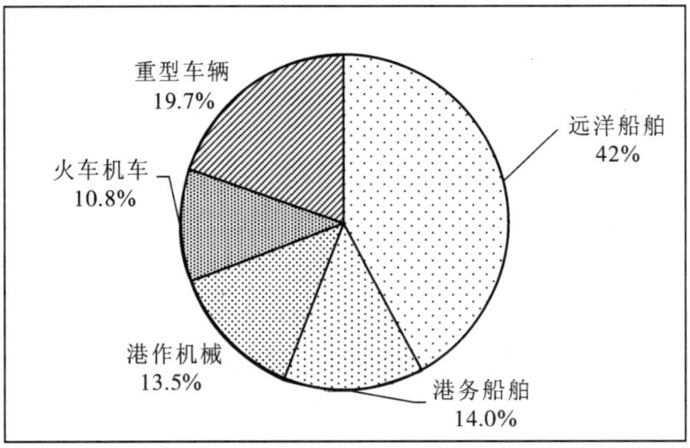

图 5-5 美国洛杉矶港大气污染物排放比例

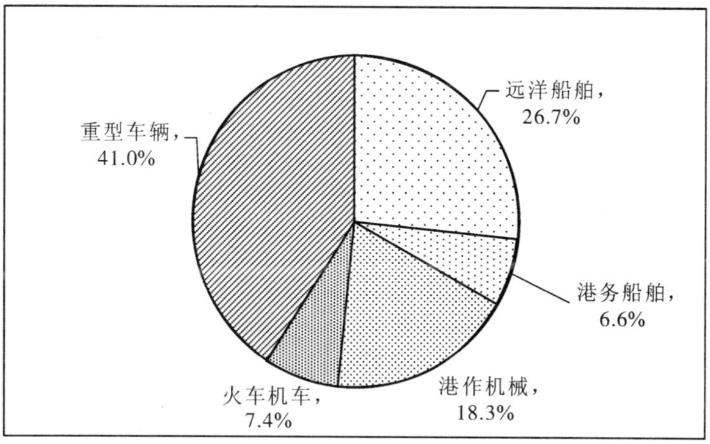

图 5-6 美国洛杉矶港二氧化碳排放比例

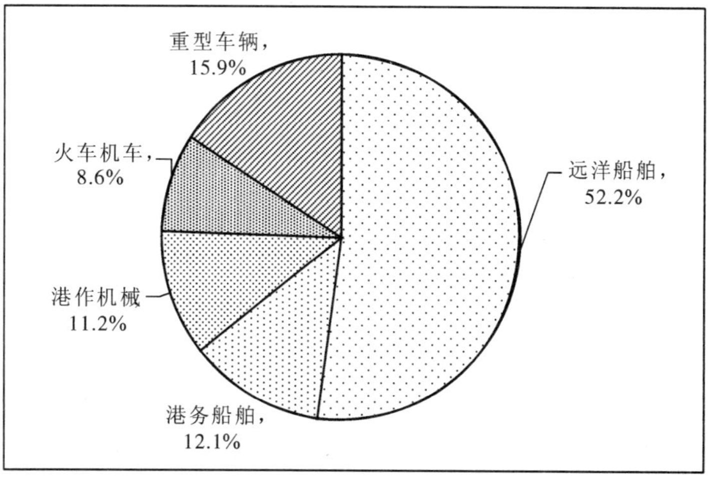

图 5-7 美国长滩港大气污染物排放比例

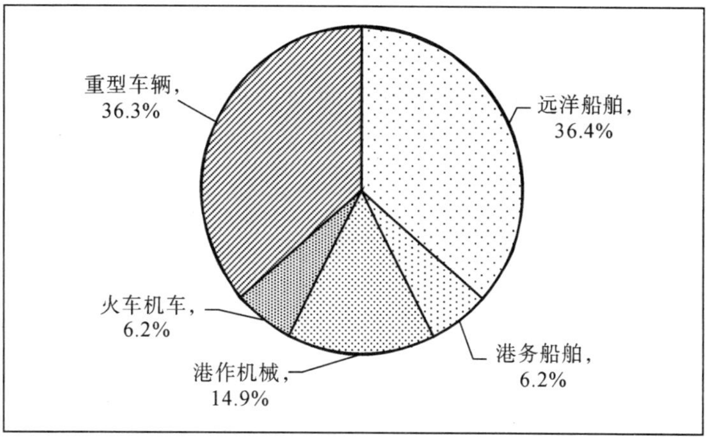

图 5-8 美国长滩港二氧化碳排放比例

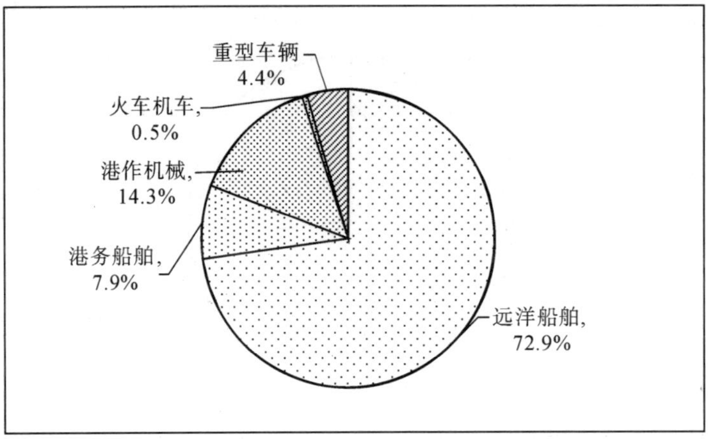

图 5-9　美国奥克兰港大气污染物排放比例

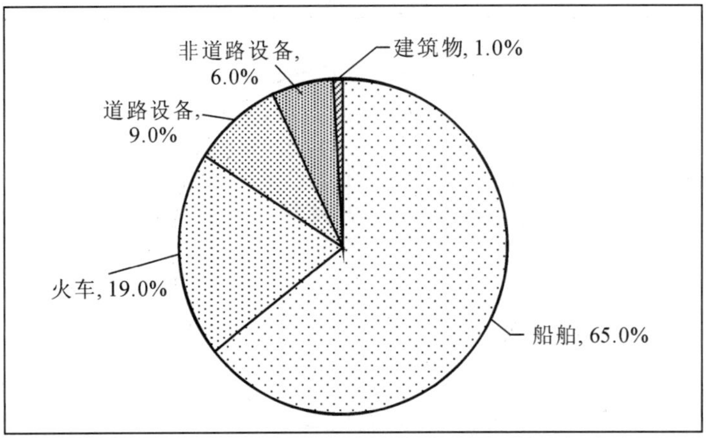

图 5-10　加拿大温哥华港大气污染物排放比例

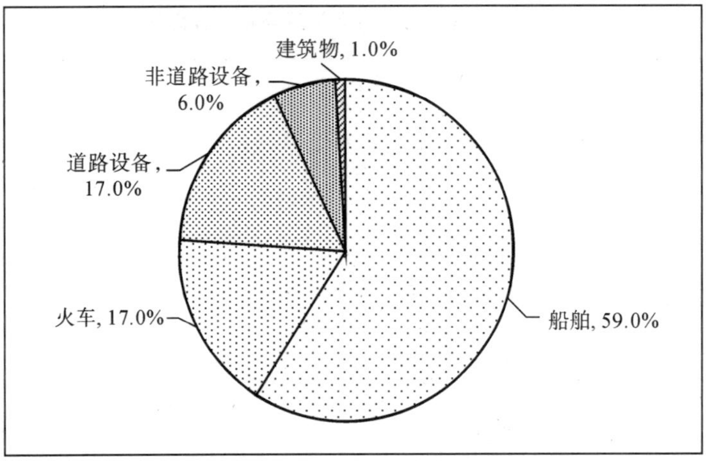

图 5-11　加拿大温哥华港二氧化碳排放比例

5.2.2　德国汉堡港能源现状分析

国外港口越来越重视能耗问题，以德国汉堡港为例，从图 5-12 至图 5-14 可知，HHLA 公司 2011 年使用燃油的比例与 2010 年相比有所下降，电力比例上升，但 2011 年 72%的二氧化碳是由消耗燃油的集装箱跨运车和自动导引车等燃油动力设备所排放，燃油动力设备是控制节能工作的重点，但其他电力设备也同样是节能工作重点。

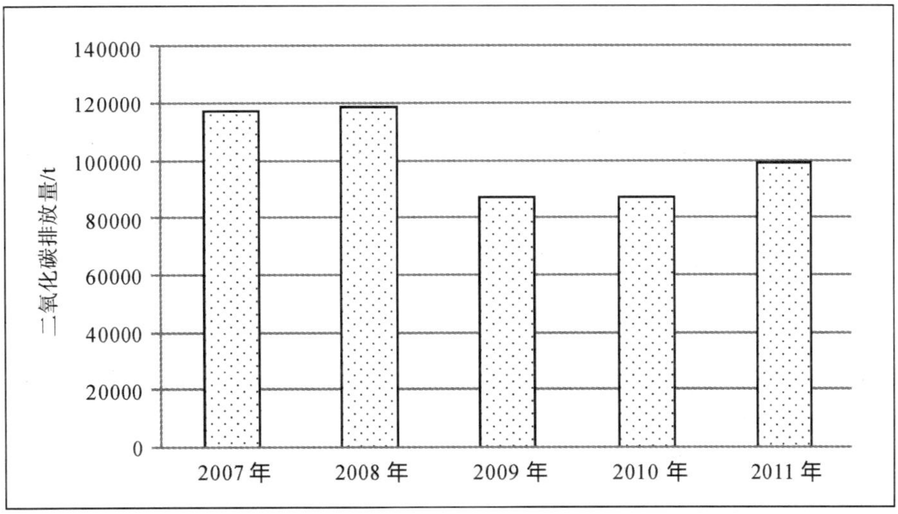

图 5-12　德国汉堡港二氧化碳排放量情况

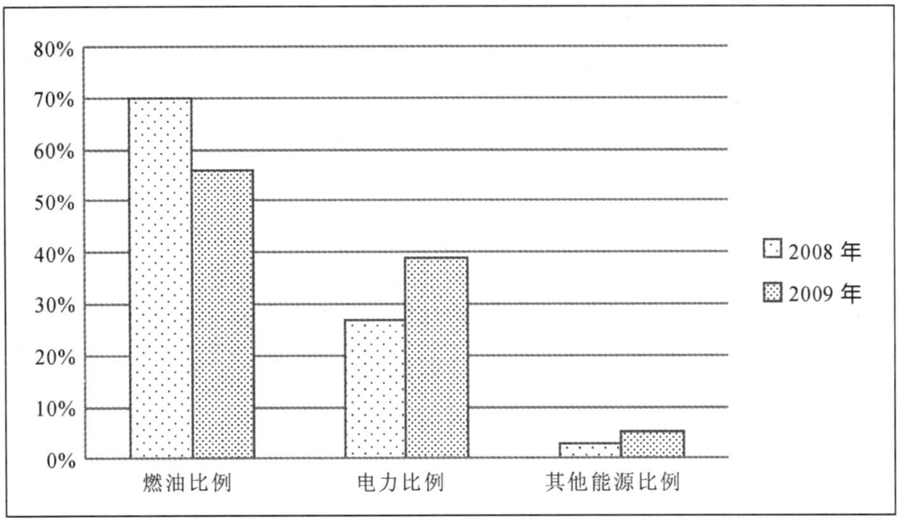

图 5-13　德国汉堡港各类能源比例

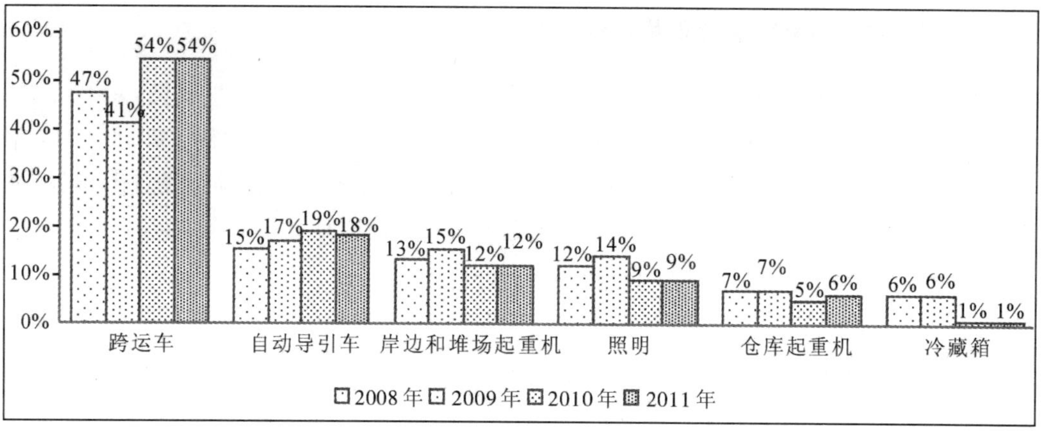

图 5-14 德国汉堡港各种设备二氧化碳排放比例

5.2.3 德国汉堡港的能源消费结构

德国汉堡港长期提高集团能源结构中的电力使用比例，使公司能够利用更多的可再生能源电力，从而大幅减少碳排放。因此，德国汉堡港正在将越来越多的港口设备动力转换为电力。电力驱动港口设备产生的排放更少，噪声也更少，也更容易维修。汉堡港的所有办公楼和车间、CTA 集装箱码头、CTB 集装箱码头、CTT 集装箱码头的起重机所需的电力都是来自于可再生能源。

节能的港口工艺、设备和系统不仅减少了港口排放，而且具有经济效益。汉堡港在进行设备更新和改造时，特别注重使用节能、低排放的设备。2018 年，全电动车辆增至 81 辆，电动车辆由可再生能源电力驱动，不会产生任何本地排放，电动车辆每年行驶约 50 万 km，可减少约 160t 二氧化碳排放。

德国汉堡港能源消费结构见表 5-5，从表中可以看出，2008 年港口电力消耗占比为 60.04%，柴油的占比为 36.68%，电力的比例较高。2018 年港口包括牵引机车的电力消耗比例达到 75.09%，电力的比例基本都是逐年提高的趋势，柴油比例由 2008 年的 36.68%下降到 20.85%，LNG 的比例由 2008 年 2.54%提高到 3.19%。

表 5-5 德国汉堡港各类能源消费结构(单位为%)

年度	柴油和取暖用油	LNG	设备用电	牵引机车用电	区域供热用电
2008	36.68	2.54	60.04		0.74
2009	30.40	3.44	65.24		0.91
2010	31.17	3.42	62.81		2.61
2011	34.25	2.57	61.00		2.18
2012	33.29	2.55	55.61	6.72	1.83

续表 5-5

年度	柴油和取暖用油	LNG	设备用电	牵引机车用电	区域供热用电
2013	29.44	3.33	52.28	13.32	1.62
2014	29.61	1.80	50.48	16.90	1.21
2015	22.63	1.95	38.37	36.15	0.89
2016	21.54	1.92	36.44	39.16	0.94
2017	21.64	2.80	34.53	40.11	0.92
2018	20.85	3.19	32.16	42.93	0.88

注：2008—2011 年无牵引机车数据，与设备用电合并。

5.3 国内港口能耗排放清单分析

5.3.1 沿海港口能耗排放清单分析

按照港口设备和船舶的能耗和碳排放计算方法，得到某港口能耗和碳排放清单如表 5-6 所示，从表 5-6 中可以看出，研究区域内 2018 年的总能耗为 117588.30 吨标准煤，其中，船舶的能耗最大，年能耗为 97857.22 吨标准煤，约占总能耗的 83.22%；港口机械年能耗为 17021.27 吨标准煤，约占总能耗的 14.48%。

表 5-6　港口能耗和碳排放清单

主要设备	能耗/tce	碳排放/吨二氧化碳
港口机械	17021.27	32937.01
外集装箱卡车	2709.81	6044.53
船舶	97857.22	187378.07
合计	117588.30	226359.61

港口机械能耗和碳排放清单如表 5-7 所示，从表 5-7 中可以看出堆场港口机械的能耗和碳排放最大，能耗和碳排放分别约占总能耗和总碳排放的 49.62% 和 51.48%，水平运输部分的港口机械的能耗和碳排放最小，分别占总能耗和碳排放的 15.15% 和 17.23%。其中，堆场中轮胎式集装箱门式起重机(RTG)的能耗和碳排放最大，分别为 6743.21 吨标准煤和 13557.40t 二氧化碳。对于内集装箱卡车而言，虽然有部分内集装箱卡车以 LNG 为动力，约为以柴油为动力的内集装箱卡车数量的 2 倍，但以 LNG 为动力的内集装箱卡车的能耗仅为 10.01 吨标准煤，该能耗值是以柴油为动力的内集装箱卡车的能耗的 0.4%。

表 5-7　港口机械能耗和碳排放清单

区域	设备	能源类型	能耗/tce	碳排放/吨二氧化碳
码头前沿	岸桥	电力	5919.57	10307.96
码头前沿小计		—	5919.57	10307.96
水平运输	内集装箱卡车	柴油	2535.20	5645.73
水平运输	内集装箱卡车	LNG	10.01	19.21
水平运输小计		—	2545.21	5674.26
堆场	RTG	电力	3033.23	5281.87
堆场	RTG	柴油	3709.98	8275.53
堆场	堆高机	柴油	1002.04	2235.16
海关	正面吊	柴油	99.54	222.04
堆场	铲车	柴油	66.98	149.41
堆场	其他机械	柴油	103.93	231.83
堆场	RMG(重箱)	电力	138.68	241.50
堆场	RMG(空箱)	电力	182.30	317.44
堆场和海关小计		—	8336.69	16954.78
合计		—	16801.47	32937.01

集装箱码头主要的能耗和碳排放源有船舶、岸桥、内集装箱卡车、外集装箱卡车、轮胎式集装箱门式起重机(RTG)、轨道式集装箱门式起重机(RMG)、正面吊、堆高机、叉车、其他港作机械。

从能耗和碳排放总量来看,船舶的能耗和碳排放总量最大,约占港口所有能耗和碳排放源总量的 83.22%和 82.78%,为港口最主要的能耗和碳排放源。该能耗和碳排放主要源于船舶进港停靠码头前沿作业过程中船舶的辅机和锅炉运行消耗。从减少能耗和碳排放角度考虑,船舶应选用高效节能型的动力装置,采用废气余热节能技术、可再生能源辅助动力、LNG 燃料等,可有效减少船舶能耗和碳排放。就港口设备而言,RTG 的能耗和碳排放最大,其次为岸桥和内集装箱卡车。因此,要推进 RTG 的"油改电"技术和全电转场技术应用,ERTG 上加装电能回馈装置,实现电能的高效利用。对于岸桥的节能减排,可加强对吊具防摇和精确定位技术和整机轻量化技术的应用,提高作业效率,减少能耗和碳排放。对于水平运输设备内集装箱卡车和外集装箱卡车而言,二者能耗和碳排放相近,其能耗和碳排放占比较大,约占整个港口设备碳排放比例的三分之一。因此,水平运输设备也应加强节能减排,如内集装箱卡车和外集装箱卡车"油改电"和"油改气"技术的应用。

5.3.2 内河港口排放情况

内河港口的排放情况以长三角地区为例，船舶污染占比约60%，港口设备、外来卡车对污染的占比各为20%左右，船舶污染占整个港口区域的污染比例较高，只有将船舶的污染降下来，才能降低整个港口区域的污染物水平。

5.4 港口典型设备能耗现状分析

本书对多个港口和场站进行了港口典型燃油设备的能耗调研或现场测试，对港口牵引车、集装箱正面吊和轮胎式集装箱门式起重机几种机型的能耗情况总结分析如下：

港口牵引车以燃烧柴油为主，不同机型的能耗差别较大，说明物流组织调度和设备本身的性能对能耗的影响较大。根据现有的统计数据，港口牵引车的能耗为0.04～0.08 kg/t。实际能耗情况与港口牵引车行驶里程关系很大，因此在标准规范中，港口牵引车能耗通常用kg/(t・km)来表示。集装箱码头港口牵引车的能耗范围为0.4～2.2 kg/TEU。

集装箱正面吊以燃烧柴油为主，能耗与季节环境的影响不大，主要与物流组织调度和设备本身的性能有关。集装箱正面吊的能耗为0.45～0.91kg/TEU。由正面吊与牵引车能耗对比分析可知，虽然正面吊装机功率大于牵引车，但正面吊的能耗小于牵引车能耗，说明正面吊处理集装箱主要以装卸为主，而不是以水平运输为主。

传统柴油发电机组驱动RTG的能耗值为0.81～1.32 kg/TEU，平均值为1.06 kg/TEU。

传统RTG“油改电”后，能耗为1.1～2.5kW・h/TEU。与传统的消耗柴油的RTG相比，能源成本大大降低。

港口的混合动力RTG的不同设备的能耗有一定区别，节能率从6.5%到64%，平均节能率为39.9%，改造为混合动力后的平均油耗约为0.398kg/TEU。

6　港口设备能耗评价方法及标准

6.1　港口设备能耗评价方法

港口设备能耗评价方法是评价港口设备能耗水平高低和实现能源精细化管理的方法。港口设备能耗检测及评价方法应可以用于绝大部分设备的能耗评价，能够反映设备实际能耗水平，评价参数可以用以说明不同配置设备之间的能耗区别，评价结果能够被设备的设计者、生产企业、选购者和使用者接受，并方便理解和使用。

6.1.1　港口设备能耗检测和评价方法

由港口设备能耗现状分析可知，统计数据差别较大，为了方便能耗比较必须建立统一的检测和评价标准。

目前，国内外研究港口设备特别是港口起重运输设备的能耗评价方法不多。但有关电梯能效评价方法的研究较多，由于电梯也是一种特殊的起重机，所以其能效评价方法对于港口设备能效评价也有重要的借鉴意义。

电梯能效评价是对不同类型的电梯的能耗性能进行合理的比较分析。设置能效评价参数是电梯能耗评价的主要方法和途径。目前主要电梯能效评价方法有：固定行程和固定速度下的能耗、电梯平均每次运行的能耗、电梯能耗质量和行程之积的比值、电梯能效系数和每吨千米的耗电量等，分别分析如下：

(1)固定行程和速度下的电梯能耗

以固定行程和速度下的电梯能耗作为电梯能效的评价参数。该方法认为电梯的额定载荷、额定速度和行程是影响电梯能效评价的主要因素。所有被检测电梯的配置情况和运行的工况是相同的，该方法可以有效地比较不同配置电梯能效的差别。但该方法只能说明特定情况下的电梯能效情况。

(2)电梯平均每次运行的能耗

以平均每次启动的电梯能耗作为电梯能效的评价参数，以电梯的启动次数和额定载荷作为影响电梯能效评价的主要因素。由于使用者对电梯的使用偏好不同和工作场所不是完全相同，电梯的启动次数不能全面反映电梯的客流情况，因此本方法也有局限性。

(3)电梯能效系数

电梯能效系数是运送载荷所做的功与能耗的比值，是一个无量纲的参数，与电冰箱、空调器的“能效标识”类似，可以表示能源利用效率的相对高低，但不能直观地反映能耗情况。

(4)电梯每吨千米的耗电量

可采用每吨千米的耗电量作为电梯能效的评价参数对电梯能效情况进行评价。每吨千米的耗电量是指电梯在规定的工作周期内,完成的工作量达到平均耗电量,能够一目了然地反映出电梯的能耗数值。该方法不仅考虑了电梯的载荷情况,而且考虑了行程的情况,电梯能耗评价的结果也简单,便于理解。但是由于电梯能耗测量过程中所设定的行程工况与实际运行工况之间可能还存在较大的差距,所以能耗情况与实际能耗情况存在一定差异。

综上所述,在对起重机能耗进行评价的时候,不仅需要考虑起重机自身的能耗特性,而且需要考虑起重机的实际运行状况,进行能耗评价的检测工况应尽可能与实际工况接近,检测的能耗数值才能真实地反映实际的能耗数值。

而且起重机只有在相同的条件下进行能耗的比较和评价才有意义,这些条件包括:起升高度、载荷情况、各种速度参数、操作习惯等。能耗评价参数最好能够同时反映这些因素的影响。

采用的检测方法主要有以下几种:

①仿真工况检测法——以与起重机实际工作状况最接近的状况下检测模式,最能反映实际能耗,但检测过程复杂。目前已发布的《港口设备能源消耗评价方法》国家标准就是采用仿真工况模式确定一个统一的工况,以便进行对比。

②空载模式检测法——以起重机空载的工况下运行的检测模式,单一的空载工况,检测简单,但不能反映实际能耗。

③典型工况检测法——以起重机载荷25%、50%、75%或其他载荷工况下的检测模式。

实际选择检测方法时应以基本能够反映实际的能耗情况,又能方便日常检测为准则。

本书通过对比国内外类似设备能耗的不同评价方法,提出了操作性强的适用于港口设备的能耗检测方法,即按照港口设备新产品、在用港口设备和改造后港口设备的不同分为两种检测方法:

①在用港口设备和改造后的港口设备能耗测试时的载重量为额定起重量的80%或100%。

②港口设备新产品能耗测试的载重量,分别按额定起重量的25%、50%、75%、100%进行测量,能耗计算时乘以相应的权重进行求和。

6.1.2 典型工况法权重分析

1. 检测数据的统计和计算

(1)在用和改造后港口设备

对设备的能源消耗检测数据进行处理,在用港口设备和改造后的港口设备能耗测试取三次检测的平均值作为能耗测试值,载重量为80%或100%额定起重量。

在用和改造后起重机的能源消耗以起重机完成单位载重量的耗电量来表示,按式(6-1)计算。

$$e=\frac{E_e}{W_z} \tag{6-1}$$

式中:e——起重机的能源消耗,即起重机完成单位载重量的耗能量,tce/ t;

E_e——起重机在规定的工作周期内消耗的能量,tce;

W_z——起重机在测试周期内装卸的载重量,t。

(2)港口设备新产品

港口设备新产品能耗测试分别取不同载重量的三次检测结果的平均值作为能耗测试中间值,最终的能耗测试值是能耗测试中间值与相应的加权系数乘积的加权值按式(6-2)计算。额定载重量的0、25%、50%、75%、100%相对应的加权值为α_0、α_{25}、α_{50}、α_{75}、α_{100}。

$$e=\alpha_0\frac{E_{e0}}{W_{z0}}+\alpha_{25}\frac{E_{e25}}{W_{z25}}+\alpha_{50}\frac{E_{e50}}{W_{z50}}+\alpha_{75}\frac{E_{e75}}{W_{z75}}+\alpha_{100}\frac{E_{e100}}{W_{z100}} \tag{6-2}$$

式中:α_0,α_{25},α_{50},α_{75},α_{100}——额定载重量的0、25%、50%、75%、100%相对应的加权值;

E_{e0},E_{e25},E_{e50},E_{e75},E_{e100}——额定载重量的0、25%、50%、75%、100%相对应的港口设备在规定的工作周期内消耗的能量,tce;

W_{z0},W_{z25},W_{z50},W_{z75},W_{z100}——额定载重量的0、25%、50%、75%、100%相对应的港口设备在测试周期内装卸的载重量,t。

2. 不同载重量的权重系数的确定

本书研究分析港口设备的装卸货物质量分布情况即载荷状态,各种箱重的统计采用调查分析法获取港口的数据。装卸货物的质量分布主要与港口设备的起重量、所卸货物的船舶容量、航班航线的载货情况有关。由于各个港口的情况会有所不同,因此可根据港口装卸量的统计分析情况来初定各个载重量下的权重系数。

《起重机设计规范》(GB/T 3811—2008)定义了起重机的载荷状态系指起重作业的情况,即在起重机的设计预期寿命期限内,它的各个有代表性的实际工作起升载荷的大小及各相对应的起吊次数,与起重机的起升载荷的大小及总的起吊次数的比值情况。起重机的载荷状态说明见表6-1。根据上海港机重工编制的《港口起重机设计规范》列举的典型起重机的载荷状态和工作级别见表6-2。

表6-1 起重机的载荷状态

载荷状态	对应的比例说明
Q1	极少起吊额定起重量,一般起吊较轻质量
Q2	较少起吊额定起重量,一般起吊中等质量
Q3	有时起吊额定起重量,一般起吊较重质量
Q4	有规律地经常起吊接近额定起重量的质量

表 6-2 相关起重机的典型载荷状态和工作级别

序号	起重机类型	用途特点	载荷状态
1	岸边集装箱起重机	集装箱吊具	Q2—Q3
2	集装箱门式起重机	集装箱吊具	Q2—Q3
3	桥式抓斗卸船机	抓斗	Q4
4	散货装船机	皮带、连续	Q3—Q4

结合表 6-1 和表 6-2 可以看出不同港口设备的载荷状态，在确定不同载重量的检测工况时在此载荷状态的基础上进行补充和完善。

上述由港口装卸量的统计分析，以及典型港口起重机载荷状态的经验数据，可以作为确定各种载重量的权重系数初步依据。在此基础上利用德尔菲法(Delphi Method)进行权重系数的研究论证和优化。

德尔菲法是一个使专家集体在各个成员互不见面的情况下对某一项指标的重要性程度达成一致看法的方法，它是编评价方案过程中进行加权时经常使用的一种方法。德尔菲法因出自古希腊德尔菲地区的预言家而得名，它最早是古希腊德尔菲地区的预言家预测未来时经常使用的方法。德尔菲法在现代的运用是从 20 世纪 50 年代开始的，在美国兰德公司的进一步发展下，德尔菲法的应用范围迅速扩大，在未来学以外的其他领域特别是评价领域得到了广泛的运用，为在解决各种形式的复杂问题，如判定某一指标的重要性程度时促进信息交流并取得一致意见发挥了重要作用。评价中的德尔菲法实际上是一种在编制评价方案时为了取得对某一指标或某些指标重要性程度的一致认识而进行的专家意见征询法，它以分发问题表的形式，征求、汇集并统计一些资深人员对某一项指标重要性程度的意见或判断，以便在这一问题的分析上使大家取得一致的意见。

应用德尔菲法分配权重值的步骤是：

(1)设计意见征询表

设计意见征询表时，对不同载重量的分布情况进行列表分级，明确定义各种情况下的适用范围，避免词语的误解造成误判，从而影响意见征询的科学性。

(2)选择专家并请他们填写问卷表格

在港口装卸作业领域内选择参加咨询的专家，要求他们不署名地根据要求将对某一指标或某些指标重要性程度的看法写在问卷表格中。选择专家时既要考虑专家有权威性又要有代表性，即所选择的专家应是对所要咨询的问题有深入了解和研究的人士，所持的观点具有权威性；同时所选择的专家来源应涉及要咨询问题有关的各个方面，即所选择的专家应是各个方面如行政管理人员、科研人员、实际工作者等的代表。按照以上原则，专家组的成员确定为：①港口企业的管理者、操作和维护者、港口设备的制造单位、港口设备的设计单位和研究院所等领域的专业技术人员；②具有高级技术职称；③在领域内有 10 年以上工作经验；④共邀请 20 位专家进行问卷咨询。

(3)整理和反馈专家意见

所有专家将意见征询表格填好交回后，整理专家们的意见，求出某权重值平均数，同时求出每一专家给出的权重值与权重值平均数的偏差，然后将求出的权重值平均数反馈给各位专家，进行第二轮意见征询，以便确定专家们对这个权重值平均数同意和不同意的程度。

①每一指标权重值的平均数

$$M_{(W_i)} = 1/n\sum W_{ij} \tag{6-3}$$

式中：M——权重值的平均数；

i——第 i 项指标；

W_i——第 i 项指标的权重值；

$M_{(W_i)}$——第 i 项指标权重值的平均数；

W_{ij}——第 j 项专家对第 i 条指标给出的权重值。

②每一位专家给出的权重值与权重值平均数的偏差

$$\Delta_{ij} = W_{ij} - M_{(W_i)} \tag{6-4}$$

式中：Δ_{ij}——与权重值平均数的偏差。

(4)不断整理和反馈专家意见

再一次将权重值平均数反馈给各位专家并给出某些专家不同意这个平均数的理由，让各位专家在得知少数人不同意这个平均数的理由后再一次作出反应。重复进行上述整理和反馈专家意见的步骤，直至再重复下去观点集中程度或认识统一程度不能增加多少时停止。这样重复几次以后，各位专家对某一指标或某些指标的权重值的看法就会趋向一致，组织者也就可以由此得到比较可靠的权重值分配结果。

经过以上研究分析，检测方法的额定载重量的25%、50%、75%、100%相对应的加权值见表6-3。

表 6-3　不同载重量的加权系数

港口设备典型机型	额定载重量的百分数			
	25%	50%	75%	100%
岸边集装箱起重机	0.1	0.2	0.4	0.3
轨道式集装箱门式起重机	0.1	0.2	0.4	0.3
桥式抓斗卸船机	0	0	0.1	0.9
散货装船机	0	1	9	0.8

6.1.3　能效分级及评价限值

参照微型计算机、三相异步电动机、永磁同步电动机、水(地)源热泵机组、道路和隧道照明用LED灯具、配电变压器、离心通风机等产品的3级能效评定方法，为了更好地表示港口设备的能耗情况，按照港口设备能耗高低的不同划分为不同的能效等级。能效等级分为1、2、3级，等级1最高，等级3最低。含义如下：

——等级1：表示产品最节能，即耗能最低；

——等级2：表示产品的能源消耗为我国市场的平均水平；

——等级3：表示产品能源消耗情况差。

将检测试验分析结果应用到实际能耗评价方法的标准编制中，构建主要影响因素指标与能耗分级及数值评价体系表。以岸边集装箱起重机为例不同起升高度、不同额定起重量对应的能源消耗值见表6-4。

表 6-4　不同能效等级的能源消耗数值

起升高度(m)	能效等级	单位能耗e(kW·h/t)		
		$G<50$	$50 \leqslant G<60$	$G \geqslant 65$
$H<40$	1			
	2			
	3			
$40 \leqslant H<50$	1			
	2			
	3			
$50 \leqslant H<60$	1		$e \leqslant 0.205$	
	2		$0.205<e \leqslant 0.242$	
	3		$e>0.242$	
$H \geqslant 65$	1			
	2			
	3			

表6-4画出了根据不同起重量和不同起升高度确定能效等级的方法，如某一型号的起重机的起升高度是55m，额定起重量G是60t，那么可以按照表6-4中的粗虚线箭头的方向查得该型号起重机的各级能效数值，即虚框内的数值，从上到下分别为：1级能效数值为小于或等于0.205kW·h/t，2级能效数值为大于0.205kW·h/t且小于或等于0.242kW·h/t；3级能效数值为大于0.242kW·h/t。如果根据检测工况测试数据及计算处理后的能效为0.2kW·h/t，根据表中的实线箭头方法查得，该机型的能效等级为1级。

6.1.4　能效等级评价与判定

根据对港口设备的能耗检测结果和计算分析，按表6-4确定被评价设备的能效等级。能效等级的评价与判定可按下列要求进行管理：

(1)能效等级为3级的港口设备新产品不应出厂；

(2)能效等级为3级的在用港口设备，检测机构应当将检测结果及有关情况报告上级部门，以便及时采取改造或节能监管措施。

6.2　相关行业能耗标准

建立健全能源标准体系是节能工作有效贯彻落实的有力保障，我国目前出台的与能源相关的标准包括能源管理标准、产品能效标准、产品生产能耗限额标准、计量监测标准、设备经济运行标准等系列，这些标准能够有效促进《中华人民共和国节约能源法》的贯彻落实，节能管理的加强，我国能源利用率的提高。

具体相关行业能耗标准见附录1和附录2。

6.2.1　能源管理标准

能源管理标准是用能单位进行节能管理的方法和依据，我国制定发布了大量能源管理标准，主要有《综合能耗计算通则》(GB/T 2589—2020)、《单位产品能源消耗限额编制通则》(GB/T 12723—2013)、《用能单位节能量计算方法》(GB/T 13234—2018)、《节能监测技术通则》(GB/T 15316—2009)、《能源审计技术通则》(GB/T 17166—2019)等。

6.2.2　产品能效标准

我国于20世纪80年代中期开始能效标准的研究与制定工作，已经颁布了近百项产品能效标准，内容包括用能产品的能效限定值(功效耗电量)、节能评价值、目标值、试验方法和检验规则等方面，涉及领域主要有家用电器、照明器具、工业设备、交通运输设备、起重机械电力机构、电动机、永磁同步电动机等。

6.2.3　生产能耗限额标准

强制性单位产品能耗限额国家标准主要涉及火力发电、钢铁、有色金属、建材和石油化工5大行业22类高耗能产品，规定了这些行业的企业单位产品能耗限定值、新建准入值和能耗先进值。交通运输行业的单位产品能源消耗限额主要有：《集装箱码头单位产品能源消耗限额》《散货码头单位产品能源消耗限额》。

6.2.4　计量监测标准

为了配套能源管理标准的使用，我国现已制定发布了节能监测方法标准以及行业企业能源计量器具配备和管理标准，主要包括锅炉、电炉、电热设备制冷系统、风机系统、行业计量设备等。

6.2.5　设备经济运行标准

我国制定发布设备经济运行标准，为企业新设备的配置及设备的经济运行提供技术支持，主要包括电动机、变压器、风机、泵、锅炉、空调等。

6.3 港口码头的能耗标准

6.3.1 港口能耗相关标准规范

随着港口能源消耗的不断增长，交通运输行业对港口节能工作长抓不懈。自从20世纪80年代，根据国家提出的“开发与节约并重，把节约放在优先地位”的能源方针，港口制定了大量的能源和能效标准规范，主要有：《水运工程节能设计规范》(JTS 150—2007)、《港口能源消耗统计及分析方法》(GB/T 21339—2020)、《绿色港口等级评价指南》(JTS/T 105-4—2020)、《集装箱码头单位产品能源消耗限额》(GB 31823—2015)、《干散货码头单位产品能源消耗限额》(GB 31827—2015)等。

《港口能源消耗统计及分析方法》(GB/T 21339—2020)规定了港口能源消耗的统计指标及计算公式，能源消耗统计要求和分析方法。主要包括综合能源消耗量、生产综合能源消耗量、装卸生产能源消耗量、辅助生产能源消耗量、主要用能设备能源消耗量等。其中，对港口的节能评价主要采用生产综合能源单耗来评价，可用下式表示：

$$e_{zf}=E_s/T_b \tag{6-5}$$

式中：e_{zf}——生产综合能源单耗，tce/万 t；

E_s——生产综合能源消耗量，tce；

T_b——完成的吞吐量，万 t。

该评价方法是对整个港口的生产按照吞吐量的多少进行能源消耗量的评价，港口企业尤其是大型港口企业在节能管理中，一般制定能耗定额，按照上述的港口生产综合单位能耗量来评价节能情况。而对单机设备和单个生产工艺的分析评价，虽各企业各有其特点，但也只是停留在单机的能耗总量的简单统计核算上。

一些地方省级部门制定了港口能源消耗限额标准，如山东省制定了《沿海港口能源消耗限额》(DB 37/838—2016)，规定了各类沿海港口的能耗限额，见表6-5。按照该标准港口年吞吐量越大相应的生产综合单位能源消耗量越小。

表6-5 沿海港口能源消耗限额(单位为吨标准煤每万吨)

考核指标	港口年吞吐量 X(吨)	2008年	2010年	2012年
生产综合单位能源消耗量	$X\geqslant$1亿吨	6.7	6.4	6.1
	1千万吨$<X<$1亿吨	5.5	5.2	4.9
	$X\leqslant$1千万吨	4.0	3.8	3.6

《绿色港口等级评价指南》(JTS/T 105-4—2020)在“行动”中对港口设备应用的节能减排技术进行评价，在“效果”中对港口生产综合能源单耗进行评价，评价采用《港口能源消耗统计及分析方法》(GB/T 21339—2020)的统计方法。

《集装箱码头单位产品能源消耗限额》(GB 31823—2015)规定了集装箱码头单位产品能源消耗限额的技术要求、计算范围和计算方法、节能管理与技术措施。标准适用于国内集装箱码头生产能源消耗的计算、考核,以及对新建和扩建集装箱码头的能源消耗控制。该标准用单位集装箱吞吐量消耗的能源量(装卸生产+辅助生产)作为指标分析单位产品能源消耗,并给出了集装箱码头单位产品能源消耗的限定值、准入值和先进值,这三个指标的含义分别是:限定值指标制定的原则是淘汰 20%~30%的落后产能,属于强制性指标;准入值指标是落实《节约能源法》的相关要求而设定的准入门槛值,主要是在固定资产投资项目节能评估和审查中,对新建和改扩建项目的一个强制性的准入值,是一个跟产业政策相协调的指标;先进值指标制定的原则是选取国际先进水平或国内领先水平,给企业一个奋斗目标,属于推荐性指标。

《干散货码头单位产品能源消耗限额》(GB 31827—2015)规定了干散货码头单位产品能源消耗限额的技术要求、计算范围和计算方法、节能管理与技术措施。标准适用于国内干散货码头生产能源消耗的计算、考核,以及对新建和扩建干散货码头的能源消耗控制。该标准用单位货物吞吐量消耗的能源量(装卸生产+辅助生产)作为指标分析单位产品能源消耗,并给出了码头单位产品能源消耗的限定值、准入值和先进值。

6.3.2 港口设备能效相关标准规范

《水运工程节能设计规范》(JTS 150—2007)基于港口统计数据给出了部分港口设备的能耗指标,见表 6-6 和表 6-7。

表 6-6 集装箱码头装卸机械及其他用能设备单位能耗指标

装卸机械及其他用能设备名称	标准中单位能耗指标	台时效率/(自然箱/h)
岸边集装箱起重机	3.0kW·h/吞吐 TEU	30~66
小型岸边集装箱起重机	2.5kW·h/吞吐 TEU	20~35
轨道式集装箱门式起重机	2.5kW·h/操作 TEU	20~35
电动轮胎式集装箱门式起重机	2.5kW·h/操作 TEU	20~35
轮胎式集装箱门式起重机	0.85 kg/操作 TEU	20~35
半挂集装箱牵引车	0.81kg/操作 TEU	4~15
集装箱空箱堆高机	0.27kg/操作 TEU	30
集装箱正面吊	0.50kg/操作 TEU	15~25
集装箱重箱叉车	0.60kg/操作 TEU	—
集装箱空箱叉车	0.34kg/操作 TEU	—
冷藏箱	140.0kW·h/冷藏箱吞吐 TEU	—

注:①表中机械设备的用能品种为电力和柴油,电力计量单位为 kW·h,柴油计量单位为 kg。

②小型岸边集装箱起重机指额定起重量 40.5t 及以下的起重机。

表 6-7 煤炭、矿石专业化码头装卸机械单位能耗指标

装卸机械名称	标准中单位能耗指标	备注
移动式装船机	0.076kW·h/操作吨	统计值
桥式抓斗卸船机	0.450kW·h/操作吨	统计值
推耙机	0.050kg/操作吨	统计值
单斗装载机	0.045kg/操作吨	统计值
装车机	0.032kg/操作吨	统计值
翻车机	0.023kW·h/操作吨	统计值
螺旋卸车机	0.110kW·h/操作吨	统计值
带式输送机	0.00018kW·h/操作吨米	统计值
臂式堆料机	0.062kW·h/操作吨	统计值
斗轮取料机	0.130kW·h/操作吨	统计值
斗轮堆取料机	0.350kW·h/操作吨	统计值

注:表中机械的用能品种为电力和柴油。电力计量单位为 kW·h,柴油计量单位为 kg。

6.3.3 港口设备的产品和能效标准

由于我国港口开放较早,港口企业对先进的生产设备的使用和我国港口专用设备的制造商实力不断增强,这些设备设施的技术水平已达到国际领先水平,使得有关作业的设备设施标准与国外相关标准差别不大,一些标准已达到国际先进水平。

在港口设备方面形成了比较全面的标准体系,编制完成了以产品标准、技术条件、试验方法、安全规程等为代表的一批国家标准或行业标准,包括岸边集装箱起重机、轨道式集装箱门式起重机、桥式抓斗卸船机、集装箱正面吊运起重机、港口门座起重机、港口轮胎起重机等港口设备,为我国港口发展奠定了标准化基础。典型港口设备标准情况见表 6-8。

表 6-8 港口设备相关的标准情况

类别	机型	产品	安全规程	修理技术规范	能效标准	能源利用效率标准
电动起重机	岸边集装箱起重机	GB/T 15631—2009	GB/T 21920—2008	JT/T 295—2008	GB/T 36410.1—2018	JT/T 314—2009
	轨道式集装箱门式起重机	GB/T 19683—2005	JT/T 566—2004	—	GB/T 36410.2—2018	
	电动轮胎式集装箱门式起重机	JT/T 806.1—2011 ~ JT/T 806.4—2011	GB/T 19912—2005	—	JT/T 1323.2—2020	
	港口门座起重机	GB/T 17495—2009	JT/T 400—2016	GB/T 17496—1998	JT/T 1323.1—2020	
	桥式抓斗卸船机	GB/T 26475—2001	GB/T 18224—2008	—	GB/T 36410.3—2018	

续表 6-8

类别	机型	产品	安全规程	修理技术规范	能效标准	能源利用效率标准
港口流动起重机	集装箱正面吊	GB/T 26474—2011	GB/T 17992—2008	—	—	JT/T 1322—2020
	空箱堆高机	GB/T 26945—2011	—	—	—	
	传统轮胎式集装箱门式起重机	GB/T 14783—2009	GB/T 19912—2005	—	—	
港口流动车辆	港口牵引车	JT/T 880—2013	JT/T 1056—2016	—	GB/T 36410.5—2018	—
	自动导引车	JT/T 1377—2021	—	—	—	
	推耙机	JB/T 7306—1994	—	—	—	
	装载机	GB/T 10170—2010	GB 25684.3—2010	—	—	
	自卸车	GB/T 35193—2017	GB 25684.6—2010	—	—	
连续输送机械	螺旋式连续卸船机	JT/T 1044—2016	GB/T 13561.6—2006	—	—	JT/T 1370—2020
	链斗式连续卸船机	JT/T 1072—2016	GB/T 13561.6—2006	—	—	
	散货装船机	JT/T 1073—2016	GB/T 13561.6—2006	JT/T 136—1994	GB/T 36410.4—2018	—
	带式输送机	GB/T 10595—2017	GB 14784—2013	—	—	JT/T 326—2009

6.3.4　通用起重机的能效标准

起重机是港口重要的作业设备，也是港口重要的能耗单元。我国制定了多项通用起重机械能效标准，对起重机械的能效检测进行了规范。这些标准主要以有效能与供给能的比值百分数的形式表示能效，主要有以下标准：

(1)《起重机械用电动机能效测试方法　第 1 部分：YZP 系列变频调速三相异步电动

机》(GB/T 29562.1—2013)

(2)《起重机械用电动机能效测试方法　第2部分:YZR/YZ系列三相异步电动机》(GB/T 29562.2—2013)

(3)《起重机械用电动机能效测试方法　第3部分:锥形转子三相异步电动机》(GB/T 2956.3—2013)

三种电动机的能效测试方法基本相同,只是对输入功率的处理上有所区别。电动机能效试验应在额定负载下待热稳定之后进行。电动机的基准工作制为S3-40%,在1 h内完成6个工作循环,每个工作循环10 min,额定负载运行4 min,每个循环均需测定输入电功率和输出机械功率。用电能表对输入功率进行测量,并进行修正。使用转矩转速传感器和扭矩测量仪对输出转速、转矩进行采样测量,通过计算求得输出功率。最后计算输出功率和输入功率的比值求得能效。

(4)《起重机械用电力驱动起升机构能效测试方法》(GB/T 30222—2013)

通过电度表法或电流电压法测出供给能,进行数据处理后以焦耳为单位,是实际消耗的电能。有效能通过起升机构提升货物到一定高度的做功即起重量与起升高度的乘积来计算,是理论上的有效能,最后有效能除以供给能即得出能效。

(5)《起重机械用电力驱动运行机构能效测试方法》(GB/T 30223—2013)

通过电度表法或电流电压法测出供给能,进行数据处理后以焦耳为单位,是实际消耗的电能。有效能通过运行机构平移货物到一定距离的做功来计算,是理论上的有效能,最后有效能除以供给能即得出能效。该运行机构分为大车运行机构和小车运行机构。

上述标准是对起重机电动机或某个机构的能效测试方法,均采用有效能与供给能之比的方法计算能效,其中,供给能指按测试方法要求完成一个测试工作周期时实际消耗的能量,有效能指按测试方法要求完成一个测试工作周期时理论上消耗的能量。以上标准只是规定了能效检测方法,并没有给出能效限值。

6.3.5　车辆的相关能耗评价标准

我国在港口流动设备方面已经形成了比较全面的标准体系,编制完成了以产品标准、技术条件、试验方法、安全规程等为代表的一批国家或行业标准,但是能耗评价标准仍空缺。港口流动设备能耗评价方式类似于道路运输车辆的能耗评价方式,而面对道路运输燃料消耗量的不断增长,国家在道路运输车辆方面已经制定和正在制定部分相关的能耗标准和能耗评价标准,有效遏制运输燃料消耗量的增长势头。

与道路运输车辆相关的能耗标准和能耗评价标准有:

(1)《道路运输车辆燃料消耗量检测评价方法》(GB/T 18566—2011)

该标准规定了道路运输车辆燃料消耗量的检测评价参数、检测方法、检测工况、检测设备、检测准备、检测程序、检测结果评价等。适用于燃用柴油或汽油、额定总质量大于3500kg的在用营运客车和营运货车。道路运输车辆燃料消耗量检测工况由速度工况和载荷工况构成。能耗检测方法为:通过汽车平稳驶上底盘测功仪,模拟受检汽车道路行驶，按照道路运输车辆燃料消耗量检测工况运行。该标准规定了不同车辆的燃料消耗量限值，当检测的汽车百千米燃料消耗量小于或等于限值，判定该车燃料消耗量为合格；当检测的汽车百千米燃料消耗量大于限值，允许复检两次，一次复检合格，则判定该车燃料消耗量为合格；当检测的汽车百千米燃料消耗量和复检结果均大于限值，判定该车燃料消耗量为不合格。

(2)《汽车节油技术评定方法标准》(GB/T 14951—2007)

该标准规定了在用汽车节油技术的评定指标、试验方法和试验数据处理及评定项目计算，适用于在用汽车各类节油技术使用效果的评定。

汽车节油技术是在降低汽车燃料消耗同时对汽车的其他使用性能无不良影响的技术。标准规定，通过各项对比试验(包括发动机性能台架对比试验、汽车性能道路对比试验、节油添加剂理化性能试验)，对试验数据进行处理，再进行经济性项目评价计算、动力学项目计算和排气污染物净化率计算。其中经济性评价项目包括各种运行模式节油量和节油率计算、汽车多工况节油量和节油率计算、汽车运行百千米节油量和节油率计算。动力性项目包括转矩对比系数、功率对比系数、加速时间对比系数、滑行距离对比系数。排气污染物净化率包括汽车排气污染物净化率、柴油车排气污染烟度净化率计算等。

(3)《公路运输能源消耗统计及分析方法》(GB/T 21393—2008)

该标准规定了营业性公路运输车辆能源消耗统计的车型分类、统计指标、调查方法、指标计算及能源消耗分析等方法。适用于公路运输业对营运性公路运输载客汽车和载货汽车的能源消耗统计及分析。

公路运输能源消耗统计指标包括调查指标和推算指标。其中调查指标包括子类汽车行驶里程和子类汽车百千米燃料消耗量；推算指标包括子类汽车百吨(千人)千米燃料消耗量、燃料消耗量、综合百吨(千人)千米燃料消耗量。

根据标准给定的指标调查方法和指标计算方法，比较不同时期统计的公路运输能耗指标，分析各指标的变化趋势；通过比较不同时期统计的子类与总体、部分与部分的燃料消耗量指标，分析公路运输能源消耗结构及变化趋势；通过比较能源利用指标，分析公路运输的节能潜力；通过比较各种相关因素对千米运输能耗指标的影响程度，分析公路运输用能的合理性；通过对各子类汽车百吨(千人)千米燃料消耗量主要影响因素的分析，利用调查数据，并建立数学模型，即可确定里程利用率和载质(客)量利用率对百吨(千人)千米燃料消耗量的影响程度。

(4)《汽车燃料消耗量试验方法　第1部分：乘用车燃料消耗量试验方法》(GB/T 12545.1—2008)

该标准规定了乘用车的燃料消耗量试验方法。适用于最大设计质量不超过3.5t的M_1和N_1类车辆。标准中车辆燃料消耗量的试验方法，包括《轻型汽车污染物排放限值及测量方法(中国第Ⅲ、Ⅴ阶段)》(GB 18352.3—2005)规定的工况循环燃料消耗量试验、90km/h等速行驶燃料消耗量试验和120km/h等速行驶燃料消耗量试验。对试验结果进行重复性检验，并进行计算，再按照标准状态进行校正，即可得到车辆的燃料消耗量。

(5)《商用车辆燃料消耗量试验方法》(GB/T 12545.2—2001)

该标准规定了 M_2、M_3类和最大总质量大于或等于 2t 的 N 类车辆的燃料消耗量试验方法。标准中车辆燃料消耗量的试验方法,包括等速行驶燃料消耗量试验和多工况循环燃料消耗量试验。对试验结果进行重复性检验,并进行计算,再按照标准状态进行校正,即可得到车辆的燃料消耗量。

(6)《载货汽车运行燃料消耗量》(GB/T 4352—2007)

该标准规定了载货汽车运行条件分类以及运行燃料消耗量的计算方法和修正系数,适用于行驶在公路和城市道路上使用汽油或柴油作为燃料的载货汽车运行燃料消耗量的计算。

按照《商用车辆燃料消耗量试验方法》(GB/T 12545.2—2001)中规定的试验方法,对不同运行模式下的载货汽车进行燃料消耗量试验,对试验结果进行计算,得到不同运行模式下载货汽车基本燃料消耗量及满载燃料消耗量、载货汽车质量变化附加燃料消耗量,将上述计算结果结合载货汽车运行燃料消耗量道路修正系数、气温修正系数、海拔高度修正系数等,即可得到某种运行模式的载货汽车运行燃料消耗量。

(7)《载客汽车运行燃料消耗量》(GB/T 4353—2007)

该标准规定了载客汽车运行条件分类以及运行燃料消耗量的计算方法和修正系数,适用于行驶在公路和城市道路上使用汽油或柴油作为燃料的载客汽车运行燃料消耗量的计算。按照《商用车辆燃料消耗量试验方法》(GB/T 12545.2—2001)中规定的试验方法,进行燃料消耗量的测算。

(8)《重型商用车辆燃料消耗量测量方法》(GB/T 27840—2011)

该标准规定了重型商用车辆燃料消耗量的测量方法,标准适用于最大设计总质量大于 3500 kg 的燃用汽油和柴油的商用车辆。按照 C-WTVC 循环进行测试,即以世界重型商用车辆瞬态循环(WTVC,World Transient Vehicle Cycle)为基础,调整加速度和减速度形成的驾驶循环。该标准给出了碳平衡法、质量法和体积法确定燃油消耗量的计算公式。

(9)《轻型汽车燃料消耗量试验方法》(GB/T 19233—2020)

该标准规定了通过测定汽车二氧化碳、一氧化碳和碳氢化合物排放量,用碳平衡法计算燃料消耗量的试验、计算方法以及生产一致性的检查和判定方法,适用于以点燃式发动机或压燃式发动机为动力,最大设计车速大于或等于 50km/h 的 N_1 类和最大设计总质量不超过 3500kg 的 M_1、M_2 类车辆。最大设计总质量超过 3500kg 的 M_1 类车辆可参照执行。该标准适用于能够用汽油或柴油的车辆,不适用于混合动力电动汽车。

6.3.6 港口设备能效检测和评价标准

对目前的几类港口设备能耗检测、评价方面的标准进行介绍分析。

1.能源利用效率检测方法类标准

(1)《港口电动式起重机能源利用效率检测方法》(JT/T 314—2009)、《港口带式输送机能源利用效率检测方法》(JT/T 326—2009)

这两个标准是对港口电动式起重机和带式输送机的能源利用效率进行检测的方法，供给能通过电能测量仪测得，有效能通过公式计算求得，能源利用效率为有效能与供给能的比值，它提出的能源利用效率是无量纲的百分数，不能直观地反映实际消耗的能耗值，标准中也没有给出能源利用效率的限值。

(2)《港口内燃机驱动起重机能源利用效率检测方法》(JT/T 1370—2020)

该标准规定了内燃机驱动轮胎式集装箱门式起重机、集装箱正面吊运起重机、集装箱空箱堆高机、港口轮胎起重机等机型的能源利用效率检测方法，供给能通过流量计等测得，有效能通过公式计算求得，能源利用效率为有效能与供给能的比值。

另外，交通运输部还组织编写了《港口连续卸船机能源利用效率检测方法》(JT/T 1370—2020)，检测原理基本与上述标准相同。

2. 港口设备能源消耗评价方法类标准

交通运输部水运科学研究院在交通运输部的领导下组织制定了《港口设备能源消耗评价方法》(GB/T 36410—2018)系列标准，对岸边集装箱起重机、轨道式集装箱门式起重机、桥式抓斗卸船机、散货连续装船机、港口牵引车等港口设备的能源消耗检测要求、检测方法和评价方法等进行了规定，这些标准在统一工况下起吊或运载相同载荷，采用单位工作量能耗的表示方法，更加直观地表达能效，可以和统计的数据进行对比，完善了港口设备能效评价标准体系，但是该系列标准为推荐性标准，有效的实施才能促进港口设备能源消耗的评价工作。标准名称如下：

《港口设备能源消耗评价方法　第1部分：岸边集装箱起重机》(GB/T 36410.1—2018)、《港口设备能源消耗评价方法　第2部分：轨道式集装箱门式起重机》(GB/T 36410.2—2018)、《港口设备能源消耗评价方法　第3部分：桥式抓斗卸船机》(GB/T 36410.3—2018)、《港口设备能源消耗评价方法　第4部分：散货连续装船机》(GB/T 36410.4—2018)、《港口设备能源消耗评价方法　第5部分：港口牵引车》(GB/T 36410.5—2018)等。

交通运输部组织制定了《集装箱码头设备能效限值及等级评定　第1部分：集装箱门座起重机》(JT/T 1323.1—2020)、《集装箱码头设备能效限值及等级评定　第2部分：轮胎式集装箱门式起重机》(JT/T 1323.2—2020)，评价方法与GB/T 36410基本相同。

6.4　典型港口设备能效标准实施案例分析

本节根据《港口电动起重机能源利用效率检测方法》等标准进行实际测试案例分析、主要机构能耗检测和影响因素分析。

6.4.1　岸边集装箱起重机主要机构能耗检测

1. 测试工况

为了使测试方法和测试结果具有可比性，规定岸边集装箱起重机的一个完整的作业过程：

(1)提升集装箱；
(2)小车重载运行；
(3)放下集装箱；
(4)提升吊具；
(5)小车空载运行；
(6)下降吊具，使吊具回到起吊的位置。

2. 测试步骤

测试步骤见表 6-9。

表 6-9　岸边集装箱起重机能耗测试步骤

序号	工况	操作	次数
1	重载起升	记录	重复三次
	重载下降	记录	
2	小车重载运行	记录	重复三次
3	空载起升	记录	重复三次
	空载下降	记录	
4	小车空载运行	记录	重复三次

3. 测试线路图

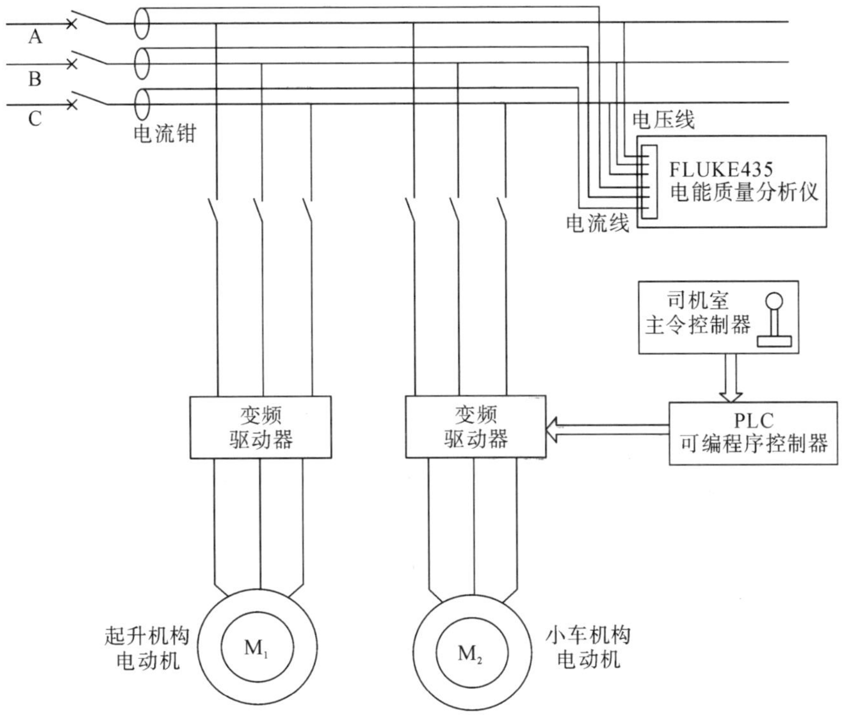

图 6-1　岸边集装箱起重机检测线路图

6.4.2 岸边集装箱起重机能耗影响因素检测

1. 起重量的变化对能耗的影响

典型工况：在地面上固定装卸箱位置，使每次试验小车运行距离相等，保证每次起升高度相等。

测定起重量的变化对能耗的影响程度时，起升速度以额定值运行，小车运行速度以额定值运行。检测时，岸边集装箱起重机运行一个完整的循环。按以下工况进行试验：

将吊具运行至靠近陆侧门腿的跨中第一箱位处→下降至地面→锁定地面上的集装箱→起升至预定高度，记录所消耗电能→小车往前伸距方向运行至预定距离，记录所消耗电能→吊具下降，记录所消耗电能。

将集装箱再起升运行至起始位置计为1次试验。

2. 起升速度的变化对能耗的影响

测定起升速度的变化对能耗的影响程度时，将地面上的集装箱起升至规定位置，然后再下降至地面，起升速度根据挡位控制，分别测定每一挡位起升速度下的电能消耗量，并用测速仪测出每挡的速度值。按以下进行试验：

将小车运行至海陆侧门腿之间→吊具下降至地面，锁定地面上的集装箱→起升至15m高度，记录所消耗电能→吊具下降→将集装箱放置于地面上，记录所消耗电能。

3. 小车运行速度的变化对能耗的影响

测定小车运行速度的变化对能耗的影响程度时，不需测整个工作循环，将小车的运行距离固定，测定小车以不同挡位运行所消耗的电能，并用测速仪测出每挡的速度值。按以下进行试验：

将小车运行至海陆侧门腿之间→吊具下降至地面，锁定地面上的集装箱→起升至预定高度→小车运行至规定起始位置，记录所消耗电能→小车运行至指定距离停止，记录所消耗电能。

4. 大车运行速度的变化对能耗的影响

大车带载运行，将大车运行的距离固定，测定大车以不同挡位运行所规定的距离的能耗，并用测速仪测出每挡的速度值。按以下工况进行试验：

将吊具下降至地面，锁定地面上的集装箱→起升至预定高度→大车运行至规定起始位置→大车运行预定距离停止，记录所消耗电能。

然后可将大车运行至起始位置停止，记录所消耗电能。

5. 数据整理与试验结果分析

将上述4种情况下的数据进行整理，分别绘出起重量-能耗曲线，起升速度-能耗曲线，小车运行速度-能耗曲线，大车运行速度-能耗曲线。

6.4.3 RMG主要机构能耗检测

1. 测试工况

为了使测试方法和测试结果具有可比性，规定轨道式集装箱门式起重机(RMG)的一个完整的作业过程为：

(1)提升集装箱；

(2)小车重载运行；

(3)大车重载运行；

(4)放下集装箱；

(5)提升吊具；

(6)大车空载运行；

(7)小车空载运行；

(8)下降吊具,使吊具回到起吊的位置。

2.测试步骤

测试步骤见表 6-10。

表 6-10 RMG 检测步骤

序号	工况	操作	次数
1	重载起升	记录	重复三次
	重载下降	记录	重复三次
2	小车重载运行	记录	重复三次
3	空载起升	记录	重复三次
	空载下降	记录	
4	小车空载运行	记录	重复三次
5	大车空载运行	记录	重复三次

3.测试线路图

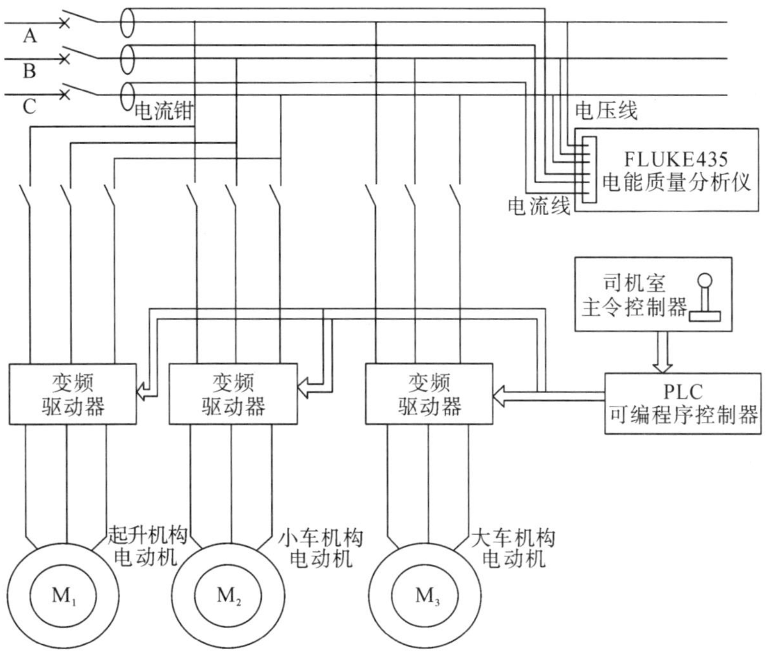

图 6-2 RMG 检测线路图

6.4.4 RMG 能耗影响因素检测

对 RMG 的能耗情况进行检测试验，对起升速度、小车运行速度、大车运行速度的变化对能耗的影响进行试验研究。

测定不同起升速度、小车运行速度、大车运行速度下的电能消耗的试验工况如下：

(1)测定不同起升速度下的能耗

将吊具下降至地面，锁定地面上的集装箱→起升至指定高度，记录所消耗电能→吊具下降→将集装箱放置于地面上，记录所消耗电能。

(2)测定不同小车运行速度下的能耗

将吊具下降至地面，锁定地面上的集装箱→起升至指定高度→小车运行至规定起始位置→小车运行停止，记录所消耗电能。

(3)测定大车运行速度下的能耗

将吊具下降至地面，锁定地面上的集装箱→起升至指定高度→大车运行至规定起始位置→大车运行停止，记录所消耗电能。

7 港口能效评价体系及案例分析

7.1 港口设备能效评价体系现状

目前，对于单一港口设备能效的评价既可以用百分比法来评价港口设备能效大小，也可以用单位工作量能耗法来评价港口设备能效所处水平，均为单要素评价指标。但针对港口整体的设备能效评价尚未形成一套完备的评价体系，无法从整个港口层面对港口设备能效进行整体评价。评价体系的研究分析方法有多种，且相对成熟，可将此方法应用于港口设备能效评价中，构建港口设备能效评价体系，即基于多要素的能效评价体系。常见的评价体系研究方法主要有：

(1)AHP-模糊综合评价，也叫作层次模糊综合评价方法，是将层次分析法与模糊综合评价法相结合的一种评价方法。李志春根据我国港航系统的客观实际建立了完善的节能评价指标体系，应用层次分析法(AHP)确立了评价指标体系的权重，并应用模糊综合评价法对其进行了综合评价。通过实例研究，认为该方法在一定程度上减小了主观因素对评价的影响。卢志刚应用了层次分析法和综合模糊评估，针对火电厂的节能评估指标体系进行量化计算，并以300MW燃煤火电动机组为例确定评估模型，进行了仿真分析，从而更为科学地评估了电厂的节能效果。

(2)数据包络分析法(DEA)。宋马林应用了超效率数据包模型，探讨了社会协同地区的节能评价模式，把节能所包含的系统看成一个个单元在一定可能的范围内通过一定数量的投入而产出一定数量的“产品”的活动。使用DEA多种模型中的扩展DEA模型-超效率的评价模型，对国内各地区节能投入产出的效率作了评价。

(3)粗糙集理论方法(Rough)。程瑞设计了一种基于粗糙集和Shannon熵理论的节能效果评价建模方法。粗糙集理论是国际上新兴的处理不确定性问题的工具。首先建立一个基于粗糙集理论的节能效果综合评价模型，然后运用Shannon的信息熵对数据进行了分析，得出了指标的权重。应用粗糙集理论中的多目标决策方法给出各省节能效果的排名。由此改进了传统的以单位GDP能耗为唯一评价指标的节能效果评价方法。

(4)其他方法。李亮提出了把节能和减排两大任务并入一个系统内进行效用分析和评价，构建了包含COD、SO_2和单位GDP能耗三个子系统的节能系统，给出了节能系统的综合效用模型，提出了一种针对整个节能系统的综合评价考核办法。张尊华应用了因子分析法评价了船舶类企业节能评价指标体系。宋马林基于7E理念，通过分析如何建立节能评价体系、监测体系和考核体系，构建了基于三维组合模型的评价体系、基于

SDSS的监测体系和基于BP Neural Network的考核体系基础上的节能协同体系递进闭合系统。郭英玲提出了一种面向节能的简式生命周期评价方法，在全生命周期评价方法的基础上，减小了研究范围和简化了影响评价方法，针对节能环保措施的目标建立评价指标体系，对污染物排放和资源消耗的影响进行评价。

综上所述，港口设备能效评价体系尚不完备，需要结合评价体系研究方法进行构建和完善。本书将探讨从不同角度建立评价指标体系。

7.2 港口设备节能综合评价指标体系

港口设备节能综合评价指标体系的设计是在确定评价目的和范围的基础上，根据行业和组织特点，确立评价指标的选择原则，并在此原则框架下，通过采取一定的方法进行指标逐层筛选分析之后确定的。本节重点阐述港口设备节能综合评价指标体系的构建，并通过能耗等级指标的确定提出能耗水平评价的基准。

7.2.1 节能综合评价指标体系构建原则和依据

节能综合评价指标体系研究的关键在于如何选取能耗指标以全面反映港口设备能耗的情况、如何确定各港口设备能耗指标的权重以建立有机的综合评价指标体系。在研究分析港口设备主要影响因素的基础上，建立一个由多个分项指标(单要素指标)组成的综合指标体系。在实际应用中可以采用指标组合的形式来表示港口设备节能评价指标。

评价体系是由若干个具有相互作用的要素构成的复合体，是整体与部分的统一，具有各个构成要素所没有的新的性质和功能。体系结构决定了系统功能，因此，相同要素的不同结构会有不同的功能和评价导向效果。为了使所建立的评价指标体系能够综合反映具体港口设备节能评价水平的各个方面，保证指标的选取合理、结构清晰、具有优越性，节能评价指标体系构建应遵循以下原则：

(1)科学性和独立性原则

评价技术指标体系是否科学，取决于其应用的理论和方法的科学性，主要是指在评价指标的选取过程中，需要运用一定的统计学指标筛选方法对指标的重要性进行判定，对"价值"相等的指标进行剔除，最后选取最能代表港口节能减排水平的指标。另外，在指标权重的确定上面，要运用科学的方法对指标权重进行确定，使之能够代表真实的客观情况。此外，各指标应该相对独立，减少指标间的重复现象。选择指标时应尽量避免各指标间相互影响的现象，降低指标间的相关性。评价一项特定的内容和对象，应尽量选择最能反映该项内容或对象特点、又不受其他指标影响而相对独立的单一指标。

节能综合评价指标体系应当充分反映和体现绿色港口发展的内涵和要求；评价指标的选取应遵循系统论、控制论和信息论的科学方法论；评价指标应定义准确，易于理解，且要数据真实，来源可靠；研究确定的评价指标及其评价标准值应合理、可行，在满足国家、行业总体要求的前提下,不宜过于超前和脱离实际,应能得到行业主管部门及港口企业的共同认可,便于交通运输部主管部门综合评价,便于港口企业有效贯彻落实。

(2)系统性和层次性原则

在评价体系的建立过程中,还应把港口节能减排系统作为一个整体系统,整体的顶层就是港口节能减排的效益,然后一层一层地将影响和反映港口节能减排水平的指标因素体现出来,最后建立涵盖所有重要影响因素的完整评价指标体系。构建港口能效评价体系时,应从系统性角度出发,把一系列与港口能效相关的指标有机地联系起来,既要注意指标体系的层次性,也要注意同级指标的互斥性,避免指标的重复与遗漏。

(3)可操作性和定量化原则

设计的指标体系一方面为行业主管理部门制定、调整和实施相关政策提供支持,另一方面,应服务于港口企业的日常生产,使企业能够运用评价指标体系来判断、选择和调整自身的生产经营方式,从而有助于企业向绿色低碳方向发展。

确定的评价指标一是应便于和过去的历史情况进行对比,以说明工作成效;二是便于在不同港口之间进行横向对比,为评优工作提供依据;三是尽可能采用国际上通用的名称、概念与计算方法,便于和其他国家相比较。

影响港口设备节能减排技术指标的因素很多,因此衡量节能减排的指标也比较多,包括起重量、速度、运行距离等,可以通过检测及计算给出具体数值,进行定量分析。在节能减排评价技术体系中,尽量选择量化指标,对于难以量化的指标合理确定其评价标准,以减少人为的主观评价误差。在构建评价指标体系过程中,应充分考虑评价指标的数据检测及计算的可操作性,尽量选取可检测和容易处理的评价指标。

(4)导向性和开放性原则

评价指标体系的设计以节能为主线,同时还兼顾机构制度、员工管理、设备管理、产品生产和节能新技术研发及应用等系统各要素协同发展的思路,构建指标体系设计的框架。评价指标体系中各指标的内容、级别以及各自的权重,可以反映出系统节能工作的导向性。级别较高、权重较大的指标,往往是节能工作的重点。在既定的节能目标规划下,这些权重可以不断改变,以调整节能工作的重心,以引导节能未来发展方向。指标体系的设计应充分体现耗能系统节能水平,对节能技术推广起到促进作用,促进行业发展。

评价指标和评价方法是港口设备节能综合评价指标体系的核心内容,在确定评价指标和评价方法过程中,应深入了解港口相关的最新技术、法规、标准,运用层次分析法对节能的影响因素进行深入分析,并对港口节能技术现状进行广泛的调研和专家咨询。在上述工作基础上确定节能评价指标和评价方法,指标体系能较好地度量节能水平。设计的指标灵敏度高,综合功能强,既有持续性指标、协调性指标,监测预警指标的功能,同时能促进耗能系统管理,指标的选择具有综合性、代表性、层次性、合理性和现实性。

(5)统筹兼顾与区别对待原则

港口行业是一个整体,具有较大的共性和相似性,因此,应提出适用于港口行业的共性评价指标，不同类型（区别在于功能、规模、货类等）的港口、码头之间在能源结构方面存在差异，导致部分评价指标标准值不同，为确保评价指标体系的科学性和合理性，必须做到统筹兼顾和区别对待，确定适当的评价指标及标准值。

节能评价指标体系构建的依据主要是国家和交通运输部围绕节能减排工作制定的大量的法规和标准规范。节能评价指标体系对港口企业的节能减排工作提出了具体要求，是指导节能减排工作的基础，也是建立节能评价指标体系的依据。与港口节能减排相关的文件、法规、标准和规范，见附录 1。

7.2.2 评价方法

随着计算机技术飞速发展和普遍应用，用于定量评价多指标问题的多指标综合评价法被广泛应用到经济、生活的各个方面，特别是 SAS、SPSS 等统计软件的使用更加提高综合评价法的实用性。目前用于分析多指标体系的综合评价方法主要有层次分析法、德尔菲法、主成分分析法、数据包络分析法、模糊综合评价法和因子分析法等，不同方法的评价结果是依据指数或分值对参评对象的综合状况进行排序评价。在港口设备能耗评价方法及标准的典型工况法权重分析中使用了德尔菲法，本节以层次分析法为例展开说明。

（1）基本原理

层次分析法（Analytic Hierarchy Process），是指将与决策相关的元素分解成目标、准则、方案等层次，在此基础之上进行定性和定量分析的决策方法。该方法是美国运筹学家匹茨堡大学教授萨蒂于 20 世纪 70 年代初，在为美国国防部研究“根据各个工业部门对国家福利的贡献大小而进行电力分配”课题时，应用网络系统理论和多目标综合评价方法，提出的一种层次权重决策分析方法。该方法将决策问题按总目标、各层子目标、评价准则直至具体的方案的顺序分解为不同的层次结构，然后用求解判断矩阵特征向量的办法，求得每一层次的各元素对上一层次某元素的优先权重，最后再用加权求和的方法递阶归并各备择方案对总目标的最终权重，此最终权重最大者即为最优方案。本研究主要利用层次分析法确定指标的权重。

（2）具体步骤

①层次结构模型的建立

将决策的目标、考虑的因素（决策准则）和决策对象按它们之间的相互关系分为目标层、准则层和方案层，绘出层次结构图（图 7-1）。目标层是指决策的目的、要解决的问题，方案层是指决策时的备选方案，准则层是指考虑的因素、决策的准则。对于相邻的两层，称高层为目标层，低层为因素层。

②判断矩阵构建

构建层次分析的第二个重要步骤是通过专家打分确定权重。在确定各层次之间的权重时，如果把所有指标放在一起打分，则主观影响因素大，不易被别人接受。为了提高权重的准确性，通常采用两两比较的方法来确定权重，即萨帝标注法。假如某层有 n 个

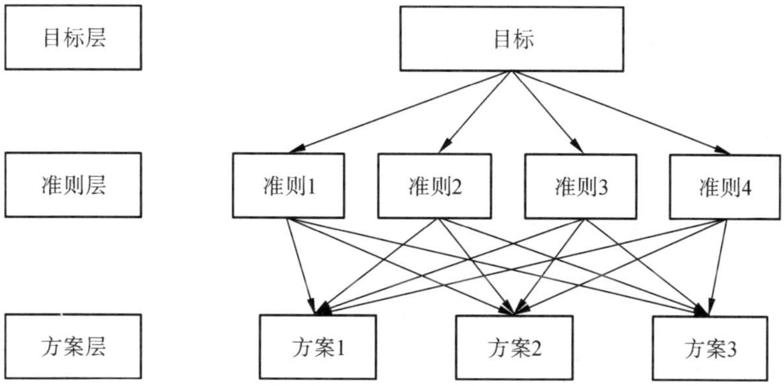

图 7-1　层次结构模型

指标，我们要知道各指标之间的重要程度，可以用两两因素比较得来的分数来代表它们之间重要程度参照度量表。

a_{ij} 为要素 i 与要素 j 重要性比较结果，如表 7-1 所示。该判断矩阵具有如下性质：

$$a_{ij}>0, a_{ij}=\frac{1}{a_{ji}}, a_{ii}=1 \tag{7-1}$$

表 7-1　比例标度表

因素 i 比因素 j	量化值
同等重要	1
稍微重要	3
较强重要	5
强烈重要	7
极端重要	9
相邻判断的中间值	2,4,6,8

③层次单排序及一致性检验

层次单排序主要是为了确定下层的因素对上层某个因素的影响程度，由于专家确定重要性具有一定的主观性，要对构建的判别矩阵进行一致性检验。

a. 对判断矩阵的每一列进行归一化处理：

$$\overline{\partial}_{ij}=\partial_{ij}/\sum_{i=1}^{n}\partial_{ij}\qquad(i=1,2,\cdots,n) \tag{7-2}$$

b. 对按列归一化的矩阵进行求和：

$$\overline{\varpi}_i=\sum_{i=1}^{n}\partial_{ij}\qquad(i=1,2,\cdots,n) \tag{7-3}$$

c. 将 $w_i=(\overline{\varpi}_1,\overline{\varpi}_2,\cdots,\overline{\varpi}_n)$ 向量归一化：

$$w_i=\overline{\varpi}_i/\sum_{i=1}^{n}\overline{\varpi}_i\qquad(i=1,2,\cdots,n) \tag{7-4}$$

d. 计算最大特征值：

$$\lambda_{\max} = \sum_{i=1}^{n}(AW)_i/nw_i = \frac{1}{n}\sum_{i=1}^{n}(\sum_{j=1}^{n}\partial_{ij}w_i/w_i) \qquad (i=1,2,\cdots,n) \tag{7-5}$$

为了验证专家打分权重的合理性，可以通过一致性检验来判断。一致性检验是通过判断构造矩阵和一致性矩阵的差异程度，判断矩阵各指标相对权重的合理性与否。其合理性通过对一致性指标 CI 来判断，CI 的计算可以通过 $\lambda_{\max}$ 和 n 的计算结果得出：

$$CI=(\lambda_{\max}-n)/(n-1) \tag{7-6}$$

$\lambda_{\max}$ 是最大特征向量，n 是判断矩阵的阶数。CI 的值越大，一致性越差；CI 的值越小，一致性越好，矩阵设置越合理。评价随机一致性指标为 RI，判断矩阵的一致性系数为 CR，$CR=CI/RI$，其中，RI 可以查表得出，$n=1,2,\cdots,9$ 的 RI 值如表 7-2 所示：

表 7-2　维数及相应的 *RI* 值

维数	1	2	3	4	5	6	7	8	9
RI	0	0	0.58	0.92	1.12	1.12	1.32	1.41	1.45

当 $n\geqslant 3$ 时，若 $CR<0.1$，则表示判断矩阵符合合理性，通过检验；反之，则不通过，需要对判断矩阵进行修改。

④层次总排序及一致性检验

确定某层所有因素对于总目标相对重要性的排序权值过程，称为层次总排序。这一过程是从最高层到最底层依次进行的。对于最高层而言，其层次单排序的结果也就是总排序的结果。

目前，层次分析法可使用专用软件程序直接计算分析。

7.2.3　港口设备节能综合评价指标体系

评价指标是评价指标体系的重要元素，评价指标的选取是构建评价指标体系的首要环节。指标选取是否科学、全面对于整个评价指标体系的科学性和合理性具有决定性的作用。

(1)评价指标的范围

节能评价涉及两个基本要素：管理评价、技术评价。管理评价指的是对组织在能源管理中所推行的管理制度和措施进行评价，一般可参考相关管理标准的规定；节能技术评价则指建立真实客观反映企业能效水平的一套评价指标体系以及与之相关的一套评价基准数据。

(2)指标的筛选

指标的筛选一般采取德尔菲法(专家咨询法)。专家咨询法是专家会议评估法的一种发展，其核心是通过匿名方式进行几轮咨询征求专家意见。对每一轮的意见都进行汇总整理，作为参考资料再寄发给每位专家，供专家们分析判断，提出新的论证意见。多次反复到意见趋于一致，最后得到一个比较一致的且可靠性较大的结论。

(3)节能评价技术指标体系构建

采用层次分析法构建港口设备节能评价技术指标体系。

本书基于港口设备节能相关影响因素分析和评价指标体系构建原则，根据典型机型的实地检测结果，结合港口企业节能减排工作实际，提出港口设备节能评价指标，见表 7-3。

表 7-3　港口设备节能评价指标体系

一级	二级	三级评价指标
节能管理	组织及制度	节能专项机构制度、计划及落实考评
		能源管理体系认证
		实施能耗审计
		能耗统计和监测制度
		依法配备能耗计量器具、定期检定校准
		建立班组操作人员节能考核制度
	节能计划和培训	节能淘汰、改进计划
		节能宣传及节能技术培训
	能源消费结构	应用电动、LNG 等清洁能源和新能源比例
		优化作业错峰消费电力
	节能法规和标准	贯彻执行相关法律法规及地方性规章
		执行高能耗产品能耗限额标准
		新、改、扩建项目按节能设计
节能技术应用	清洁能源新能源应用	燃油设备“油改电”情况
		燃油设备 LNG 应用情况
		燃油设备“油改氢”应用情况
	新技术应用情况	能量回馈应用
		永磁电机应用
		变频或直流驱动技术应用
		利用节能新技术程度
	能源监测和能效评价	能耗在线监测系统建设情况
		能效评估和评价情况
能耗效果评价	码头总体能耗	码头单位吞吐量可比综合能源消耗
	设备主要工作能耗	单位操作量能耗
	能源利用情况	能源利用效率
	辅助工作能耗	必要的空载运行能耗
		检测维护能耗
		其他辅助工作能耗

表 7-3 表明了港口设备节能评价指标体系的层次结构，在评价体系应用时还需要确定各层次相对权重，即相对重要性标度。设某层有 N 个影响因素要比较它们对上一层某一准则或者目标的影响程度，确定在该层中相对某一准则所占的比重。上述比较式两两因素之间进行的比较，用 a_{ij} 表示第 i 个因素对第 j 个因素的比较结果，则两两比较矩阵：

$$\mathbf{A}=(\boldsymbol{a}_{ij})_{n\times n}=\begin{pmatrix} a_{11} & a_{12} & \cdots & a_{1n} \\ a_{21} & a_{22} & \cdots & a_{2n} \\ \cdots & \cdots & & \cdots \\ a_{n1} & a_{n2} & \cdots & a_{nn} \end{pmatrix}$$

层次总排序一致性验证 $CR=0.005<0.1$，一致性验证通过。验证结果表明判断矩阵具有满意的一致性，最大特征值稍大于矩阵阶数，其余特征值接近零，港口设备节能评价指标体系构建合理可靠。

从表 7-3 可以看出，对港口设备进行节能综合评价，在定量指标方面主要是考察港口设备作业过程的能耗水平，这就需要对港口设备进行能耗检测及能耗分析评价，制定能耗限值等指标标准。

7.3　港口设备能效评价指标体系

港口设备能效评价指标体系是以港口设备的能效等级为指标建立的评价体系，主要基于港口主要耗能设备的能效检测，是从港口设备角度对港口能效的综合反映。港口设备能效评价指标体系的建立不仅能实现港口企业对港口设备能效系统全面地了解和合理高效地管理，促进港口进一步降耗提效、高质量发展，同时也能在一定程度上对绿色港口评价体系进行必要的补充，从港口设备能效角度推进绿色港口建设。鉴于不同码头类型，港口设备不同，港口设备能效评价指标也不同，集装箱码头的港口设备相对统一，且港口设备能效检测标准相对较成熟，因此，本节以集装箱码头为例，开展集装箱码头港口设备能效评价指标体系研究，以期为其他类型港口设备能效评价指标体系研究的开展奠定基础。

7.3.1　评价体系和评价指标

评价指标是评价体系的重要元素，评价指标选取是否科学合理，关系到整个评价体系的科学性和合理性。在构建评价指标体系时，一定要注重系统性，评价指标的选取应全面反映港口设备现有能效水平。本研究建立的港口设备能效评价体系注重对港口设备能效的评价，因此，把港口设备能效评价作为总的目标层；港口设备为评价的对象，作为准则层；鉴于港口设备类型多样，能耗情况不同，采用德尔菲法确定主要的港口设备，并将港口设备的平均能效作为指标层。以集装箱码头为例，集装箱码头港口设备评价指标如表 7-4 所示。

表 7-4 集装箱码头港口设备能效评价体系

目标层	准则层	序号	指标层
港口设备能效评价	港口设备	1	岸边集装箱起重机能效
		2	轨道式/轮胎式集装箱门式起重机能效
		3	港口牵引车能效
		4	空箱堆高机能效
		5	集装箱正面吊能效

7.3.2 权重确定

权重的确定首先根据典型码头的主要设备的能耗情况，计算相应比例，得出各个设备的能耗比例范围，然后采用层次分析法确定权重数值。

在评价体系中，不同的指标对于整个体系的重要程度不同，即指标的权重不同。为确定本指标体系中不同指标的权重，采用层次分析法，通过指标判断矩阵的构建、单层次排序和一致性检验、总层次排序和一致性检验，最终确定指标权重。以集装箱码头为例，港口能效指标体系评价的满分为 100 分，经核算，考核指标体系中评价项目、评价指标层的分值及权重见表 7-5。

表 7-5 集装箱码头港口设备能效评价指标体系分值表

总目标	评价项目	序号	评价指标	分值	权重
港口设备能效评价	港口设备	1	岸边集装箱起重机能效	22	0.22
		2	轨道式/轮胎式集装箱门式起重机能效	27	0.27
		3	港口牵引车能效	36	0.36
		4	空箱堆高机能效	8	0.08
		5	集装箱正面吊能效	7	0.07

7.3.3 评价指标释义、内容和标准

港口设备能效等级既可以采用综合能效等级方法，通过确定百分比能效法和单位工作量能耗法的权重系数 k_1 和 k_2，来核算确定港口设备的能效等级，也可以采用现有能效检测相关标准中的能效等级确认方法来确定港口设备的能效等级。鉴于现有港口设备的百分比能效法测港口设备能效的等级方法尚不完善，能效等级方法相对复杂，为便于计算与评价，本文采用现有港口设备能效检测相关标准来确定港口设备能效等级，开展港口能效评价体系研究，具体的评价指标情况如下。

7.3.3.1 岸边集装箱起重机能效

【指标释义】 指岸边集装箱起重机的单位能源消耗。

【考核内容】 岸边集装箱起重机的能效等级及单位能耗限值。

岸边集装箱起重机单位能耗值位于能效等级为1的单位能耗值范围时，得22分；岸边集装箱起重机单位能耗值位于能效等级为2的单位能耗值范围时，得18分；岸边集装箱起重机单位能耗值位于能效等级为3的单位能耗值范围时，得14分。根据检测结果确定能效等级，岸边集装箱起重机能效等级及单位能耗限值如表7-6。

表7-6　岸边集装箱起重机能效等级及能耗限值

起升高度	能效等级	单位能耗 e /(kW·h/t)		
		$G^a<50$	$50\leqslant G^a<65$	$G^a\geqslant 65$
$H<40$	1	$e\leqslant 0.181$	$e\leqslant 0.192$	—
	2	$0.181<e\leqslant 0.223$	$0.192<e\leqslant 0.236$	—
	3	$e>0.223$	$e>0.236$	—
$40\leqslant H<50$	1	$e\leqslant 0.188$	$e\leqslant 0.198$	$e\leqslant 0.219$
	2	$0.188<e\leqslant 0.235$	$0.198<e\leqslant 0.240$	$0.219<e\leqslant 0.270$
	3	$e>0.235$	$e>0.240$	$e>0.270$
$50\leqslant H<60$	1	$e\leqslant 0.192$	$e\leqslant 0.205$	$e\leqslant 0.233$
	2	$0.192<e\leqslant 0.236$	$0.205<e\leqslant 0.242$	$0.233<e\leqslant 0.277$
	3	$e>0.236$	$e>0.242$	$e>0.277$
$H\geqslant 60$	1	—	$e\leqslant 0.212$	$e\leqslant 0.239$
	2	—	$0.212<e\leqslant 0.253$	$0.239<e\leqslant 0.280$
	3	—	$e>0.253$	$e>0.280$

注：[a]表示 G 为吊具下起重量，单位为吨(t)。

7.3.3.2　轨道式/轮胎式集装箱门式起重机能效

【指标释义】 指轨道式/轮胎式集装箱门式起重机的单位能源消耗。

【考核内容】 轨道式/轮胎式集装箱门式起重机能效等级及单位能耗限值。

轨道式/轮胎式集装箱门式起重机单位能耗值位于能效等级为1的单位能耗值范围时，得27分；轨道式/轮胎式集装箱门式起重机单位能耗值位于能效等级为2的单位能耗值范围时，得22分；轨道式/轮胎式集装箱门式起重机单位能耗值位于能效等级为3的单位能耗值范围时，得17分。根据检测结果确定能效等级，轨道式/轮胎式集装箱门式起重机能效等级及单位能耗限值范围如表7-7和表7-8所示。

表 7-7　轨道式集装箱门式起重机能效等级及能耗限值

堆码高度	能效等级	单位能耗 e/(kW·h/t)		
		$G^a \leqslant 41$	$41 < G^a < 50$	$G^a \geqslant 50$
堆 4 过 5 及以上	1	$e \leqslant 0.157$	$e \leqslant 0.171$	$e \leqslant 0.178$
	2	$0.157 < e \leqslant 0.202$	$0.171 < e \leqslant 0.212$	$0.178 < e \leqslant 0.219$
	3	$e > 0.202$	$e > 0.212$	$e > 0.219$
堆 5 过 6	1	$e \leqslant 0.171$	$e \leqslant 0.178$	$e \leqslant 0.181$
	2	$0.188 < e \leqslant 0.212$	$0.178 < e \leqslant 0.219$	$0.181 < e \leqslant 0.226$
	3	$e > 0.212$	$e > 0.219$	$e > 0.226$
堆 6 过 7 及以上	1	$e \leqslant 0.174$	$e \leqslant 0.181$	$e \leqslant 0.192$
	2	$0.174 < e \leqslant 0.215$	$0.181 < e \leqslant 0.226$	$0.192 < e \leqslant 0.236$
	3	$e > 0.215$	$e > 0.226$	$e > 0.236$

注：[a]表示 G 为吊具下起重量，单位为吨(t)。

表 7-8　轮胎式集装箱门式起重机能效等级及能耗限值

轨距 S/m	结构形式	能效等级	单位能耗 e/(kW·h/t)	
			$G < 40$	$40 \leqslant G \leqslant 41$
23.47	堆 4 过 5 及以下	1	$e \leqslant 0.137$	$e \leqslant 0.144$
		2	$0.137 < e \leqslant 0.198$	$0.144 < e \leqslant 0.201$
		3	$e > 0.198$	$e > 0.201$
	堆 5 过 6 及以上	1	—	$e \leqslant 0.147$
		2	—	$0.147 < e \leqslant 0.205$
		3	—	$e > 0.205$

7.3.3.3　港口牵引车能效

【指标释义】　指集装箱码头港口牵引车的单位能源消耗。

【考核内容】　集装箱码头港口牵引车能效及单位油耗限值。

港口牵引车单位油耗值位于能效等级为 1 的单位油耗值范围时，得 36 分；港口牵引车单位油耗值位于能效等级为 2 的单位油耗值范围时，得 30 分；港口牵引车单位油耗值位于能效等级为 3 的单位油耗值范围时，得 24 分。根据检测结果确定能效等级，港口牵引车能效等级及单位能耗限值范围如表 7-9 所示。

表 7-9　港口牵引车能效等级及能耗限值

能效等级	单位油耗 e/[L/(t·km)]
1	$e \leqslant 0.0102$
2	$0.0102 < e \leqslant 0.0140$
3	$e > 0.0140$

7.3.3.4　空箱堆高机能效

【指标释义】 指集装箱码头空箱堆高机的单位能源消耗。

【考核内容】 集装箱码头空箱堆高机能效及单位能耗限值。

空箱堆高机单位能耗值位于能效等级为 1 的单位能耗值范围时，得 8 分；空箱堆高机单位能耗值位于能效等级为 2 的单位能耗值范围时，得 5 分；空箱堆高机单位能耗值位于能效等级为 3 的单位能耗值范围时，得 2 分。空箱堆高机的能效等级及能耗限值标准待发布后参考。

7.3.3.5　集装箱正面吊能效

【指标释义】 指集装箱码头集装箱正面吊的单位能源消耗。

【考核内容】 集装箱码头集装箱正面吊能效及单位能耗限值。

集装箱正面吊单位能耗值位于能效等级为 1 的单位能耗值范围时，得 7 分；集装箱正面吊单位能耗值位于能效等级为 2 的单位能耗值范围时，得 4 分；集装箱正面吊单位能耗值位于能效等级为 3 的单位能耗值范围时，不得分。集装箱正面吊的能效等级及能耗限值标准待发布后参考。

7.3.3.6　港口设备能效评价级别

基于港口设备能效评价体系中的各评价指标分值，加和各评价指标分数，可获得综合指标分数，并可据此将港口设备能效评价等级分为五个等级。

(1)等级 1:90<综合指标分数≤100，港口设备能效水平高。港口可继续应用港口设备，保持此港口设备能效水平。

(2)等级 2:75<综合指标分数≤90，港口设备能效水平较高。港口可适度加强港口设备能效管理，改善生产能效，提高生产能力。

(3)等级 3:60<综合指标分数≤75，港口设备能效水平一般。港口需要有针对性地查找能效较低的港口设备，加强对港口设备能效管理，改善生产能效，提高生产能力。

(4)等级 4:50<综合指标分数≤60，港口设备能效水平较差。港口需要系统全面地梳理港口主要耗能设备能效情况，并替换能效较低的港口设备，采用能效水平较高的港口设备。

(5)等级 5:综合指标分数≤50，港口设备能效水平非常差；港口需大幅减少生产，替换所有能效水平较低的港口设备，加强对港口设备的能效管理。

7.4 港口设备能效评价体系案例分析

7.4.1 评价对象

本节选取我国某典型集装箱码头作为评价对象，该码头主要港口设备情况如下：岸边集装箱起重机 27 台；轮胎式集装箱门式起重机(RTG 和 E-RTG)70 台，其中，62 台为电动或油电混合动力，7 台为纯柴油动力；内集装箱卡车有 190 台，其中，65 台实现“油改气”，56 台油气混合动力；空箱堆高机、正面吊、叉车和其他机械 100 台。

7.4.2 评价过程

该集装箱码头设备数量较多，研究过程中首先统计了该码头近 5 年的港口设备能耗，将占港口设备总能耗 95%的港口设备作为评价对象，并进行分类：岸边集装箱起重机、轮胎式/轨道式集装箱门式起重机、集装箱卡车、空箱堆高机、集装箱正面吊；其次，通过统计分析，对同一类型的港口设备的单位能耗统计数据进行分析，对单位能耗相近的设备，随机选择 1～3 台进行能效检测，并对其进行能效等级评定；再次，基于检测结果，对该类型的港口设备的平均能效等级进行核算；最后，根据每种类型的港口设备的能效值和能效等级给予该类型港口设备的评分，并加权各港口设备评分，给予港口设备能效综合评价结果。

7.4.3 评价结果

港口设备能效评价既可以应用于港口设备能效评价体系，评价港口整体设备能效水平，也可以作为绿色港口评价体系的一部分，评价绿色港口建设水平。基于此，典型港口的能效评价体系评价结果如下：

通过对港口设备能效评价指标中各指标内容的数据收集、材料审核、实地调研、现场测试等，获得港口设备能耗评价结果，如表 7-10 所示。该码头的综合评价结果为 88 分，港口设备能效等级为 2 级，说明该码头的港口设备能效水平较高。港口可适度加强港口设备能效管理，改善生产能效，提高生产能力。但同时也应实时监测港口设备能效情况，以便及时更新港口设备能耗，使港口设备始终保持高能效运行状态。

表 7-10　港口设备能耗评价结果

总目标	评价项目	评价指标	指标内容及标准	得分
集装箱码头港口设备能效评价	港口设备	岸边集装箱起重机	岸边集装箱起重机单位能耗值位于能效等级为 1 的单位能耗值范围时，得 22 分；岸边集装箱起重机单位能耗值位于能效等级为 2 的单位能耗值范围时，得 18 分；岸边集装箱起重机单位能耗值位于能效等级为 3 的单位能耗值范围时，得 14 分	22
		轨道式/轮胎式集装箱门式起重机	轨道式/轮胎式集装箱门式起重机单位能耗值位于能效等级为 1 的单位能耗值范围时，得 27 分；轨道式/轮胎式集装箱门式起重机单位能耗值位于能效等级为 2 的单位能耗值范围时，得 22 分；轨道式/轮胎式集装箱门式起重机单位能耗值位于能效等级为 3 的单位能耗值范围时，得 17 分	27
		港口牵引车	港口牵引车单位油耗值位于能效等级为 1 的单位油耗值范围时，得 36 分；港口牵引车单位油耗值位于能效等级为 2 的单位油耗值范围时，得 30 分；港口牵引车单位油耗值位于能效等级为 3 的单位油耗值范围时，得 24 分	30
		空箱堆高机	空箱堆高机单位能耗值位于能效等级为 1 的单位能耗值范围时，得 8 分；空箱堆高机单位能耗值位于能效等级为 2 的单位能耗值范围时，得 5 分；空箱堆高机单位能耗值位于能效等级为 3 的单位能耗值范围时，得 2 分。空箱堆高机的能效等级及能耗限值标准待发布后参考	5
		集装箱正面吊	集装箱正面吊单位能耗值位于能效等级为 1 的单位能耗值范围时，得 7 分；集装箱正面吊单位能耗值位于能效等级为 2 的单位能耗值范围时，得 4 分；集装箱正面吊单位能耗值位于能效等级为 3 的单位能耗值范围时，不得分	4
综合评分				88

8 港口设备能效评级及认证路径

认证是一种信用保证形式。按照国际标准化组织(ISO)和国际电工委员会(IEC)的定义,认证是指由国家认可的认证机构证明一个组织的产品、服务、管理体系符合相关标准、技术规范或其强制性要求的合格评定活动。《中华人民共和国认证认可条例》(国务院令 2016 年第 666 号修正)所定义的认证,是指由认证机构证明产品、服务、管理体系符合相关技术规范、相关技术规范的强制性要求或者标准的合格评定活动。

通常认证可分为体系认证和产品认证两大类。体系认证是指企业通过第三方机构对企业的管理体系进行认证的行为,体系认证通常是自愿认证,如 ISO9001 质量体系认证。产品认证是指由第三方通过检验评定企业的质量管理体系和样品形式试验来确认企业的产品、过程或服务是否符合特定要求,是否具备持续稳定地生产符合标准要求产品的能力,并给予书面证明的程序。产品认证分为强制认证和自愿认证两种,如 CCC 国家强制性认证和 CE 欧盟安全认证。

无论强制认证还是自愿认证,体系和产品认证可以实现以下功能:指导消费者选购满意的商品;给销售者带来信誉和更多的利润;帮助生产企业建立健全有效的质量体系;节约大量检验费用;国家可以将推行产品认证制度作为提高产品质量的重要手段;实行强制性的安全认证制度是国家保护消费者人身安全和健康的有效手段;提高产品在国际市场上的竞争能力。

8.1 能效等级认证现状

8.1.1 国内节能产品能效等级认证现状

《节约能源法》第二十条规定:用能产品的生产者、销售者,可以根据自愿原则,按照国家有关节能产品认证的规定,向经国务院认证认可监督管理部门认可的从事节能产品认证的机构提出节能产品认证申请;经认证合格后,取得节能产品认证证书,可以在用能产品或者其包装物上使用节能产品认证标志。禁止使用伪造的节能产品认证标志或者冒用节能产品认证标志。《节约能源法》为开展节能产品认证奠定了法律基础。

节能产品认证,是指依据国家相关的节能产品认证标准和技术要求,按照国际上通行的产品质量认证规定与程序,经中国节能产品认证机构确认并通过颁布认证证书和节能标志,证明某一产品符合相应标准和节能要求的活动。1998 年《节约能源法》颁布后,成立了中国节能产品认证中心,作为国家对节能产品实施认证的、唯一的、最高的权威机构。中心挂靠于原国家质量技术监督局中国标准化研究院下，属于第三方认证机构，具有独立的法律地位。2004 年 8 月，国家发展改革委、国家质检总局联合制定并发布《能源效率标识管理办法》，标志着我国开始实施能源效率标识制度。该办法规定从 2005 年 9 月 1 日起，凡列入《中华人民共和国实行能源效率标识的产品目录》的产品都必须张贴能效标识。目前全球已有 100 多个国家实施了能效标识制度。

能源效率标识简称能效标识(英文名称为 China Energy Label)，是附在产品或产品最小包装物上的一种信息标签，用于表示用能产品的能源效率等级、能源消耗量等性能指标的一种信息标识，为各级政府、企业和个人的购买决策提供必要信息，以引导和帮助消费者选择高能效的产品，倡导节能概念。2004 年 12 月，财政部和国家发展改革委联合发出《节能产品政府采购实施意见》，加速了节能产品的认证进程。该意见要求在政府采购中优先采购通过节能认证的产品，所附节能产品政府采购清单，包括冰箱、空调器、荧光灯、计算机等 8 类 84 家企业生产的近 1500 个型号产品，它们均获得了国家节能产品认证证书，配之以绿色的节能标志。为加强节能管理，推动节能技术进步，提高用能产品能源效率，依据《中华人民共和国节约能源法》、《中华人民共和国产品质量法》、《中华人民共和国进出口商品检验法》及其实施条例、《中华人民共和国认证认可条例》，制定《能源效率标识管理办法》并于 2016 年 6 月 1 日起施行。

8.1.2 国外节能产品能效等级认证现状

8.1.2.1 美国

能源之星(Energy Star)，是美国能源部和美国环保署共同推行的一项政府计划，旨在更好地保护生存环境，节约能源。1992 年由美国环保署参与，最早在电脑产品上推广。现在纳入此认证范围的产品已达 30 多类，如家用电器、制热/制冷设备、电子产品、照明产品等等，目前针对的产品有：荧光灯、装饰性灯串、LED 灯具、电源适配器、开关电源、天花板风扇灯、消费视听产品、电池充电设备、打印机、家用电器和其他各类产品。全球共有七个国家和地区参与美国环保署推动的能源之星计划，分别为美国、加拿大、日本、中国台湾、澳洲、新西兰、欧盟等，并自 2001 年起每年召开国际能源之星计划会议。目前在中国市场上做得最多的是照明产品，包括节能灯(CFL)、灯具(RLF)、交通信号灯和出口指示灯。

8.1.2.2 日本

能效“领跑者”源于日本，是日本独创的一种“鞭打慢牛”的促进企业节能的措施。能效“领跑者”计划的核心是领跑者能效标准。领跑者标准系统主要由产品范围和类型、目标年限、领跑者能效标准值、测量/测定方法、达成率判定方法和标识六部分组成。达成率判定是后评估方式，在目标年限内，节能效果是否达到标准值，由每个制造企业按其所制造的产品种类用加权平均法计算。随着产品更新和技术进步，对产品能效每年进行一次调查，当达到领跑者能效标准值的产品比标准制定时增加 30%时，将重新制定领跑者能效标准值，并于每年4月1日进行制定标准的调整。

8.1.2.3　澳洲和新西兰

GEMS(Greenhouse and Energy Minimum Standards Bill 2012)是针对澳洲及新西兰市场的电子电器产品所做的强制性认证，该标准于2012年10月1日生效。涵盖了以前主要政策性工具：强制性的最低能源性能(MEPS)，能源的效益标签(ERLS)，设备的能源效率计划(E3)；并且把能源效率扩大到减少温室气体排放和提升能源效率的范畴，引导企业和消费者从整个产品生命周期中运行成本最低的角度做出最佳选择。GEMS认证产品范围主要包括：电源适配器、充电器；电视机；数字机顶盒；紧凑型荧光灯、特低电压转换器、双端荧光灯、荧光灯镇流器、白炽灯；洗衣机、干衣机、洗碗机；电热水器、空调和热泵、三相电动机；家用制冷器具、制冷塔/精密空调、商用冰箱；陈列柜、配电变压器等。

8.1.2.4　德国

德国工程师协会(VDI)发布了VDI 4707《电梯能源效率认证》标准。它由来自德国、瑞士及奥地利的专家根据瑞士能效使用机构(S. A. F. E)的研究结果制定，于2009年3月开始正式在欧洲施行。电梯根据其自身特定的需能量被赋予能效等级。一共规定了7个能效等级，贴上从字母A到G的标签，其中，能效等级A对应的是最高能源效率，这和欧洲家电的认证等级一致(表8-1)。

表8-1　德国电梯的能效等级

能效等级	特定需能量/[MW·h/(kg·m)]			
	使用类别			
	1	2	3	4
A	≤1.45	≤1.01	≤0.90	≤0.84
B	≤2.51	≤1.62	≤1.39	≤1.28
C	≤4.41	≤2.63	≤2.19	≤1.97
D	≤7.92	≤4.37	≤3.48	≤3.04
E	≤14.41	≤7.33	≤5.56	≤4.67
F	≤26.88	≤12.67	≤9.11	≤7.33
G	>26.88	>12.67	>9.11	>7.33

8.1.2.5　墨西哥

NOM标志是墨西哥的强制性安全标志，用以表示产品是否符合相关的NOM标准，强制性认证的产品普遍是电压超过24V交流电或者直流电的电子电器产品。其标志适用于大部分产品，包括电信及信息技术设备、家庭电器用品、灯具和其他对健康及安全具有潜在威胁的产品，不管是在墨西哥本地制造产品还是进口的产品，均需符合相关的NOM标准及产品标注规定。主要认证产品范围包括：(1)供家庭、办公室及工厂使用的电子或电气产品；(2)电脑局域网设备；(3)照明装置；(4)轮胎、玩具及学校用品；(5)医疗设备；(6)有线及无线通信产品，例如有线电话、无线电话等；(7)电气、丙烷、天然气或电池驱动产品。

从国内外产品能效等级认证现状可以看出，各个国家都对各式各样的产品进行了不同程度的产品能效标识的认证，引导消费者优先选择节能产品。但这些产品大多为日常用品或趋于小型化产品，以及工业通用产品，对于港口设备的能效等级认证工作并未开展。港口设备能耗是港口能源消耗的重要组成部分，因此，亟须开展港口能效等级认证工作，提高资源利用的高效性，推动绿色港口建设和港口绿色低碳发展。

8.2　港口设备能效等级认证路径研究

目前，设备/产品能效等级认证的方法主要有国家能效标识认证和行业第三方能效等级认证两种方式。国家能效标识认证是指国家对节能潜力大、使用面广的用能产品实行能效标识管理，并对具体产品实行目录管理。行业第三方能效等级认证主要指行业认可度高的机构/企业的认证，并由其颁发产品/设备能效等级认定证书。虽然很多工业用能产品的能效等级认证工作已经开展，但港口设备的能效等级认证工作仍处于空白。因此，本书基于已有设备/产品能效等级认证工作，探索港口设备能效等级认证的方法、路径。

8.2.1　国家能效标识认证

8.2.1.1　能效等级

能效标识是能效等级认证最明显的标志，又称能源效率标识，是附在耗能产品或其小包装物上，表示产品指标的一种信息标签。按照《能源效率标识管理办法》规定，能效标识通常包含生产者名称、产品规格型号、能效等级、能效指标、依据的能源效率强制性国家标准编号和能效信息码。中国能效标识一般共分为 5 个或 3 个等级(图 8-1)，5 级能效依次为：

(1)等级 1，表示产品达到国际先进水平，节能，即耗能低；

(2)等级 2，表示比较节能；

(3)等级 3，表示产品能源效率为我国市场的平均水平；

(4)等级 4，表示产品能源效率低于市场平均水平；

(5)等级 5，是市场准入指标，低于该等级要求的产品不允许生产和销售。

能效等级展示栏用 3 种表现形式来直观表达能源效率等级信息：一是文字部分“耗能低、中等、耗能高”；二是数字部分“1、2、3、4、5”；三是根据色彩所代表的情感安排的等级指示色标，其中红色代表禁止，橙色代表警告，绿色代表环保与节能。

图 8-1 中国能效标识

8.2.1.2 中国能效标识的产品范围

我国对部分用能产品实行目录管理，规定统一适用的产品能效标准、实施规则、能效标识样式和规格，要求列入目录的用能产品生产者和进口商应当向国家质检总局和国家发展改革委授权的中国节能产品认证中心备案能效标识及相关信息。目前，中国能效强制实施的产品见附录 2，主要有：显示器、液晶电视机、等离子电视机、家用洗衣机、电冰箱、储水式电热水器、节能灯、打印机、电风扇、电动机、容积式空气压缩机、电力变压器、通风机、热泵热水机、水(地)源热泵机组等。

8.2.1.3 能效标识申请流程

能效标识制度采用的是企业自我声明＋备案＋监督管理的模式，其检测和备案流程如下：

第一步：产品检测

按照《能源效率标识管理办法》第八条要求列入目录的用能产品生产者和进口商，可以利用自有检测实验室或者委托依法取得资质认定的第三方检验检测机构，对产品进行检测，并依据能源效率强制性国家标准，确定产品能效等级。在产品依据相应能源效率国家标准检测合格之后，自检实验室或者有资质认定的第三方检验检测机构出具能源效率检测报告。检测报告是产品能效标识所标注能耗指标的重要依据。报告原件要提交给能效标识管理中心审核和备案。

第二步：制作能效标识

可采用 CorelDRAW 格式的可编辑的能效标识样本。用 CorelDRAW 11.0 以上版本(带方正字库)打开，标注生产者名称、规格型号、能效等级和能效指标。能效等级和能效指标应根据检测报告确定。能效指标应不超过相应能效等级的取值范围，被测样品的能效指标应能满足能效标识中的标注值。

能效标识要用规定铜版纸印刷，粘贴在产品或小包装的明显位置。备案时要提供一个标识样本进行审核。

第三步：网上填写备案信息

首先要在中国能效标识网（www.energylabelrecord.com）注册企业用户。注册成功后登录，添加产品备案相关信息，主要是能效标识所标注的信息。

(1)企业需在"中国能效标识网"上注册后登录，添加产品备案相关资料。

(2)出具能源效率检测报告的实验室（包括企业实验室和检测机构）需在"中国能效标识网"中实验室备案系统中注册，并提交相关实验室备案资料。产品备案资料中能效检测报告也需在"中国能效标识网"中的实验室备案系统中提交。

(3)生产者营业执照或登记注册证明复印件。生产者是指对产品负有法律责任的产品品牌所有者或使用者。生产者的营业执照或登记注册证明应真实有效。

(4)能效标识备案企业信息表

①生产者名称和地址应与营业执照上的信息保持一致；

②生产者简称应与能效标识上的生产者名称保持一致；

③生产厂家应包括所有为生产者生产相关产品的企业；

④该表未加盖生产者公章无效。

(5)能源效率标识样本

①能效标识可参照各类产品《能源效率标识实施规则》相关要求进行印制或张贴标示；

②能效标识的样式和规格详见各类产品《能源效率标识实施规则》要求；

③备案时每个规格型号都要提供一个标识样本。

(6)能源效率标识备案表

①备案表中的信息应与能效标识标注信息一致；

②该表未加盖备案方公章无效。

(7)能源效率检测报告

①出具能源效率检测报告的实验室应按照各产品《能源效率标识实施规则》的要求，先申请能效标识实验室备案。

②检测报告注意事项。制造单位即产品的生产厂家名称，检测报告中所附的铭牌、照片应清晰可辨；检测报告中检测项目的额定值应是产品铭牌或用户说明书中的明示值；报告中实测值应比标准规定值多保留一位小数；报告无"检测报告专用章"或"检测单位公章"无效；复制报告未重新加盖"检测报告专用章"或"检测单位公章"无效；报告无主检、审核、批准人签字无效，报告应加盖骑缝章；报告涂改无效。

(8)品牌使用授权书

①授权书中应明确被授权人应承担的法律及质量责任；

②授权书无品牌授权方盖章无效。

第四步:递交备案所需文本材料

(1)向中国能效标识管理中心递交以下文本材料:

①生产者营业执照或登记注册证明复印件;

②能效标识备案企业信息表;

③能效标识样本;

④能效标识备案表;

⑤能效检测报告。

(2)涉及品牌授权或 OEM 生产时,需要提供:

①品牌使用授权书;

②能效标识备案 OEM 声明函。

(3)境外注册的企业,因此还需要提供:

①进口商营业执照或登记注册证明复印件;

②进口商企业信息表;

③进口商与境外生产者订立的相关合同副本。

能效标识管理中心收到书面备案材料后,在规定时间内反馈或整改。备案完成后将在中国能效标识网公示,相关信息可按备案号、生产者名称或型号进行查询。

8.2.1.4　能效等级第三方认证要求

我国在产品能效检测及等级认证相关规范、管理办法和标准中对能效等级第三方认证有严格的要求。

2009 年中国标准化研究院能效标识管理中心发布了《能效标识能源效率检测实验室能力要求》,其中对第三方检测机构实验室的组织和管理、技术要求等多方面做了明确的规定,主要有:第三方检测机构实验室应为独立法人;能够参加能效标识管理中心组织的实验室间比对和能力验证活动;建立文件化的实验室质量控制要求;能源效率检测项目不应有分包;实验室人员应具备相应的教育培训、经验或可证明的技能进行资格确认并持证上岗;严格按照现行有效的国家标准、相关规范实施能效标识能源效率检测工作等。

《能源效率标识管理办法》规定,第三方检验检测机构接受生产者和进口商的委托,应当依据相关产品能源效率强制性国家标准规定的检测方法和要求进行检测,保证检测结果客观公正、真实准确,保守受检产品和企业的商业秘密,并承担相应法律责任。

第三方认证机构必须经相关业务主管部门的审核,通过中国能效标识管理中心的文本备案,有资格向社会提供符合法律法规的且起证明作用的检测结果与数据。

8.2.2　行业第三方机构能效等级认证

行业第三方机构能效等级认证,是指对行业具有影响力的知名企业/机构具备专门的产品检验检测实验室,取得了中国国家认证认可监督管理委员会的认证机构批准书,依法对批准书中所列范围的产品进行能效等级认定，并给予行业认可的认证标志，证明该产品符合相应的国际/区域/国家/地方/行业/企业/内部标准。如，TÜV南德意志集团认证是行业第三方机构能效等级认证的典型，TÜV南德中国认证标志证书适用于中国国家认证认可监督管理委员会授予南德认证检测(中国)有限公司的认证机构批准书(CNCA-RF-2002-08)中所列范围的产品，是公认的质量、安全与可持续性的独立、公正的象征，其认证标志和证书代表了全球知名组织授予的第三方认可。本书借鉴TÜV南德意志集团认证，依据相关法律法规、标准规范总结分析了行业第三方机构能效等级认证资质申请及能效等级认证过程，具体如下：

8.2.2.1 资质申请法律依据

《中华人民共和国认证认可条例》(国务院令2016年第666号修正)第十六条规定，向社会出具具有证明作用的数据和结果的检查机构、实验室，应当具备有关法律、行政法规规定的基本条件和能力，并依法经认定后，方可从事相应活动，认定结果由国务院认证认可监督管理部门公布。

8.2.2.2 资质申请条件

(1)依法成立并能够承担相应法律责任的法人或者其他组织；

(2)具有与其从事检验检测活动相适应的检验检测技术人员和管理人员；

(3)具有固定的工作场所，工作环境满足检验检测要求；

(4)具备从事检验检测活动所必需的检验检测设备设施；

(5)具有并有效运行保证其检验检测活动独立、公正、科学、诚信的管理体系。

8.2.2.3 资质申请流程

资质申请流程图如图8-2所示，具体流程如下：

(1)申请资质认定的检验检测机构向国家认监委提交书面申请和相关材料；

(2)国家认监委对申请人提交的书面申请和相关材料进行初审，作出受理或者不予受理的决定，并书面告知申请人；

(3)国家认监委对申请人的技术评审，由于申请人整改或者其他自身原因导致无法在规定时间内完成的情况除外；

(4)资质认定部门收到技术评审结论之后，作出是否准予许可的书面决定。

8.2.2.4 能效等级认证流程

产品能效等级认证流程如图8-3所示，具体能效认证流程如下：

(1)认证申请

认证申请人应提出申请并提交认证申请表，并按照相应的产品认证实施规则准备，提交需要的资料和样品。

(2)能效检验

第三方能效等级认证机构对相应的产品按照能效检测标准实施能效检验，并提供相应的结论。

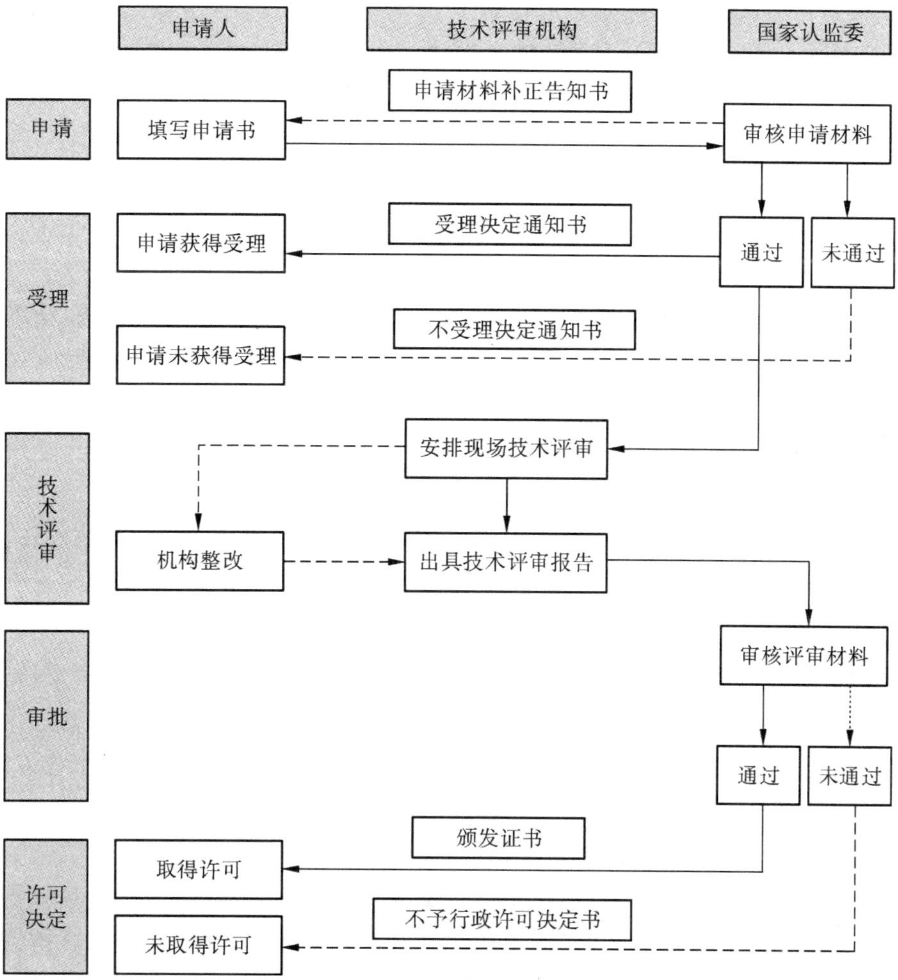

图 8-2 资质申请流程图

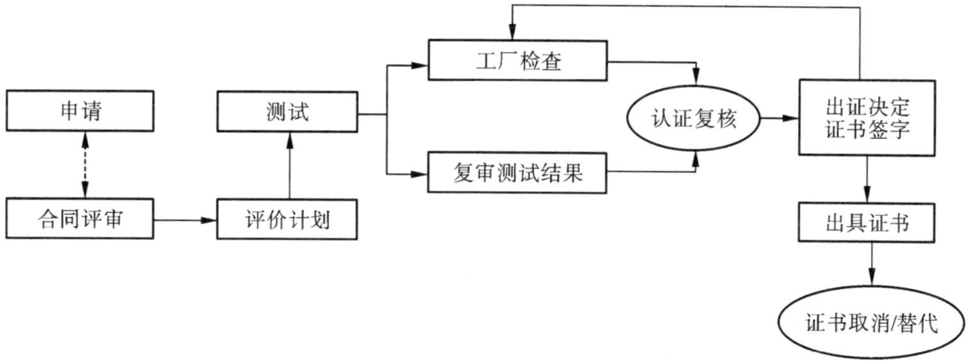

图 8-3 产品能效等级认证流程图

(3)初始工厂检查

第三方能效等级认证机构依照相应的产品认证实施规则进行初始工厂检查并提供检查结论。

(4)认证结果评价和批准

第三方能效等级认证机构负责对现场检测、工厂检查结果进行复核,并根据复核结果作出认证决定。批准认证的,第三方能效等级认证机构向申请人颁发认证证书。

(5)获得证书后监督

第三方能效等级认证机构依照相应的产品认证实施规则对生产场地进行定期监督,并对存在问题的产品给予定期整改意见,决定是否继续保持证书或终止证书。

8.2.3 港口设备能效等级认证方法、路径

8.2.3.1 国家能效标识认证方法和路径

基于一般节能产品能效标识认证方法和路径研究,分析港口设备能效等级认证方法和路径如下:

(1)纳入能效标识产品目录

国家对节能潜力大、使用面广的用能产品实行能效标识管理。港口设备要进行能效等级认证,可先纳入由国家发展改革委、国家市场监督管理总局、中国国家认证认可监督管理委员会制定的《中华人民共和国实行能源效率标识的产品目录》,以便于规定统一适用的产品能效标准、实施规则、能效识别样式和规格。

(2)港口设备能效等级认证机构选择

能效等级认证机构可以选择自检实验室或具有资质认定的第三方检验检测机构,不论是自检实验室还是第三方检验检测机构都应具备国家授权的能效实验室资质,即通过了中国合格评定国家认可委员会(CNAS)认可,在中国能效标识管理中心进行文本备案,有资格、有能力按能源效率标准进行检测,向社会提供符合法律法规的检测结果与数据。鉴于港口设备的特殊性,可优先选择交通运输部认可的具备港口水运行业从业资质的单位作为港口设备能效第三方检测机构。

(3)港口设备检测

获得资质的港口设备能效等级认证机构可对设备进行能效检测并出具检测报告,确定港口设备能效等级,提交给能效标识管理中心审核和备案。鉴于目前已有的两种港口设备能效检测方法各有利弊,建议能效检测采用能量/能量指标测算法和能量/物理指标测算法相结合的方法测得的设备能效情况。

(4)港口设备能效定级

根据检测报告结果,确定港口设备能效级别。

(5)制作能效标识

能效标识需要标注生产者名称、产品规格型号、能效等级、能效指标、依据的能源效

率强制性国家标准编号和能效信息码。能效等级和能效指标应根据检测报告确定。能效指标应不超过相应能效等级的取值范围，被测样品的能效指标应能满足能效标识中的标注值。

能效标识的制作和粘贴应符合相关规定，备案时要提供一个标识样本进行审核。

(6)网上备案

港口设备网上备案流程同普通产品能效标识网上备案流程。

8.2.3.2 行业第三方能效等级认证方法和路径

(1)认证资质申请

第三方能效等级认证机构须按照认证认可条例等规定，向中国国家认证认可监督管理委员会提出资质认定申请，经认定通过后，方可从事相应的能效检验检测活动。

(2)港口设备能效检测

第三方能效等级认证机构对提供的港口设备严格按照能效检测标准实施能效现场检测，并提供相应的结论。

(3)初始工厂检查

第三方能效等级认证机构依照港口设备能效认证实施规则进行初始工厂检查并提供检查结论。

(4)认证证书颁发及监督

第三方能效等级认证机构负责对现场检测、工厂检查结果进行复核，并根据复核结果作出认证决定。批准认证的，第三方能效等级认证机构向申请人颁发认证证书，同时对生产场地进行定期监督检查，并可通过消费者的反馈、监管机构的信息等对其进行再次检测，并决定是否继续保证证书有效性。

9 港口设备能耗监测和诊断技术

原国家计委1990年2月发布的《节约能源监测管理暂行规定》(计节能〔1990〕60号)第二条定义的节能监测是政府授权的节能监测机构,依据国家、行业和地方能源的法规(或行业、地方的规定)和技术标准,对能源利用状况进行监督、检测以及对浪费能源的行为提出处理意见等执法活动的总称。节能监测是国家对节约能源的宏观管理,强化和监督企业降低能源消耗,有利于确保国家能源安全、确保提高能源利用效率、优化能源结构、保护环境和应对气候变化等目标的实现。

本书讨论的港口设备能耗监测不仅包括政府或政府授权的监测机构进行的能耗监测,还包括企业自身进行的能耗监测。前面章节已经分析了国家对能源计量管理的要求,港口应该加强能源计量管理,按照规定配备和使用依法检定合格的能源计量器具。港口设备能耗监测是将能源计量的数据进行收集和处理,加上诊断分析,有利于促进港口企业的能源精细化管理。

国家发展改革委要求重点用能企业应建立能耗在线监测系统,并按照规定上传数据。因此港口设备能耗监测不仅仅是国家对于能源消耗监控、节能监督管理、评价企业能源利用状况管理的要求,也是企业自身进行能源管理、提高能源管理水平、优化能源结构、提高能源利用效率、降低生产经营成本、提高经济效益和市场竞争力的有力手段。

目前港口采用人工抄表定期向交通运输部上报港口能耗监测数据,存在程序复杂、数据的准确性差等问题。交通运输企业,尤其是重点用能单位有必要建立能耗在线监测系统,不仅能够满足相关政府主管部门对重点用能企业建立能源消耗监测系统的要求,而且可以用于企业自身进行能源消耗的精细化管理。

9.1 港口设备能耗监测方案

9.1.1 系统构成

港口设备能耗监测包括现场定期监测、在线监测。定期监测是政府主管部门或企业根据能源管理需要,按照一定的标准和程序,定期对重点的耗能设备进行监测;港口能耗在线监测是通过港口设备安装的各类能源计量传感器,通过数据传输系统传送到港口后方控制室的能源数据管理系统,对港口设备的能耗进行实时监测。

港口能耗在线监测系统应由能源数据采集系统、数据传输系统和能源数据管理系统三部分组成。能源数据采集系统主要是安装在港口设备上的各类能源计量传感器,传感器应符合相应标准的性能和精度要求。数据传输系统是按照一定数据协议、格式以无线的方式将港口设备上采集的数据传送到后端的数据管理系统。能源数据管理系统包括服务器、UPS、交换机、管理系统软件等，具有数据处理、动态分析、专家诊断、实时报警等功能。

9.1.2 技术方案

港口设备能耗监测技术是以建设全范围、全区域港口能耗远程监测平台为目标，加快推进重点用能单位能耗在线监测系统建设。

例如，全国港口能耗监测系统由码头现场的港口设备传感器将数据上传给码头的数据管理系统软件，然后再将数据逐级上传，最后数据上传到全国港口能耗远程监测平台。全国港口能耗监测系统网络示意图见图 9-1。

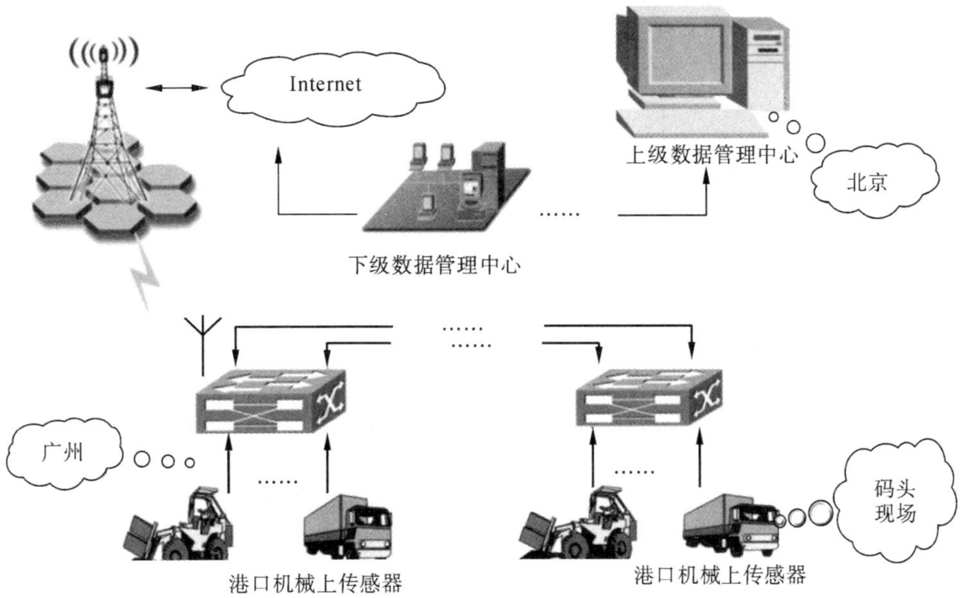

图 9-1 港口能耗监测系统网络示意图

一般港口能耗监测系统架构见图 9-2，系统主要包括信息感知、网络传输、数据处理和应用服务等四个层面：

信息感知主要通过各种流量计等传感器获取港口设备能耗数据，流量计传感器上有通信模块，一般可采用手机卡连接 4G 或 5G 无线网络，可实时地上传数据。

网络传输是完成数据的传输任务，主要是选择合适的传输协议，如 Modbus 协议、CAN 协议、GPRS 网络协议等，传输的数据要设置统一的数据格式。

数据处理是根据需求对获取的数据进行处理，包括数据的汇总、计算、修正、分析等。

应用服务是根据需求进行应用层面的节能分析、能耗预测、智能控制等服务，并将能耗数据和图表在指定的客户端进行显示。

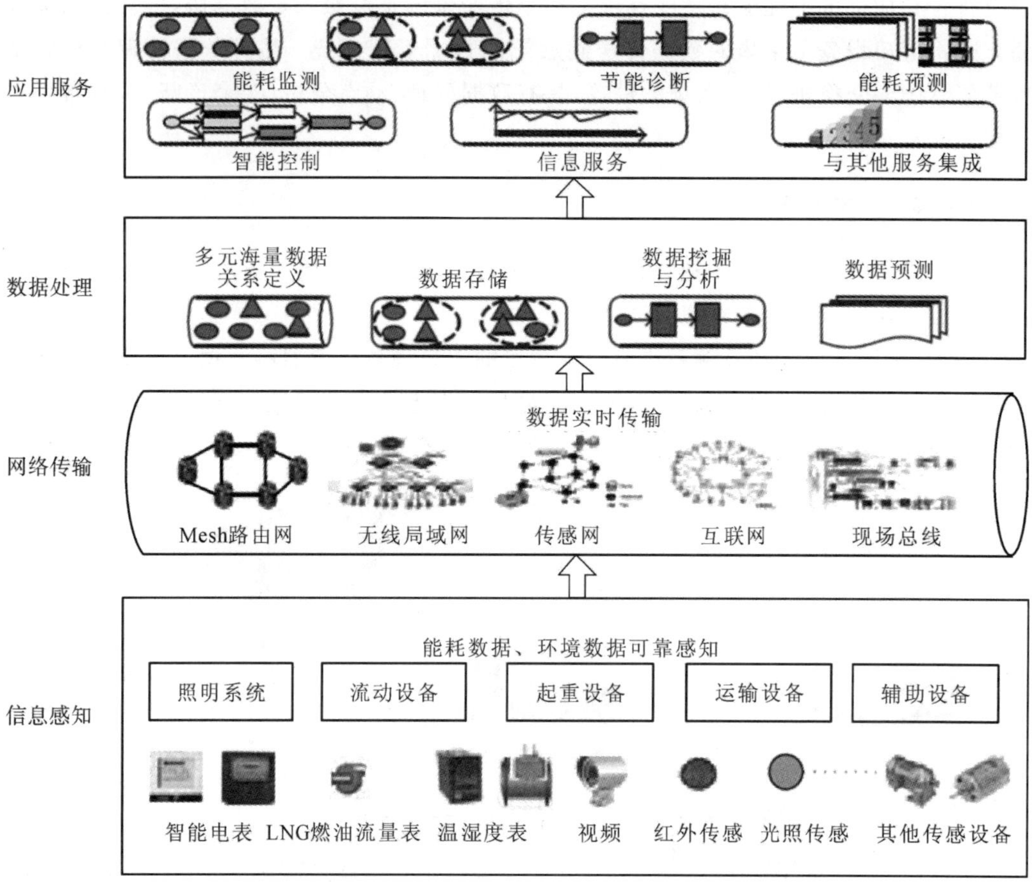

图 9-2 能耗监测系统架构图

港口设备的主要耗能部件的监控终端可包括能耗监测和环境参数监测，能耗监测主要是监测设备的运行状态、设备终端的电表、流量计等传感器；环境参数监测主要是由温度、湿度、大气污染物等传感器和检测设备构成。

9.1.3 监测系统功能

港口能耗监测系统能够实现的功能特点：

高精度的能源计量。根据设备的能源种类不同，选用不同的高精度能源计量监测终端表具实现精确计量。

安装简单、操作方便。这是由于车辆的空间有限、原有管路复杂，因此要求能源计量仪器具有安装简单、方便快捷的特点，以实现快速检测。

能耗监测和分析。可对整个系统范围内的设备用能情况进行持续的监测，并可对分类分项能耗使用情况进行分析。可以对各个设备和各个过程用电情况进行详细的记录与分析，以表格的形式进行显示，同时可以切换成以棒图、折线等更为直观的形式进行横向和纵向比较。

能源消耗统计和分析。系统为监测用户提供综合的分类分项能耗统计报表，可以随时对日、月、季节、年的用能情况进行统计与打印。通过对整个系统数据的分析，包括故障报警及趋势曲线图，可以对重要设备的电流和功率、油耗等进行监控，可以实现故障的及时修正和预测、设备的运行调配管理。

专家诊断功能。智能的监测系统具有专家诊断功能，能够根据专家库信息进行设备能耗的对比分析、对标分析，并提出相应改进建议。

报警和事件管理。系统可以在用能负荷发生突变时，发出信息语音提示，报警信息可以通过电子邮件、手机短信等形式通知相关人员。

历史数据和报表管理。系统可基于数据库完成历史数据管理，所有实时采样数据均可保存到历史数据库。全国港口能耗监测系统可动态收集各港口能耗数据。

9.2　港口设备能耗检测和监测设备

港口企业要按照《中华人民共和国节约能源法》《中华人民共和国计量法》《重点用能单位节能管理办法》《能源计量监督管理办法》《用能单位能源计量器具配备和管理通则》《用能单位能源计量审查规范》等法律法规和标准规范要求配备计量设备。

如果企业没有合理配备能源计量器具，能源管理部门就难以获得准确可靠的能源计量数据，对企业的节能监测、能源审计、能源统计、能源利用状况也就难以进行科学的分析和统计。随着科学技术的不断进步，能源计量器具的种类和功能不断增加，能源计量器具的数字化、自动化、智能化程度不断提高，能源计量器具的准确度也不断提高。

通常能源消耗与大气污染物、二氧化碳排放有着直接的关系，建立能耗监测系统检测能源的消耗量，实现节约能源是保护环境最基本的手段。事实上，目前世界上温室气体的排放量一般是通过能源消耗量推算得来的，这就更需要准确定量地计量用能单位的能源消耗量，从而达到节约能源、准确评估温室气体排放的目的，因此准确的港口设备能耗监测计量仪器对于能源和环境保护管理具有重要意义。

9.2.1　电力能耗测量和监测设备

电力的监控终端设备主要是高精度的智能电表、专用的电能质量分析仪、功率分析仪等测量设备。电力能耗数据也可以从设备管理系统中读取主要电气设备的电流和电压等数据进行计算，但是多个参数造成误差积累，准确度低，如果原有设备PLC中无能耗数据处理模块，需要修改程序，另外获取数据也有数据通信问题。因此电力能耗监测还是主要以仪器测量为主。

9.2.1.1　智能电表

智能电表是智能电网数据采集的基本设备之一，是最经济的电参数测量设备，主要进行原始电能数据采集、计量和传输，是实现数据采集、信息集成、分析优化和信息展现的基础。智能电表除了具备传统电表基本用电量的计量功能以外，为了适应智能电网和新能源的使用，还具有双向多种费率计量功能、用户端控制功能、多种数据传输模式的双向数据通信功能、防窃电功能等智能化的功能。通过智能电表提供的信息，可以构建用户能量管理系统，实现能量管理的服务、减少能源消耗、减少污染物排放的目标。

电表分为感应式和电子式。感应式电表是采用电磁感应原理把电压、电流、相位转变为磁力矩，推动铝制圆盘转动，圆盘的轴带动齿轮驱动计度器的鼓轮转动，转动的过程即是时间量累积的过程。电子式电表是运用模拟或数字电路得到电压和电流向量的乘积，然后通过模拟或数字电路实现电能计量功能。由于应用了数字技术，各种类型的计费电表和智能电表得到了广泛的应用。电子式智能电表具有通信功能，配有 RS485 通信接口，支持 Modbus 协议，可以通过 RS485 线与数据采集器连接，实现远程自动采集电量等电参数数据。

电表的准确度等级一般划分为 0.5 级、1 级和 2 级，如 0.5 级表示电表的误差不超过 ±0.5%。按照《起重机械用电力驱动起升机构能效测试方法》(GB/T 3022—2013)要求，智能电表应具有记录反向电能功能，准确度不应低于 0.5 级，有效分辨力不应低于 0.001度。

9.2.1.2 电能质量分析仪

电能质量分析仪是对电网运行质量进行检测及分析的专用便携式检测仪器。可以提供电力运行中的谐波分析及功率品质分析等电能质量分析以及用能数据分析等功能，得出实时的电耗数据，能够对电网运行进行长时间的数据采集监测。电能质量分析仪可以对单个设备或系统的能耗进行记录，并可进行分析。

电能质量分析仪可以测量三相或电相电流和电压，测量有功、无功功率，以及检测回馈到电网的电能质量问题，如电压波动、谐波、电压不平衡，还可以测量用能数据等，可以对港口设备的能量回馈情况进行测量。

电能质量分析仪主要包括检测主机、电压检测传感器和电流检测传感器。电压检测传感器一般采用鳄鱼夹的钳式，直接钳到线路的裸露处；电流检测传感器一般采用电流互感器，是一种柔性交流电探头，环形套在线路电缆的外面，应该注意电流的流向。电能质量分析仪具有四个输入端口通过电流钳夹连接电流，及五个输入端口通过电压检测传感器连接电压，在仪器上有明确的指示。

目前电能质量分析仪国产设备较少，大部分仪器需要进口，主要品牌包括福禄克、日本日置等，价格较贵。电能质量分析仪与配电系统的连接方式如图 9-3 所示，其能源测量精度为±2%，主要是电流钳的测量精度影响了整个能源测量精度。

9.2.1.3 功率分析仪

功率分析仪主要用来测量电动机、变频器、变压器等功率转换装置的功率、效率。功率分析仪能测量用电功率和其他电参数，并支持谐波闪边分析、频谱分析、采样波形显示

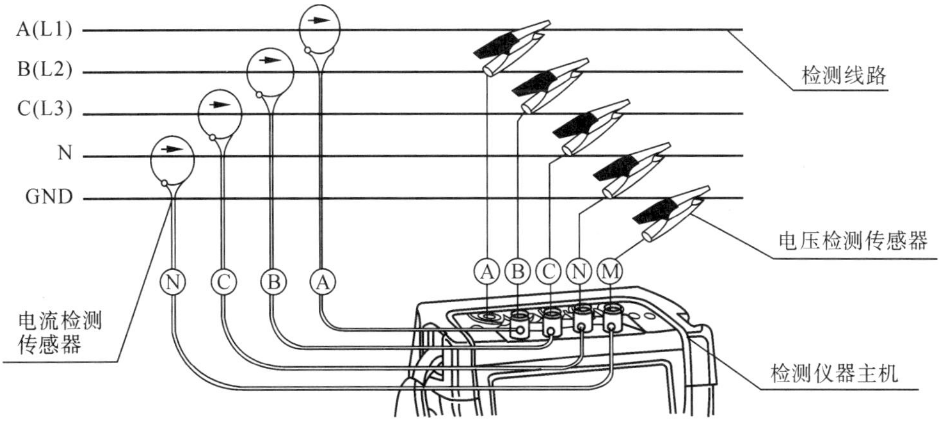

图 9-3 电能质量分析仪与配电系统连接图

和矢量图等，功率分析仪也可以用来测量电耗。功率分析仪使用数字计算准确测量有功功率、无功功率和功率因数等，测量精度高。

9.2.2 燃油能耗测量和监测设备

《用能单位能源计量器具配备和管理通则》(GB 17167—2006)中 4.3.8 条对相应的用能量(包括产能量、输出能量、能源消耗量)单位或设备的能源计量器具(如衡器、电能表、油流量表和气体流量表)的准确度等级分别提出了具体要求。对用于能源计量的流量计的准确度等级的要求是：对于成品油，为 0.5 级；对于重油和渣油，为 1.0 级；对于煤气和天然气，为 2.0 级；对于蒸汽，为 2.5 级；对于水，为 1.5 级($D\geqslant 250$ mm 时)或 2.5 级($D<250$ mm 时)。采用流量计(质量式或体积式)测定燃油消耗量时，测量精度不低于 0.5%。

港口设备燃油能耗监测主要通过 CAN 总线读取发动机 ECU 油耗数据、油路串联燃油流量计、油箱安装液位传感器、排气管处碳平衡质量法测量油耗等四种方式获得油耗数据。

目前，燃油的监控终端设备主要是采用流量计，燃油流量计主要有涡轮式流量计、容积式流量传感器、超声波流量计，以涡轮式流量计应用最多。流量计存在的问题是安装复杂，需要匹配各种管路的口径，另外测量的精度有待提高。除了流量计外，较常用的是液位传感器和超声波传感器。

9.2.2.1 燃油流量计

流量计按其工作原理的不同，分为容积式流量计、差压式流量计、浮子流量计、涡轮式流量计、电磁流量计、涡街流量计、超声流量计和质量流量计。用于车辆测量汽油和柴油消耗量的流量计主要有：涡轮式流量计、容积式流量计等。

(1)涡轮式流量计

涡轮式流量计是速度式流量计的一种，它是采用多叶片的转子(涡轮)感受流体平均流速，从而推导出流量或总量的仪表。在流体流动的管道内安装一个能自由转动的叶轮，当流体经过时其动能使叶轮旋转，流体流速越大，动能越大，叶轮转速就越高。利用置于流场中叶轮旋转速度与流体流速有一定的比例关系，通过检测叶轮转速来测得流量。

涡轮流量计的特点有：涡轮流量计测量不受流体密度、黏度、温度、压力和电导率变化的影响；测量管内无阻碍流动部件，无压损，直管段要求较低；燃油流量计可与传感器组成一体型或分离型；流量计为双向测量系统，内装三个积算器：正向总量、反向总量及差值总量；燃油流量计采用表面安装技术（SMT），具有自检和自诊断功能。

燃油流量计安装采用法兰连接、螺纹连接及夹装式。安装时液体流动方向应与传感器外壳上指示流向的箭头方向一致。

(2)容积式流量计

容积式流量计是直接根据排出流体体积进行流量累计的仪表。应用最多的是齿轮型容积式流量计，这种流量计的壳体内装有两个转子，直接或间接地相互啮合，在流量计进口与出口之间的压差作用下产生转动。通过齿轮的旋转，不断地将充满在齿轮与壳体之间的“计量空间”中的流体排出。通过测量齿轮转动次数，可得到通过流量计的流体量，该类型流量计由两椭圆齿轮相互啮合进行工作。

用于港口车辆的液体容积式流量计，具有量程范围大、准确度高、可靠性高、安装简易方便等优点。

另一种齿轮型容积式流量计是腰轮容积流量计，也称罗茨型容积流量计。这种流量计的工作原理和工作过程与椭圆齿轮型基本相同，同样是依靠进出口流体压力差产生运动，每旋转一周排出四份“计量空间”的流体体积量。所不同的是在腰轮上没有齿，它们不是直接相互啮合转动，而是通过安装在壳体外的传动齿轮组进行传动。

(3)压差式流量计

压差式流量计包括锥形流量计、孔板流量计等形式。

锥形流量计是一种新型的可精确测量各种雷诺数的高精度流量计，可满足各种介质的应用条件要求，其操作原理同其他各种类型的差压原理相同，都是基于密封管道中的能量守恒定理，锥形流量计由于具有独一无二的设计结构，因而性能更优。锥形流量计是在管道中心处悬挂一锥形节流件，锥形件阻碍介质的流动，重塑流速曲线，在锥形性的下游可立即形成低压区，管道上游的正压同经节流件节流后的下游的负压之间有一差压，将正、负压从取压口取出，正压口位于管道的上游，负压口位于锥体的末端，通过测量两者之间压差，根据伯努力方程即可计算出管道中的流量，锥体位于管线中心，可对所测介质的流速曲线进行优化，因此测量精度高，对仪表上、下游的直管段要求低。

孔板流量计是孔板配合各种差压计或差压变送器测量流量的差压发生装置，是测量流体通过管道介质的流量，应用最为广泛的一种流量计，最为普通的是压差式孔板流量计，可测量液体、气体的流量。充满管道的流体，当它们流经管道内的节流装置时，流束将在节流装置的节流件处形成局部收缩，从而使流速增快，静压力低，于是在节流件前后便产生了压力降，即压差。介质流动的流量越大，在节流件前后产生的压差就越大，所以孔板流量计可以通过测量压差来衡量流体流量的大小，具有结构简单、可靠性高、维护方便等特点。

9.2.2.2　液位传感器

液位传感器主要是通过测量油箱液位的方法，计算液位变化的差额，再乘以油箱的截面积，最后得出油箱油量的变化。液位传感器按照工作原理的不同分为电容式液位传感器、超声波液位传感器。

(1)电容式液位传感器

电容式液位传感器是将被测量介质面位置的变化转换成电容量的一种液位测量装置，具有结构简单、分辨力高、工作可靠、动态响应快、可非接触测量，并能在高温、辐射和强烈振动等恶劣环境下工作等优点。传统的电容式液位传感器采用模拟电路，新型的电容式液位传感器采用全数字化电容测量方法，并运用多参数补偿技术，测量精度高。

(2)超声波液位传感器

超声波液位传感器的工作原理是在测量中超声波脉冲由传感器(换能器)发出，声波经液体表面反射后被同一传感器接收或超声波接收器接收，通过压电晶体或磁致伸缩器件转换成电信号，并由声波的发射和接收之间的时间来计算传感器到被测液体表面的距离。

超声波液位传感器是采用非接触测量，传感器放置于油箱外部，被测介质几乎不受限制，可广泛用于各种液体高度的测量。由于安装方便，超声波液位传感器可以用于港口车辆的燃油消耗量检测。为了便于计算容积，要求油箱的外形规整，截面积一致。

9.2.2.3　碳平衡法

采用流量计的直接测量法，精度较高，但需要拆解车辆燃油管路，连接流量计和测试管路，需要匹配各个连接接口，操作复杂、耗费时间多。据调查，交通运输系统的车辆检测站虽然都配备了汽车燃油消耗直接测量仪，但是由于使用不方便等原因，实际应用很少。因此采用间接测量的碳平衡法在燃油消耗的快速测量中得到了应用。

碳平衡法燃油消耗量测试仪器是根据燃油在发动机燃烧后排气中碳质量总和与燃油燃烧前的碳质量总和相等的质量守恒定律测算车辆燃油消耗量的方法。碳平衡法计算燃油消耗量的基本原理为质量守恒定律，燃料经过燃烧之后，碳原子由燃料向尾气转移，排气中的碳质量总和与燃烧前燃料中的碳质量总和相等。通过测量车辆排放尾气中一氧化碳(CO)、二氧化碳(CO_2)和碳氢化合物(HC)等各组分的含碳量即可利用公式间接计算出车辆的燃油消耗量。

碳平衡油耗测量仪属于间接测量法，可分为排气稀释测量法和排气直采式测量法。排气稀释测量法是对车辆的尾气进行一定比例的稀释，对稀释后的车轮尾气进行流量测量及尾气分析，再根据碳质量守恒推导车辆油耗。排气直采式是直接采集车辆尾气，测量车辆尾气的流量，利用尾气分析仪对气体进行碳元素的比例分析，然后通过碳平衡法推导出车辆的油耗。排气直采式存在以下不足：排气中含有大量的水，气样在输送过程中会发生冷凝现象，排气存在压力波动，温度高，精确计量排放流量比较困难，普通的涡街式、孔板式和涡轮式流量计保证排放流量的长期高精度测量比较困难，取样接头与排气管要密封连接，车辆排气管管径不一样，实现快速可靠的密封连接困难，测量误差较大。因此目前排气稀释测量法应用较多，包括一些标准规范中均采用此种方法进行碳平衡测量。

基于排气稀释测量法的碳平衡油耗仪见图 9-4。排气稀释碳平衡油耗仪由排气稀释装置、稀释排气温度和压力测量装置、稀释排气流量测量装置、含碳气体浓度测量装置等构成。其中稀释排气流量测量装置用来测量稀释排气流量，要求准确度应在±1%之内，并应定期校准。

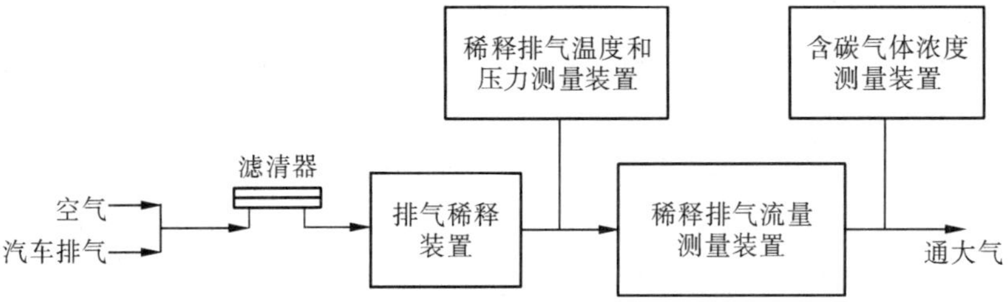

图 9-4　排气稀释测量法碳平衡油耗仪示意图

热式气体质量流量计是基于热扩散原理测量流量的仪表，流体在流过发热的物体时，发热的物体散失的热量与流经的流体流量成一定的比例关系。热式气体质量流量计上的传感器由两个基准级热电阻传感器组成，一个用来作为热源，一个用来测量流经的流体温度，流体在流经的过程中，两个流量计的温度差与流体流量的大小构成非线性的关系，再将非线性关系转换成用来测量流体流量的信号作为线性输出。热式气体质量流量计按安装方式分为：插入式和管段式。热式气体质量流量计可用于测量尾气的流量。

我国已颁布实施的法规标准中规定可基于碳平衡法来计算出燃料消耗量。如《重型商用车辆燃料消耗量测量方法》(GB/T 27840—2011)、《轻型汽车燃料消耗量试验方法》(GB/T 19233—2008)、《道路运输车辆燃料消耗量检测评价方法》(GB/T 18566—2011)等，三个标准均给出了碳平衡计算公式，要求采用碳平衡法计算燃料消耗量时，假定汽油和柴油的氢-碳比例分别为 1.85 和 1.86，碳平衡的计算公式为：

对于港口设备常用的柴油机车辆碳平衡的计算方法见公式(9-1)：

$$Q=\frac{0.1155}{\rho_g}[(0.866\times HC)+(0.429\times CO)+(0.273\times CO_2)] \tag{9-1}$$

式中：Q——燃料消耗量，L/100 km；

HC——测得的碳氢化合物排放量，g/km；

CO——测得的一氧化碳排放量，g/km；

CO_2——测得的二氧化碳排放量,g/km;

ρ_g——15℃下的燃料密度,kg/L。

碳平衡油耗测量仪一般需要进口,常在车辆尾气分析仪器中集成计算模块,测定车辆尾气中的大气污染物的各组分及所含的比例,然后通过公式计算修正,输出碳平衡燃料测量结果。碳平衡油耗测量仪的相对误差应不超过±4%。

碳平衡油耗测量仪安装在排气管上,较为方便,只需布置测量仪在车辆合适的位置。与流量计类测量仪器相比,方便快捷,适用于现场的快速检测。但由于目前碳平衡测量仪产品体积较大,并不适用于车辆能耗的长期和在线监测。

9.2.3 天然气能耗测量和监测设备

天然气车辆燃料消耗量计量主要采用流量计测量法,在港口设备供气管路中加装一个流量计来测量燃气消耗量。根据流量计测量原理的不同,主要有容积式、差压式、速度式和质量式。在流量计选型时应考虑流体特性、仪器性能、安装条件、环境条件和经济性等因素综合确定,其中安装条件和便捷性是港口设备能耗监测需考虑的重要条件。

(1)差压式流量计

差压式流量计是基于流体流动的节流原理,利用流体流经节流装置时的压力差来进行流量测量,是目前实践经验成熟、应用历史悠久的天然气流量测量仪器,主要有孔板流量计、文丘里流量计、均速管流量计等形式,其中标准孔板差压式流量计已经成为全世界最主要的天然气流量计。压差式流量计具有结构简单、性能好、标准规范全面等优点,但是测量时压损较大、测量范围较窄、重复性不高、精度一般等缺点,为克服以上缺点,出现了可换孔板节流装置等改进方法。

(2)速度式流量计

速度式流量计通过测得管道截面上流体的平均流速,然后与管道横截面面积相乘来计算体积流量。速度式流量计包括超声波流量计、叶轮流量计、涡街流量计、电磁流量计、涡轮流量计等。速度流量计具有精度高、耐高压、测量范围宽、压损小、安装使用费用低等优点,但受流体的密度和黏度影响较大。气体涡轮流量计属于速度式流量计,是用气体推动流量计的转子转动,并通过测量转子转动次数来计量气体流量的一种装置。气体涡轮流量计仅次于孔板压差式流量计,被广泛应用于天然气流量测量,品种规格多,应用范围广泛。气体涡轮流量计的优点是结构简单、安装方便、外形尺寸相对较小、精确度高、重复性好、范围宽。

(3) 容积流量计

用作天然气计量的旋转式容积流量计主要是气体腰轮流量计,不仅可用来计量干气,也可用来计量湿气(即伴生气)。由于孔板流量计和涡轮流量计不适应测量含有液滴的伴生气,气体腰轮流量计因没有严格要求,所以相对具有一定的优越性。容积式流量计的另一个优点是对流动脉动不敏感。

(4)质量式流量计

质量式流量计是通过测量单位时间内流过管路中的燃油质量来计算天然气车辆燃油消耗量。常用的质量流量计包括冲量式质量流量计、科式质量流量计、热式质量流量计、差压式质量流量计。质量流量计具有测量精度高、范围广、性能强的优点,但具有零点不稳定、不适用于低压气体、对外界干扰较为敏感、安装固定要求高等缺点。

9.3 港口设备能耗监测系统应用

用能单位的在线监测系统建立好后,可以将数据逐级上传,构建全国能耗在线监测系统。按照国家发展改革委公布的《重点用能单位能耗在线监测系统 第1部分 总体架构规范》(NHJC—01—2018)标准,重点用能单位在线监测系统采用“国家平台+省级平台+重点用能单位端系统”的架构,为各级节能主管部门和质监部门、重点用能单位等对象提供不同层次的服务。总体架构图见图9-5。

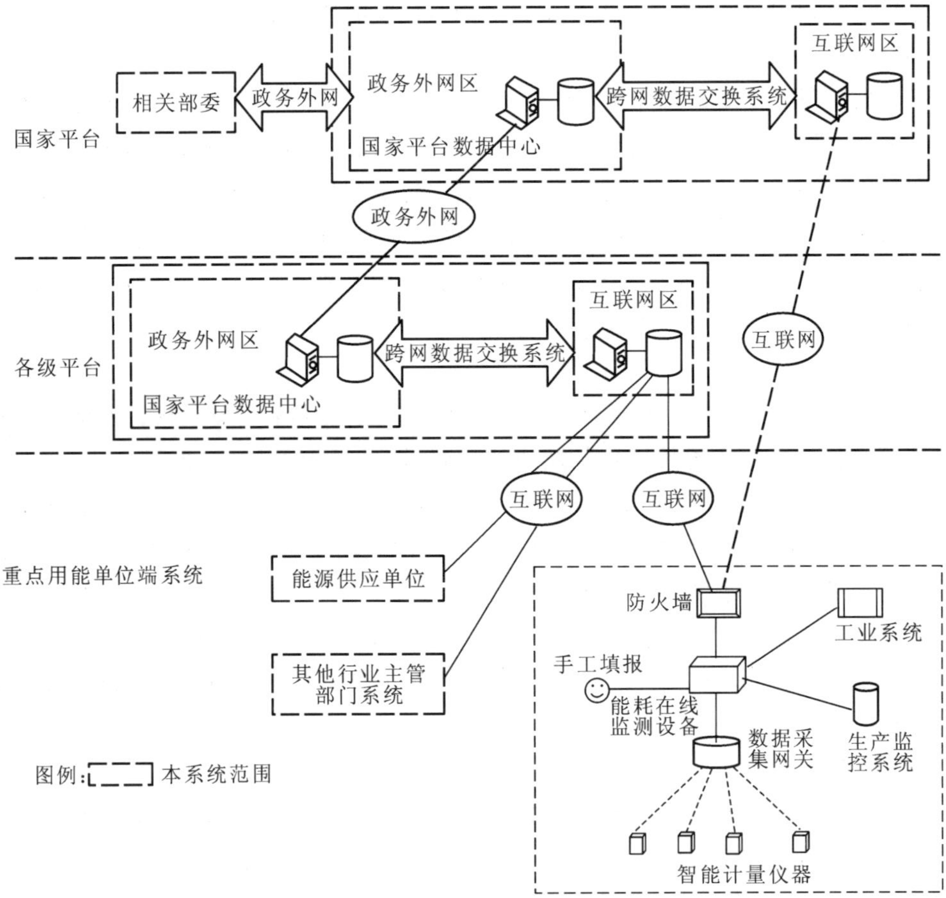

图9-5 总体架构图

10 世界能源及能源消耗发展趋势

10.1 能源生产和消费情况

10.1.1 世界能源的基本情况

能源是世界经济和社会发展的驱动力和重要基础。世界能源结构在不断优化中提高，各国都试图可承受范围内降低化石能源比例，提高可再生能源占比，并努力寻找新的可用能源。

根据英国石油《2019 年 BP 世界能源统计年鉴》，世界各种能源中一次能源消费中比变化情况见图 10-1，从图中可以看出，石油和煤炭占比呈下降的趋势，而天然气、水电、可再生能源的占比总体呈上升的趋势，核电在近些年的总体稳定增长中，呈下降趋势。

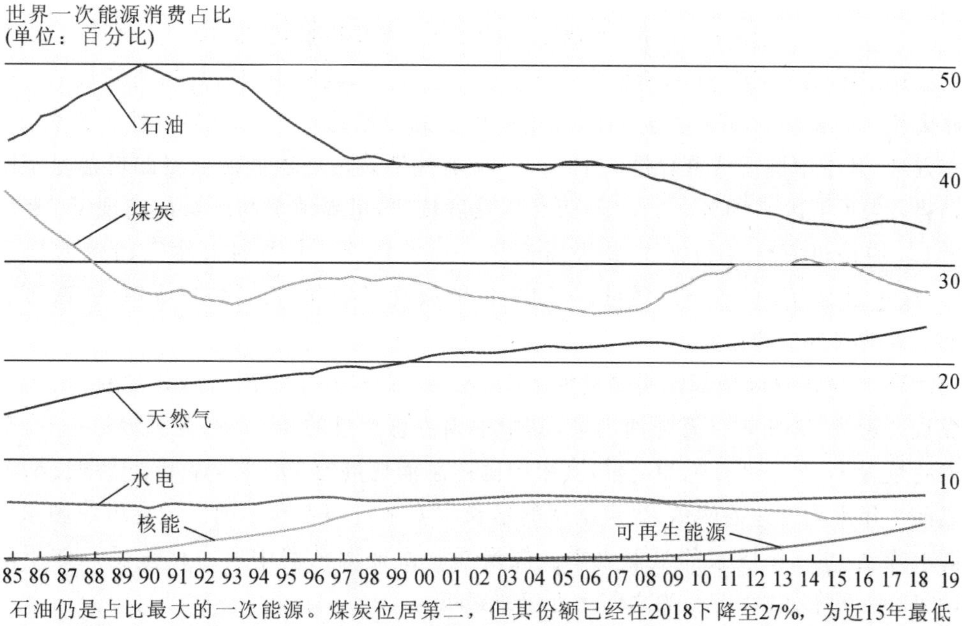

石油仍是占比最大的一次能源。煤炭位居第二，但其份额已经在2018下降至27%，为近15年最低点。天然气占比上涨至24%，使之与煤炭的差距缩小至3个百分点。水电（7%）和核能（4%）的比重较为稳定。可再生能源增长势头强劲，所占比重增至4%，紧核技能之后。

图 10-1 世界一次能源占比变化情况

如图 10-2 所示，2018 年世界一次能源消耗量为 138.65 亿吨油当量，比 2017 年增长 2.9%，该增速约为之前十年平均水平的两倍，达 2010 年以来最高水平。各类燃料消费需求均处于增长态势，天然气增量（占全球增长的 43%）和可再生能源增量（占全球增长的 18%）尤为强势。这与各国大力推进清洁能源与新能源政策密切相关。

2018 年世界石油的探明储量为 17297 亿吨，中国占总探明储量的1.5%；石油产量 4474.3百万吨，中国石油产量占总产量的 4.2%；石油消费量为 4662.1 百万吨油当量，中国石油消费量占石油总消费量的 13.8%。石油一次能源消费量的占比为 31%，石油仍是占比最大的一次能源，但石油份额已呈逐年下降的趋势。

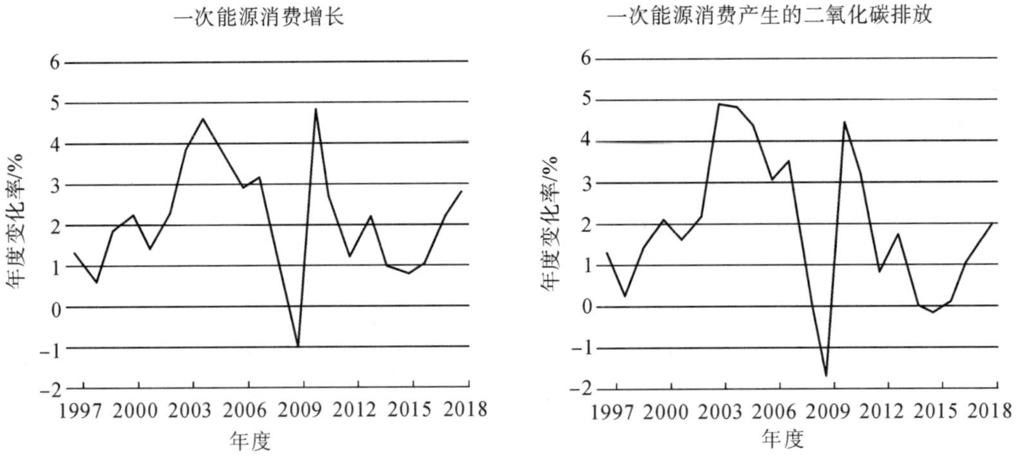

图 10-2 世界一次能源消费增加和二氧化碳排放变化情况

2018 年世界天然气探明储量为 196.9 万亿立方米，其中中国占总探明储量的3.1%；世界天然气产量为 38679 亿立方米，其中中国占总产量的 4.2%；世界天然气消费 38489 亿立方米，其中中国占消费总量的 7.4%。天然气消费占一次能源消费的份额呈不断上升趋势，2018 年达到 24%。2018 年天然气发展较快，世界消费和产量都实现了 5%以上的增长，均是近三十年以来的最快增速之一。2018 年，中国的天然气消费增长高达 18%，这是因为为了改善空气质量，中国提出的鼓励工业和居民用户“煤改气”政策有力刺激了天然气的消费增长。

2018 年全球煤炭全部探明储量为 1054782 百万吨，其中中国占总储量的 13.2%；全球煤炭产量为 3916.8 百万吨油当量，其中中国占总产量的 46.7%，为世界第一；全球煤炭消耗量为 3772.1 百万吨油当量，其中中国占总消耗量的 50.5%，煤炭消费增长 1.4%，为之前十年平均增速的两倍，煤炭消费的增长主要来自印度和中国。经合组织国家的煤炭需求降至 1975 年以来的最低水平。煤炭在一次能源消费中所占比重呈总体下降趋势，2018 年下降至 27.2%，为之前十五年来最低。

2018 年全球核能总消费量为 611.3 百万吨油当量，其中中国占总消耗量的 10.9%。核能消费量占一次能源总消费量的 4.4%，总体稳定。全球水电总消耗量为 948.8 百万吨油当量，其中中国占总消耗量的 28.7%，水电消费占总能源消费量的比重呈上升趋势，2018 年达到 6.8%。全球风能、热能、太阳能、生物质能和垃圾发电等其他类型可再生能源消耗量为 561.3 百万吨油当量，其中中国占总消耗量的 25.6%。可再生能源增长

14.5%，中国再次成为可再生能源增长的最大贡献者。可再生能源消费量占总消费量的比重逐年上升，2018 年占比为 4%。

2018 年全年二氧化碳排放 33890.8 百万吨，其中中国占总碳排放的 27.8%。碳排放增长 2.0%，为之前七年最高增速。

中国、美国和世界主要能源生产情况见表 10-1。在能源结构上，中国的煤炭和电力明显高于美国，但在石油和天然气的生产量上，美国是中国的 3～4 倍，中国是世界第一大能源生产国，在总量上高于第二的美国四个百分点。

表 10-1　2018 年中国、美国和世界主要能源生产情况

国家或地区	石油/百万吨	天然气/百万吨油当量	煤炭/百万吨油当量	电力/百万吨油当量	合计	占世界能源比例
中国	189.1	138.9	1828.8	592.65	2749.45	19.73%
美国	669.4	715.2	364.5	371.73	2120.83	15.22%
世界	4474.3	3325.8	3916.8	2217.90	13934.80	100%

资料来源：《2019 年 BP 世界能源统计年鉴》。

在当前社会迫切增加低碳能源比例、降低大气污染物排放时，2018 年全球一次能源需求增长 2.9% ，与此同时能源消费产生的碳排放增长 2%，能源需求和碳排放的增长速度都是近年来最快的，这与世界各国所希望的能源需求增长和碳排放降低的目标是相违背的。各国或地区对一次能源消费增长的贡献率见图 10-3。中国、美国、印度对一次能源消费增长的贡献率最大。能源需求和碳排放的总体趋势仍然在增长，按目前的发展趋势，要实现碳排放的控制目标仍有很大困难。

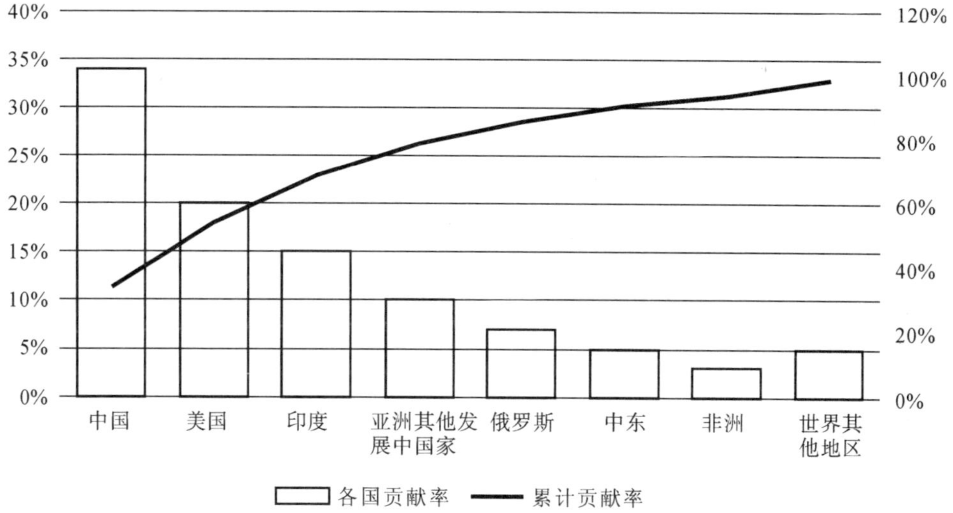

图 10-3　2018 年各国或地区对一次能源消费增长的贡献率

2018 年世界主要国家或地区能源消费情况见表 10-2，从表中可以看出，世界一次能源消费中，前三位能源分别是石油、煤炭和天然气，占比分别为 31%、26%、23%。石油、煤炭和天然气三种化石能源合计消费量，占 2018 年世界一次能源消费总量的 80%，说明当今世界的能源消费仍处于传统的化石能源时代。

表 10-2 2018 年世界主要国家或地区能源消费情况(单位为百万吨油当量)

国家或地区	石油	天然气	煤炭	核能	水电	可再生能源	总计
加拿大	110.0	99.5	14.4	22.6	87.6	10.3	344.4
墨西哥	82.8	77.0	11.9	3.1	7.3	4.8	186.9
美国	919.7	702.6	317.0	192.2	65.3	103.8	2300.6
阿根廷	30.1	41.9	1.2	1.6	9.4	0.9	85.1
巴西	135.9	30.9	15.9	3.5	87.7	23.6	297.6
智利	18.1	5.5	7.7	—	5.2	3.5	40.1
法国	78.9	36.7	8.4	93.5	14.5	10.6	242.6
德国	113.2	75.9	66.4	17.2	3.8	47.3	323.9
意大利	60.8	59.5	8.9	—	10.4	14.9	154.5
西班牙	66.6	27.1	11.1	12.6	8.0	16.0	141.4
英国	77.0	67.8	7.6	14.7	1.2	23.9	192.3
俄罗斯	152.3	390.8	88.0	46.3	43.0	0.3	720.7
伊朗	86.2	193.9	1.5	1.6	2.4	0.1	285.7
沙特阿拉伯	162.6	96.4	0.1	—	—	0.05	259.2
埃及	36.7	51.2	2.8	—	3.1	0.8	94.5
南非	26.3	3.7	86.0	2.5	0.2	2.8	121.5
澳大利亚	53.3	35.6	44.3	—	3.9	7.2	144.3
中国	641.2	243.3	1906.7	66.6	272.1	143.5	3273.5
中国香港	22.2	2.6	6.3	—	—	0.05	31.1
印度	239.1	49.9	452.2	8.8	31.6	27.5	809.2
印度尼西亚	83.4	33.5	61.6	—	3.7	3.3	185.5
日本	182.4	99.5	117.5	11.1	18.3	25.4	454.1
新加坡	75.8	10.6	0.9	—	—	0.3	87.6
韩国	128.9	48.1	88.2	30.2	0.7	5.0	301.0
中国台湾	50.0	20.3	39.3	6.3	1.0	1.5	118.4
泰国	65.8	42.9	18.5	—	1.7	4.0	133.0
越南	24.9	8.3	34.3	—	18.3	0.1	85.8
其他国家和地区	937.9	754.4	353.4	76.9	248.4	79.8	2450.4
总计	4662.1	3309.4	3772.1	611.3	948.8	561.3	13864.9

资料来源:《2019 年 BP 世界能源统计年鉴》。

2018 年中国能源消耗量为 32.74 亿吨油当量(约合 46.7 亿吨标准煤,注:此数据与中国统计局的数据稍有出入),占世界一次能源消耗总量的 23.6%,自 2009 年后连续 10 年居世界第一位,中国是世界最大的能源消费国,世界第二大能源消费国是美国,能源消费量为 23.0 亿吨油当量,占世界一次能源消费量的 15.6%。在 2009 年之前的 100 年,美国一直是世界第一大能源消耗国,一方面说明中国的经济发展速度加快,另一方面中国也面临着优化能源结构和减排的巨大压力。在能源消费结构方面,发达国家的能源消费主要以油、气、水电为主。而中国主要以煤为主,中国的能源消费结构正在不断优化之中。

10.1.2　中国能源的基本情况

1. 中国能源生产情况

(1)能源生产总量情况

能源生产总量是指一定时期内国家一次能源生产量的总和。该指标是观察一个国家能源生产水平、规模、构成和发展速度的总量指标。一次能源生产量包括原煤、原油、天然气、水电、核能及其他动力能(如风能、地热能等)发电量,不包括低热值燃料生产量、太阳热能等的利用和由一次能源加工转换而成的二次能源产量。

根据《中国统计年鉴 2019》,中国能源生产总量及构成见图 10-4,该图列出了 1978—2018 年中国能源生产总量及各类能源占能源生产总量的比重,从图中可以看出,中国能源生产总量呈逐年递增的趋势,2018 年中国能源生产总量是 1978 年的 6 倍,2018 年比 2017 年增长 5.2%。在能源生产的各类能源占比方面,中国能源以煤为

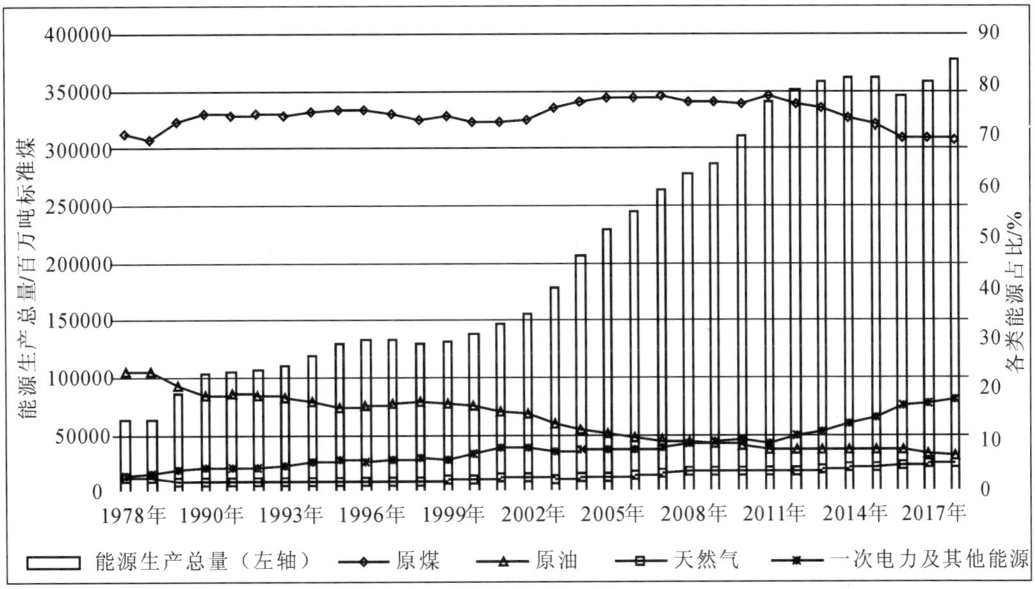

图 10-4　中国能源生产总量及构成

主的格局没有改变，在2016年原煤占能源生产总量首次降低到70%以下后，2018年该比例为69.3%。原油占能源生产总量的比重呈逐年下降的趋势，由1978年的23.7%下降到2018年的7.2%，下降比例较大。天然气占能源生产总量的比重呈逐年上升的趋势，由1978年的2.9%上升到2018年5.5%。一次电力主要是指计入一次能源的电力，主要是核电、水电、风电及太阳能发电的电力。一次电力及其他能源的比重呈逐年上升的趋势，由1978年的3.1%上升到2018年的18.0%。

(2)能源生产弹性系数情况

能源生产弹性系数是研究能源生产增长速度与国民经济增长速度之间关系的指标。计算公式为：能源生产弹性系数＝能源生产量年平均增长速度/国民经济年平均增长速度。

弹性可简单地理解为反应性或敏感性，它是衡量某一变量的变化引起另一相关变量的相对变化的指标，能源生产弹性系数用来衡量经济增长对能源消费增长的影响，也就是反映了能源消费增长速度与国民经济增长速度之间的比例关系。

能源生产弹性系数处于不断变化之中，见图10-5，1998年和2016年的能源生产弹性系数为负，说明能源生产降低的情况下还实现了国内生产总值的增长。近两年能源生产下降的主要原因如下：一是能源产品需求减少。由于1998年亚洲金融危机的冲击，直接影响中国国民生产总值，国内需求疲软，导致对能源产品需求的减少。二是能源生产量下降。耗能高、污染大的企业被关闭，从而造成能源生产量下降。

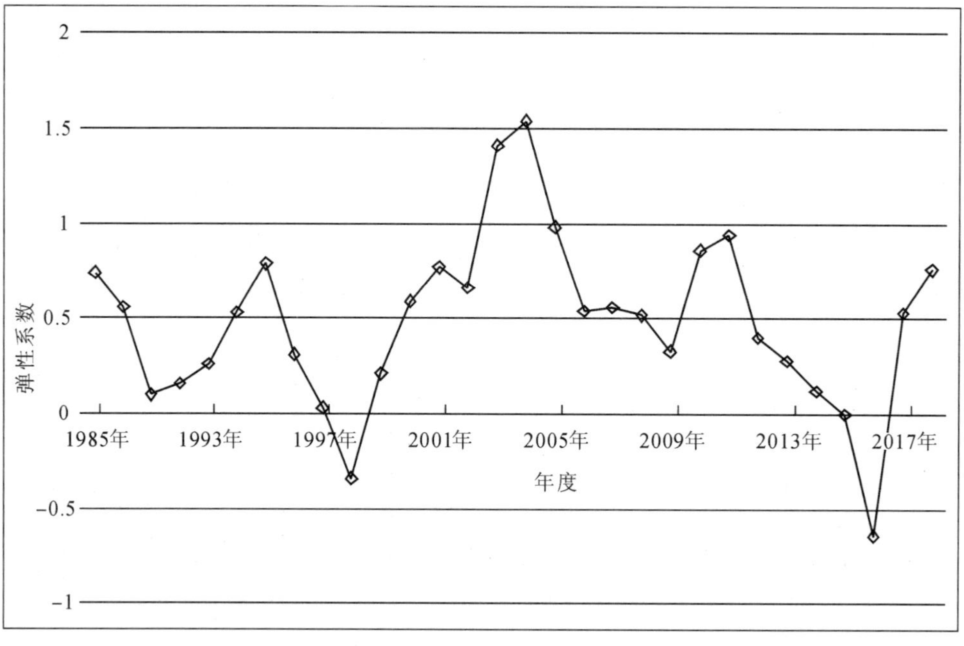

图10-5　中国能源生产弹性系数

2. 中国能源消费情况

(1)能源消费总量情况

能源消费总量是指一定地域内,国民经济各行业和居民家庭在一定时期内消费的各种能源的总和。包括:原煤、原油、天然气、水能、核能、风能、太阳能、地热能、生物质能等一次能源;一次能源通过加工转换产生的洗煤、焦炭、煤气、电力、热力、成品油等二次能源和同时产生的其他产品;其他化石能源、可再生能源和新能源。其中水能、风能、太阳能、地热能、生物质能等可再生能源,是指人们通过一定技术手段获得的,并作为商品能源使用的部分。能源消费总量分为终端能源消费量、能源加工转换损失量和能源损失量三部分。

根据《中国统计年鉴 2019》,中国能源消费总量及构成见图 10-6,该图列出了 1978—2018 年中国能源消费总量及各类能源占能源生产总量的比重。中国能源消费总量呈逐年递增的趋势,自 1978 年起,中国能源消费总量从 5.71 亿吨标准煤,增长到 2018 年的 46.4 亿吨标准煤,2018 年中国能源消费总量是 1978 年的 8 倍,比上一年增长3.4%,中国经济的快速增长伴随着巨大的能源消费。

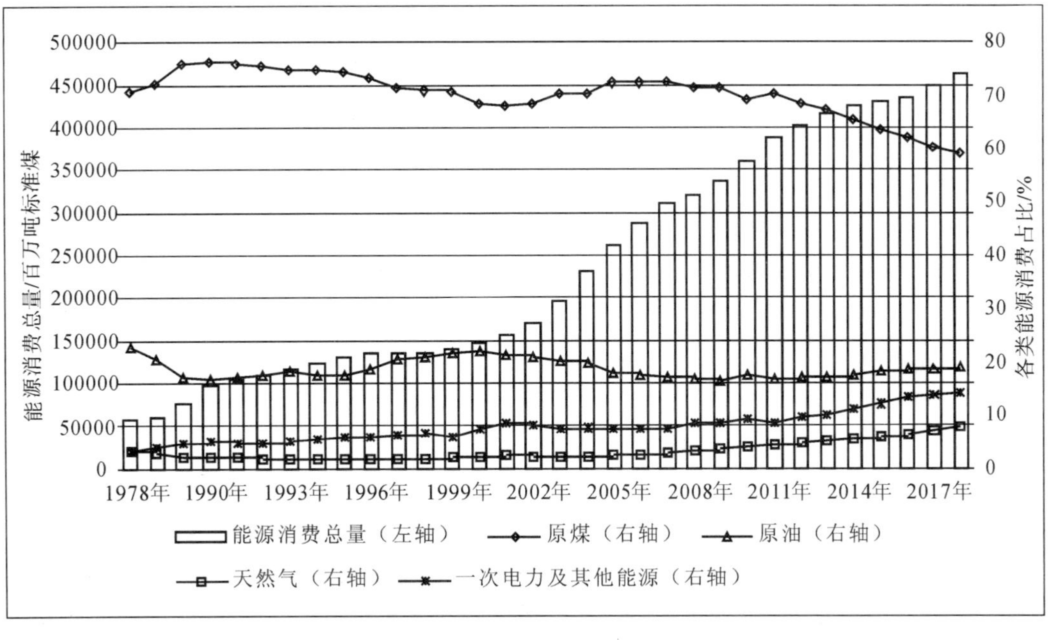

图 10-6　中国能源消费总量及构成

根据《2019 年 BP 世界能源统计年鉴》,2018 年中国占世界能源消费量的 24%和世界能源消费增长量的 34%,连续 18 年成为全球能源增长的最主要来源。2018 年中国一次能源消费增长 4.3%,达 2012 年来最高增速。自 2010 年以来,中国一直是世界第一能源消费大国。

2018 年,中国的能源结构持续改进。在各类能源占比方面,能源消费品种的比重发生很大的变化,煤炭的消费下降显著,而天然气、一次电力及其他能源的消费增长较快。2018 年中国可再生能源消费总量为 143500 吨石油当量,占全世界可再生能源消费比重的 25.57%;可再生能源消费增长 29%,创造了近些年的最大增长,占全球增长的 45%;天然气消费增长 18%,占全球天然气消费净增长的 22%。尽管煤炭仍是中国能源消费中的主要燃料,但煤炭在中国一次能源结构中的占比由 2008 年的 72%下降至 2018 年的 59% 。

2018 年中国非化石能源的比重为 14.3%,与中国政府提出要确保实现 2030 年非化石能源消费比例提高到 20%的目标还有一定差距。因此,未来十年中国将引导非化石能源消费,并且逐步提高非化石能源消费比例。

(2)能源消费弹性系数情况

能源消费弹性系数是反映能源消费增长速度与国民经济增长速度之间比例关系的指标。计算公式为:能源消费弹性系数=能源消费量年平均增长速度/国民经济年平均增长速度。通常情况下,发展中国家在由低收入向中等收入发展的时期,经济增长对能源需求主要依靠能源量的投入,并且能源消费增长速度超前于经济增长,说明能源的大量投入和消耗不能换取国民经济的快速增长,这时能源消费弹性系数大于 1;当能源的消耗与国民经济的增长基本保持平衡时,能源消费弹性系数等于 1;当随着能源结构的改善、科学技术的进步,能源消耗不断下降,能源的消耗刺激国民经济的快速发展,能源消费弹性系数小于 1。一般发达国家的能源消费弹性系数较小。

根据图 10-7,中国能源消费增幅从 2010—2015 年一直减缓,但 2016 年和 2017 年增幅又开始增大。中国能源消费弹性系数大幅下降,除 2003—2005 年三年的能源消费弹性系数大于 1 外,其他年份均小于 1。从能源消费弹性系数变化情况看,2011 年中国能源消费弹性系数为 0.76,表明经济发展对能源消费的依赖程度较高。2012 年和 2013 年下降到 0.5 以下,2014 年下降到 0.29,2015 年最终下降到 0.14,2016 年反弹至 0.21,2017 年为 0.50,能源消费弹性系数在不断地波动中。

2003—2005 年能源消费弹性系数大于 1,能源消费增长快于经济增长的主要原因:一是由于投资高速增长导致钢铁、水泥、电解铝等高耗能产业迅速扩张,从而造成能源消费快速增长。高耗能产品的迅速增长必然带动能源消费的快速增长。二是产业结构变化导致能源消费增长加快。因重工业单位产出能耗要远大于轻工业,因此重工业比重上升必将使整个工业的能源消费增长加快。除了以上的客观原因,还与这几年中国经济快速增长是在消耗大量能源和原材料基础上取得有关,经济增长方式粗放,并由此造成能源供需缺口不断扩大,能源价格持续上涨。

(3)能源消费强度变化情况

中国单位 GDP 能耗呈逐年下降的趋势,见图 10-8。2017 年全国万元 GDP 能耗水平为 0.57 吨标准煤,比 2016 年下降 5%。

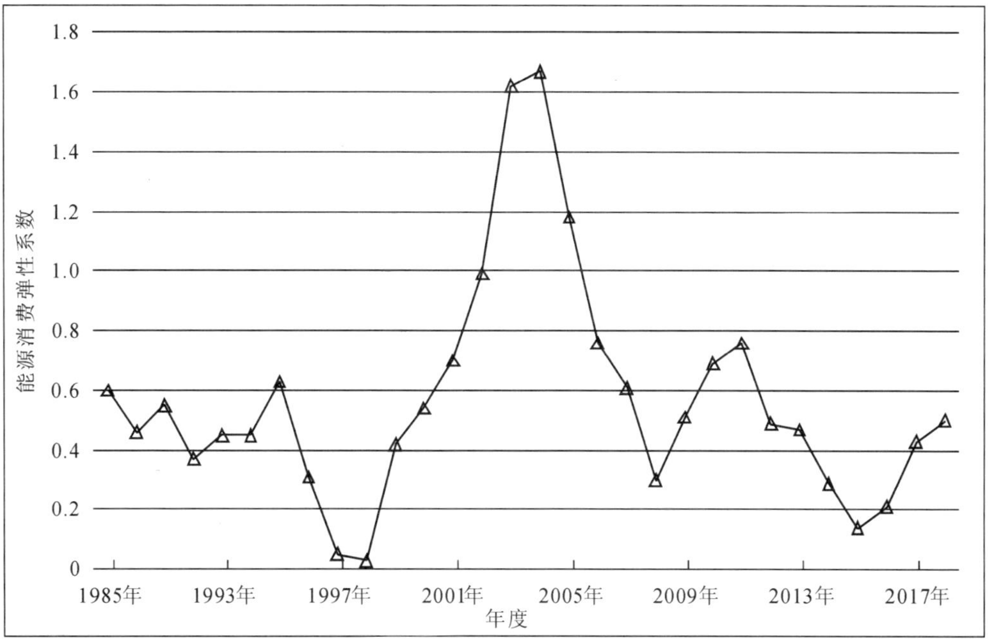

图 10-7 能源消费弹性系数

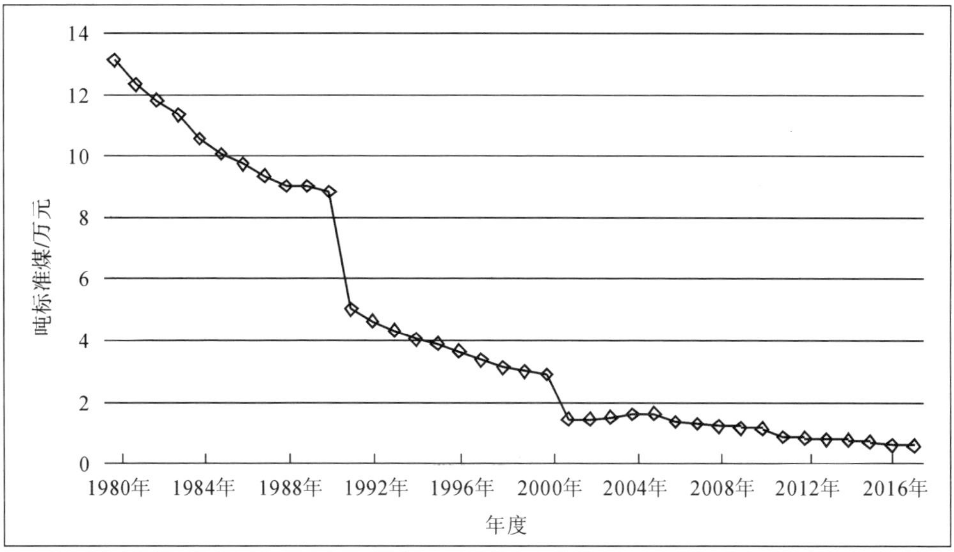

图 10-8 平均每万元国内生产总值能源消耗量

3. 中国能源生产和能源消费的综合分析

中国能源生产、消费变化与国民经济增长不同步。中国能源生产增长率、能源消费增长率和国内生产总值增长率的关系见图 10-9，从国内生产总值增长率和能源生产、能源消费的增长率的对比可以看出，国内生产总值增长率一直高于能源生产和消费的增长率。能源生产弹性系数和能源消费弹性系数变化情况见图 10-10，只有 2003

年和 2004 年的能源生产弹性系数和 2003 年、2004 年和 2005 年的能源消费弹性系数大于 1，其他年份的能源生产系数和能源消费弹性系数均小于 1。

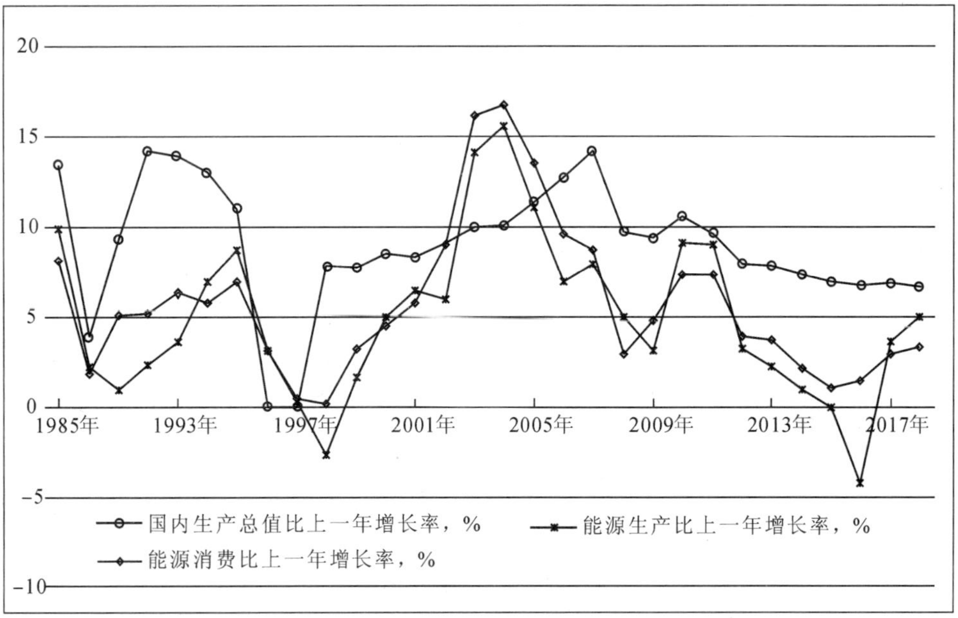

图 10-9　经济、能源增长率对比

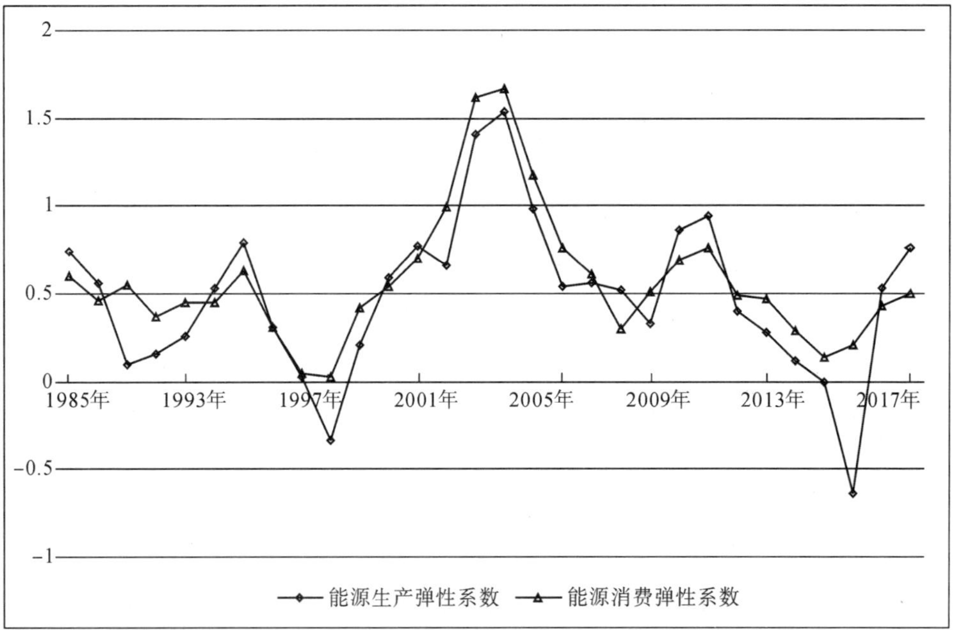

图 10-10　能源生产、消费弹性系数对比

10.1.3　交通运输能源情况分析

10.1.3.1　中国交通运输能耗情况

根据中国统计年鉴各行业能耗消耗量数据(表10-3),2017年中国工业能源消耗量占全国能源消耗总量的65.66%,交通运输行业占全国能源消耗总量的9.41%。交通运输业能源消费增长较快,是继工业和生活消费之后的第三大能耗产业。由于中国能源消耗量统计口径的问题,交通运输的能耗有低估的可能,目前我国的统计中,交通运输行业仅包括从事运营的交通运输工具的燃料消耗量,非交通运输行业的道路或水运交通工具,和社会非运营交通工具(如私人车辆)的燃油消耗并没有纳入交通运输行业的能源消耗统计中。因此,实际交通运输能源消耗量要大于目前统计口径的交通运输能源消耗量。根据王庆一核算中国能源效率过程研究,据世界银行的调查,汽油全部用于交通运输,柴油方面,除交通运输部门用油外,工业部门用柴油的10%,农业部门用柴油的20%也用于交通运输。交通运输部门的汽油和柴油量要多于统计部门公布的数据。

表10-3　中国各行业能源消耗量及占比(2017年)

行业	农林牧渔	工业	建筑业	交通运输行业	批发零售住宿餐饮	其他行业	生活消费	合计
能耗消费总量/万吨标准煤	8931.23	294488	8554.51	42190.79	12475.43	24268.83	57620.31	448529.14
各行业总量占比	1.99%	65.66%	1.91%	9.41%	2.78%	5.41%	12.85%	100.00%
煤炭消耗量/万吨	2833.93	365480.27	732.82	352.71	3461.05	3579.96	9282.52	385723.25
各行业煤炭占比	0.73%	94.75%	0.19%	0.09%	0.90%	0.93%	2.41%	100.00%
汽油消耗量/万吨	229.34	382.1	472.32	5698.53	264.46	2075.05	3294.17	12416.27
各行业汽油占比	1.85%	3.08%	3.80%	45.90%	2.13%	16.71%	26.53%	100.00%
柴油消耗量/万吨	1546.82	1459.94	596.06	11253.69	233.77	1233.3	672.96	16996.54
各行业柴油占比	9.10%	8.59%	3.51%	66.21%	1.38%	7.26%	3.96%	100.00%
煤油消耗/万吨	1.52	14.55	9.75	3173.31	11.30	88.36	27.58	3326.36

续表 10-3

行业	农林牧渔	工业	建筑业	交通运输行业	批发零售住宿餐饮	其他行业	生活消费	合计
各行业煤油占比	0.05%	0.44%	0.29%	95.40%	0.34%	2.66%	0.83%	100.00%
燃料油消耗/万吨	1.31	3043.74	43.24	1771.34	15.15	12.51	0	4887.30
各行业燃料油占比	0.03%	62.28%	0.88%	36.24%	0.31%	0.26%	0.00%	100.00%
天然气消耗量/亿立方米	1.14	1575.25	1.8	284.71	57.56	52.95	420.3	2393.7
各行业天然气占比	0.05%	65.81%	0.08%	11.89%	2.40%	2.21%	17.56%	100.00%
电力消耗量/亿千瓦时	1175.12	44959.84	789.22	1417.98	2526.65	4880.59	9071.57	64820.97
各行业电力占比	1.81%	69.36%	1.22%	2.19%	3.90%	7.53%	13.99%	100.00%

1. 交通运输能源消费总量逐年增加

交通运输能耗增长率总体上要高于全国能耗增长率，见表 10-4。交通运输行业能源消耗总量逐年增加，2017 年比 2011 年增加了 13655 万吨标准煤，年均增长 7.6%。图 10-11 是能耗增长率比较曲线，从图中可以看出 2005—2017 年交通运输和全国能耗增长率的变化情况。除了 2009 年和 2013 年外，其他时间点的数据均为交通运输业能耗增长率高于全国能耗增长率。

表 10-4　交通能耗和社会能源增长情况

年度	2005 年	2011 年	2012 年	2013 年	2014 年	2015 年	2016 年	2017 年
全国消费总量/万吨标准煤	223319.3	348001.7	361732	416913	425806.1	429905.1	435818.6	448529.1
全国同比增长率/%	9.89	7.10	3.95	15.25	2.13	0.96	1.38	2.92
交通运输、仓储和邮政业/万吨标准煤	16671.81	28535.5	31524.71	34819.02	36336.43	38317.66	39651.21	42190.79
交通同比增长率/%	10.38	9.46	10.48	10.45	4.36	5.45	3.48	6.40
交通能耗占总能耗比重/%	7.47	8.20	8.71	8.35	8.53	8.91	9.10	9.41

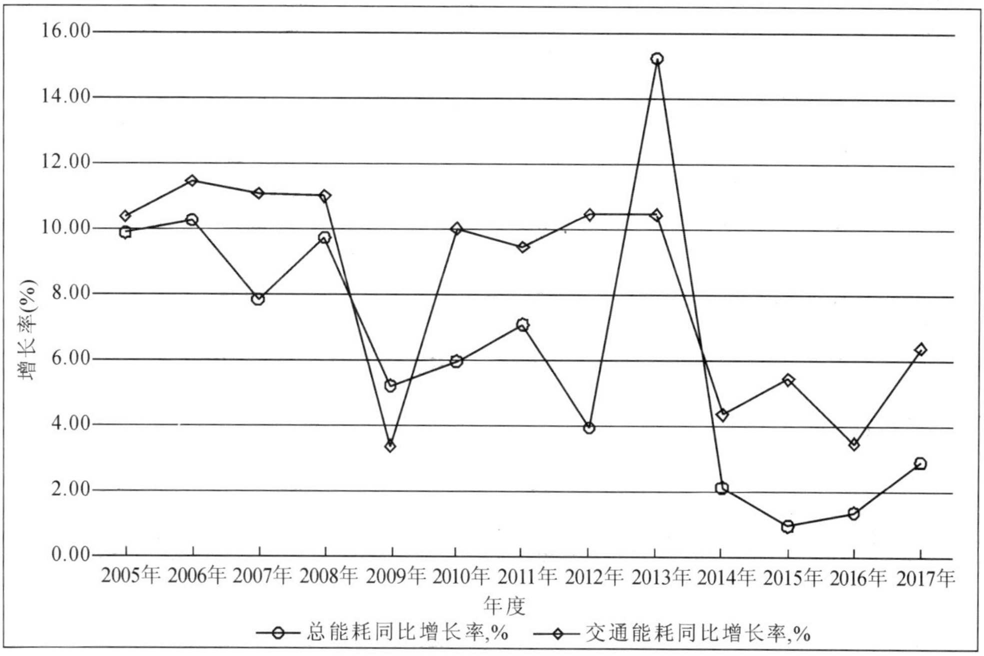

图 10-11 全国总能耗与交通能耗增长率情况

2. 交通运输能源消费结构逐渐完善

全国及交通运输各类能源增长率见表 10-5,煤炭呈逐年下降的趋势,2017 年降低 12.67%,明显低于全国的煤炭增长率。交通运输行业使用汽油和柴油的增长率基本与全国持平。交通运输行业天然气的用量增长较快,在 2014—2015 年增长率一度超过全国增长率,这与交通运输车辆和船舶“油改气”密切相关。交通运输行业电力用量增长也很快,2011—2017 年增长率明显高于全国增长率,这与交通运输使用的电动汽车、火车使用的电力及各种“油改电”技术密切相关。

表 10-5 全国及交通运输各类能源增长率(%)

比较项目		2005 年	2011 年	2012 年	2013 年	2014 年	2015 年	2016 年	2017 年
煤炭	全国	11.86	9.84	3.12	20.01	−3.02	−3.55	−3.14	0.30
	交通	−2.02	1.04	−4.89	0.19	−9.33	−11.89	−17.85	−12.67
焦炭	全国	28.60	13.29	3.17	16.45	2.25	−6.03	3.19	−3.78
	交通	−40.22	−25.00	0.00	2355.56	22.17	11.85	6.29	87.23
原油	全国	4.65	2.55	6.17	4.23	5.95	4.93	3.58	5.13
	交通	2.46	−33.29	13.28	24.56	−69.84	−20.07	−37.68	−61.19
汽油	全国	3.35	7.40	10.07	15.05	4.38	16.29	4.38	4.64
	交通	7.00	5.26	11.25	16.75	6.46	13.75	3.85	3.40

续表 10-5

比较项目		2005 年	2011 年	2012 年	2013 年	2014 年	2015 年	2016 年	2017 年
煤油	全国	1.51	4.17	7.70	10.60	7.92	14.06	11.52	11.97
	交通	7.65	2.83	8.55	11.81	10.90	13.03	12.38	12.73
柴油	全国	10.89	6.84	8.51	1.09	0.09	1.14	−3.00	0.94
	交通	20.02	11.35	13.09	1.80	1.12	1.09	−0.84	1.67
原料油	全国	−11.32	−2.53	0.56	7.35	11.29	5.94	−0.66	5.53
	交通	0.92	1.40	2.88	3.26	4.02	−3.15	4.99	17.20
天然气	全国	20.77	21.34	12.08	16.57	9.59	3.36	7.57	15.19
	交通	47.24	29.66	11.68	13.77	21.98	10.82	7.22	11.75
电力	全国	13.51	12.08	5.88	8.92	4.02	2.90	5.65	5.75
	交通	−4.29	15.51	7.89	9.35	5.83	6.27	11.18	13.30

数据来源：中国统计年鉴(各年)。

交通运输行业能源消费结构主要以油耗为主，其次是天然气、电力的消费，还有少量煤炭等能源。2017 年油耗占比为 75.83%，电力占比为 2.19%，天然气占比为 11.89%，煤炭占比为 0.09%。

交通运输油耗占全国油耗比重大。在分类的能源消耗中，交通运输行业的汽油和柴油消耗量占比分别为 45.9%、66.21%，处于绝对领先的位置，这主要是因为汽车消耗的汽油和柴油较多。交通运输行业的煤油占全国消耗量的 95.4%，主要是航空的飞机所消耗。交通运输行业燃料油消耗占比为 36.24%，仅次于工业消耗，主要用于船舶燃料等。交通运输行业消耗汽油、柴油、煤油、燃料油等石油类燃料的占比均较大，说明交通运输主要以石油类燃料为主，尽管交通运输总能耗占全国总能耗的比例不是很大(排名第三，比例为 9.4%)，但由于油类所占比例大，其能耗状况直接影响和决定着整个社会的节能效果，以及对环境的影响程度。

根据《公路水路交通运输节能减排“十二五”规划》，2008 年交通运输业石油消费量约占全国石油终端消费总量的 36%，其中公路运输、水路运输、城市客运在交通运输业中的比例分别约为 44%、20%和 15%。

交通运输业油耗占交通运输总能耗比重见表 10-6，目前中国交通运输行业的能耗具体表现为以石油消耗为主，油耗占总能耗的比重总体上呈逐年下降的趋势，但下降的幅度较小，从 2005 年的 84.49%降为 2017 年 75.83%。

表 10-6　交通运输业油耗占交通运输总能耗比重

年度	2005 年	2011 年	2012 年	2013 年	2014 年	2015 年	2016 年	2017 年
交通运输总消耗量/万吨标准煤	16671.81	28535.5	31524.71	34819.02	36336.43	38317.66	39651.21	42190.79
交通运输油类消耗量/万吨标准煤	14086.48	23279.39	25929.76	27553.74	28402.73	29866.78	176280	31994.7
油类消耗占交通总能耗比重/%	84.49	81.58	82.25	79.13	78.17	77.95	77.10	75.83

如表 10-7 所示，交通运输电耗占交通运输总能耗的比例低，总体来看电力在交通运输的比例是逐步增加的，而且在 2016 年之后增加的速度较快。

表 10-7　交通运输行业电耗占交通运输总能耗比例

年度	2005 年	2011 年	2012 年	2013 年	2014 年	2015 年	2016 年	2017 年
交通运输总消耗量/万吨标准煤	16671.81	28535.5	31524.71	34819.02	36336.43	38317.66	39651.21	42190.79
交通运输电耗量/万吨标准煤	1738.57	3427.62	3698.09	4043.72	4279.33	4547.46	5056.02	5728.64
电耗占交通总能耗比重/%	10.43	12.01	11.73	11.61	11.78	11.87	12.75	13.58

交通运输行业的天然气消耗占总消耗量的 11.89%，主要是交通运输行业应用天然气车辆和船舶逐步增多的原因。总体来说，交通运输行业的能源结构调整的任务仍很艰巨，需进一步降低化石能源的占比，提高清洁能源和新能源的占比。根据《交通运输节能环保"十三五"发展规划》，交通运输行业清洁能源使用比重不足 5%，能源利用效率尚需提高。

当前，能源成本占交通运输企业生产总成本的 30%～40%。特别是在能源紧缺和油价上涨等背景下，能源成本已成为企业经营成本和核心竞争力的重要影响因素。

10.1.3.2　美国交通运输能耗情况

美国俗称为汽车轮子上的国家，2018 年美国能源消费中的 28%用于运送人和货物的交通运输行业。交通运输用能主要由以下能源构成，分别为由原油炼制和天然气加工产生的汽油、柴油、航空燃料、残渣燃料油和丙烷，乙醇和生物柴油构成的生物燃料，天然气，电力（由多种能源生产）。2018 年美国交通运输能源占比情况见图 10-12，美国运输用各类能源占比为：油类占 92%；生物燃料占 5%；天然气占 3%，主要用于车辆、船舶等；电力不到 1%，主要用于公共交通系统。汽油是美国交通燃料中最重要的能源，2018 年石油类汽油（不包括乙醇）占交通运输用能的 54%，蒸馏油（主要是柴油）占 23%，航空燃料占 12%。

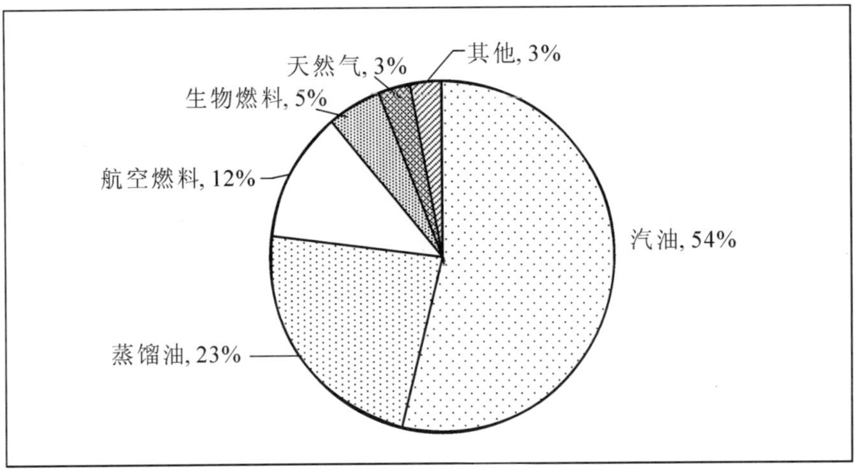

图 10-12　美国 2018 年交通运输能源占比情况

为改善石油类燃料的环保性，美国在石油燃料中添加生物燃料。乙醇和生物柴油实际上是最初用于汽车的燃料，但后来被汽油和柴油所取代。现在由于环保的需要乙醇被添加到车用汽油中，生物柴油被添加到柴油中。2018 年，生物燃料消费总量约占美国交通运输部门能源消费总量的 5%，其中乙醇占 4%、生物柴油占 1%。

10.1.3.3　欧盟的交通运输能耗情况

近些年，欧盟运输部门的温室气体排放量有所增加，而 2017 年，新乘用车的平均二氧化碳排放量首次增加，交通运输排放仍然是空气污染的重要来源，特别是颗粒物和二氧化氮，尽管这些排放量在过去十年中有所减少，它也是欧洲环境噪声的主要来源。运输部门约占整个欧盟能源最终消费的 30%。

(1)欧盟运输部门相关的能耗和排放政策

运输部门是欧洲的一个重要经济部门。因此，减少对环境和气候的压力对于实现欧盟第七个环境行动计划（7EAP）“在我们的星球范围内生活得好”的长期愿景至关重要。欧盟委员会 2011 年交通白皮书提出了到 2030 年，运输温室气体排放量比 2008 年减少 20%，到 2050 年，运输温室气体排放量比 1990 年减少 60%的目标。与运输部门在气候方面有关的具体目标主要基于以下欧盟立法：

《可再生能源指令》(2009/28/EC),规定到2020年,每个成员国的可再生能源在交通部门最终能源消耗中所占份额为10%。

《关于新型乘用车(443/2009)和新型轻型商用车(510/2011)二氧化碳排放的法规》规定,到2021年(新车)的二氧化碳平均排放限值为95g/km,到2020年(新车)的二氧化碳平均排放限值为147g/km。

《燃料质量指令》(98/70/EC)规定了有关在其领土内出售用于公路运输的汽油和柴油质量的报告要求。成员国应要求供应商在2020年12月31日前逐步减少燃料和能源供应的每单位能源的生命周期温室气体排放量,最多减少10%。

根据目前数据及趋势分析,欧盟运输部门目前很难实现过去温室气体排放总量、2017年新车平均二氧化碳排放量、石油消费量和可再生能源使用量的政策目标。

(2)运输部门温室气体排放量正在逐年增加

2007年至2013年间,排放量逐年减少。但之后运输(包括国际航空,但不包括海运)产生的温室气体排放量一直在增加,目前占欧盟温室气体排放总量的四分之一左右。到2016年,交通排放量比1990年高出26.1%。如果考虑到2017年的初步数据,它们比1990年的水平高出28%。与1990年的水平相比,运输部门仍然是温室气体排放量增加的唯一主要欧盟经济部门。公路运输占运输温室气体排放量的82%,占欧盟温室气体排放总量的五分之一,自2014年以来一直在增长。

(3)运输用油量仍在不断提高

欧盟运输仍然非常依赖石油,石油燃料占运输最终能源消耗的95%。在2007年达到峰值后,运输石油消耗(包括海运燃料)持续下降,直到2013年,比2007年的水平低11%。这是由于能源效率的提高,经济衰退的影响导致随后的运输需求下降,以及2010年之后的一段高油价时期用能需求受到经济因素的抑制。自2014年以来,运输业的石油消费量一直呈上升趋势,平均每年增长1.7%。

道路运输占运输行业化石能源的最大份额,因为2016年,公路运输占欧盟总消费量的77%。尽管自2007年以来有所下降,但2016年公路运输能耗仍比1990年高出26%。2000年至2016年间,道路运输中使用的柴油比例继续增加,从占公路运输燃料总量的51%增至67%以上。这证实了这一时期欧洲车队的柴油化程度在不断提高。

(4)可再生能源应用占比仍然较低

根据《可再生能源指令》,到2020年,所有欧盟成员国必须在运输部门实现可再生能源消费最低占10%的份额。根据2017年的初步估计,可再生能源在运输中的使用比例从2016年的7.1%增长到2017年的7.2%。在欧盟层面,可再生能源份额占比的趋势仍远低于2020年的目标。可再生能源在交通运输中所占的份额各国不同,从30%(瑞典)到接近0.4%(爱沙尼亚)。也仅有瑞典和奥地利已经实现到2020年可再生能源在交通运输中所占份额达到10%的目标。运输中使用的可再生能源主要来自生物燃料(接近90%),电力对可再生能源比例的贡献仍然很小。

(5)公路运输的电气化程度有所提高

电动汽车预计将成为欧洲交通系统的关键组成部分，有助于减少对气候变化和空气质量的影响，但这与电力结构关系很大，如使用可再生能源发电的电动汽车的生命周期排放量可能比同等内燃机汽车低近90%，但目前使用煤炭发电的电动汽车的生命周期排放量高于内燃机汽车。此外，虽然纯电动汽车的废气排放为零，因此有助于改善空气质量，但来自轮胎和制动器磨损以及道路磨损等非废气排放以及能源生产排放仍然存在。未来，随着在欧洲电力生产中更多地使用低碳能源，电动车辆的推广使用在降低温室气体和减少大气污染物排放方面的效果会更好。欧盟电动汽车的使用逐年增加，2017年，电动汽车占欧盟新乘用车注册总量的0.6%，欧盟各成员国出台了购买电动汽车的财政激励措施，并鼓励消费者选择更清洁的汽车。

(6)运输部门已大幅度减少了某些大气污染物的排放

在2000年至2016年期间，运输部门显著减少了硫氧化物(SO_x)、氮氧化物(NO_x)和颗粒物等大气污染物的排放。这是由于采用了燃料质量标准、欧洲车辆排放标准和使用了更清洁的技术。运输业占所有行业氮氧化物排放量的一半以上，其他大气污染物的总排放量占比也较大。

(7)水路运输占比份额仍然较低

2013年，公路运输占运输行业能源消费的82%，其次是航空运输占14%，铁路和水运只占2%，这些能源消费占比几乎与2000年相同。欧盟所有国家的目标都是减少道路在运输中的份额，以此减少能源消费和排放，然而欧盟的大多数国家，被认为高效的铁路和水路运输方式的占比正在下降，但荷兰和瑞典是个例外，它们是铁路和水路运输份额最高的国家(分别为53%和46%)，也是铁路和水路占比发展最快的国家之一。因此，欧盟多数国家的运输结构调整任务仍很艰巨。

10.2 中国能源面临的主要问题与挑战

10.2.1 煤炭和石油等化石能源占比仍较高

通过与世界主要国家或地区能源消费情况对比可以看出，中国能源消费结构与发达国家存在较大差异，煤炭在中国的能源消费结构中所占比例始终在60%以上，石油所占比例比较稳定，占消费总量的30%左右，天然气所占比例较小。而世界能源消费始终是以石油为主，煤炭、天然气消费量相似。与世界能源消费结构对比，中国的能源消费结构较为单一，对煤炭能源的依赖程度较大，而对核能、天然气、水电等能源利用较少。过量使用煤炭给环境带来很大的污染，这是中国能源消费结构存在的主要问题之一。

中国能源消费结构正向火电、煤炭为主，水电、光伏发电、燃油、天然气和其他能源为补充的能源消费结构转化。煤炭、石油等化石能源不仅储量有限，总有用完的时候，而且对环境的影响很大，危害人类的身体健康。太阳能、风能等可再生能源受天气的影响很大，而氢能如果大规模开发成功的话，可以实现能源革命，摆脱对化石能源的依赖。

10.2.2 能源利用效率低

能源加工转换效率是反映能源利用效率的指标，是指一定时期内，能源经过加工、转换后，产出的各种能源产品的数量与同期内投入加工转换的各种能源数量的比率。该指标是观察能源加工转换装置和生产工艺先进与落后、管理水平高低等的重要指标。中国能源加工转换效率见表 10-8。中国能源加工转换效率处于逐步提升中，但与发达国家相比，仍有较大差距。

表 10-8 中国能源转换加工效率(%)

年度	总效率	发电及电站效率	炼焦	炼油
1985 年	68.29	36.85	90.79	99.10
1990 年	66.48	37.34	91.28	90.19
1995 年	71.05	37.31	91.99	97.67
2000 年	69.38	37.78	96.20	97.32
2005 年	71.11	38.97	97.14	96.94
2010 年	72.52	41.99	96.38	97.00
2011 年	72.19	42.13	96.30	97.41
2012 年	72.68	42.81	95.65	97.11
2013 年	72.96	43.12	95.60	97.65
2014 年	73.49	43.55	95.07	97.54
2015 年	73.72	44.22	92.34	97.55
2016 年	73.85	44.60	92.76	97.81
2017 年	73.69	45.07	92.83	97.60

根据《2019 年 BP 世界能源统计年鉴》的能耗数据，2018 年美国能源消耗量为2300.6 百万吨油当量，国内生产总值(GDP)为 205130.00 亿美元；日本的能源消耗量为 454.1 百万吨油当量，GDP 为 50706.26 亿美元；中国的能源消耗总量为 3273.5 百万吨油当量，GDP 为 134572.67 亿美元。根据以上数据计算美国、日本和中国的单位 GDP 能耗分别为 1.12 吨油当量/万美元，0.90 吨油当量/万美元和 2.43 吨油当量/万美元。以上直接根据 GDP 计算能耗强度，中国的计算结果偏高，根据中国能源消费强度数据分析看出，与发达国家相比，也有较大差距。

中国港口虽然同样使用了世界上先进的装卸设备，中国的装卸量和装卸效率居世界前列，但港口单位能耗也较高，处于不断的提高中。

10.2.3 能源供应安全面临挑战

中国能源安全面临严峻挑战。能源安全是指保障能源可靠和合理的供应。随着中国经济的快速发展，能源需求快速增长，由于中国能源储备有限，对外能源需求不断增加，能源供应安全问题日益突出。

1. 经济发展对能源的需求不断增加

中国经济快速发展，GDP 保持在 6%以上，经济的快速发展需要更多的能源作为支撑。中国能源消费总量不断增加，根据国家统计局数据，2018 年中国能源生产总量是 46.4 亿吨标准煤，相比 2017 年增速为 3.4%。中国对于煤炭、石油、天然气的需要量仍然很大。

2. 中国能源储备与供应

中国的能源需求不断增加，但能源储备有限，能源的供应也有限。2018 年中国石油、天然气和煤炭三大化石能源储备及与世界总储量的占比见表 10-9。

表 10-9 中国主要能源储量及占比

能源类型	石油	天然气	煤炭
储量	35 亿吨	6.1 万亿立方米	138819 百万吨
占世界储量比例	1.5%	3.1%	13.2%

3. 中国能源进口量不断提高

中国石油和天然气的供应仍依赖于进口。中国是石油净进口国，保障石油的可靠供应对国家安全至关重要。

中国成为世界第一大油气进口国。2018 年中国进口原油 464.5 百万吨，进口成品油 81.9 百万吨，进口天然气 1213 亿立方米。中国进口煤炭 146.5 百万吨油当量，比 2017 年增长 4.6%。

2018 年，中国石油对外依存度达 72%，为近五十年来最高，这个数值远远高于国际上认为对外依存度 50%的安全警戒线，对能源安全风险的担忧继续上升。

近年来在大力推进天然气政策的促进下，天然气占能源结构的比重持续提升，2018 年中国天然气的消费量增长到 2839.8 亿立方米，而天然气的产量为 1610.2 亿立方米，天然气的对外依存度达到了 43.3%，随着中国推进天然气政策的落实和天然气发展障碍的破除，天然气的需求将持续提升，如果天然气的产量不能实现大幅度提升，天然气的对外依存度将继续加大，也会给中国的能源安全带来潜在的威胁。

4. 能源安全问题日益突出

现代社会能源安全不仅仅局限于能源本身的供应和价格安全，能源安全还表现为各类能源的可获得性，基础设施、供应链、贸易途径的安全和可靠性，以及能源安全的系统性和应急反应机制，另外能源安全与环境、气候变化等问题密切相关。

纵观人类历史，当能源或原料短缺影响经济增长的时候，就会投入资金进行科学研究解决能源问题，或者有效地利用能源，或者发现了全新的能源。因此，也可以说，世界缺的不是能源，而是能够驾驭并转换符合我们所需要的知识或科技创新能力。从这个角度说，世界的能源始终都在，虽然经济社会发展，不断地消耗能源，但随着我们的认识和技术不断地进步，不仅能够提高能源效率，而且会发现或发明更多的可利用的能源。虽然不同时期、不同阶段当发生能源危机时，总会有新的技术能够发现和创造更适用的能源。但由于技术水平高低和发展阶段的不同，对于一个国家来讲，能源供应安全问题仍是一个重大的战略问题。

10.2.4 能源环境问题日益突出

随着中国经济的高速发展，中国作为能源消费第一大国，能源环境问题更加突出，生态文明建设面临着巨大挑战，同时能源环境问题对经济发展的影响较大。随着经济的快速发展和生活水平的提高，一方面对能源的需求越来越大，另一方面人们对环境质量的要求越来越高，中国政府对环境问题也更加重视，相应的环境保护法律法规和标准规范也更加严格。

1. 能源对环境造成大量的污染

能源是目前人类活动造成大气污染物的最大来源。大气污染物包括二氧化硫、二氧化氮、一氧化碳、颗粒物等，其中二氧化硫和氮氧化物的排放几乎完全是由于能源生产和使用，85%一次颗粒物也是来源于能源。以煤炭和石油为主的化石能源消费是导致污染物排放的根本因素。随着中国政府对生态环境的日益重视，能源消费带来的生态环境污染问题逐渐成为各级政府能源经济运行情况的衡量指标之一，经过能源结构的调整，大气污染综合治理，我国的大气污染物排放近年来逐年下降，如图 10-13 所示。

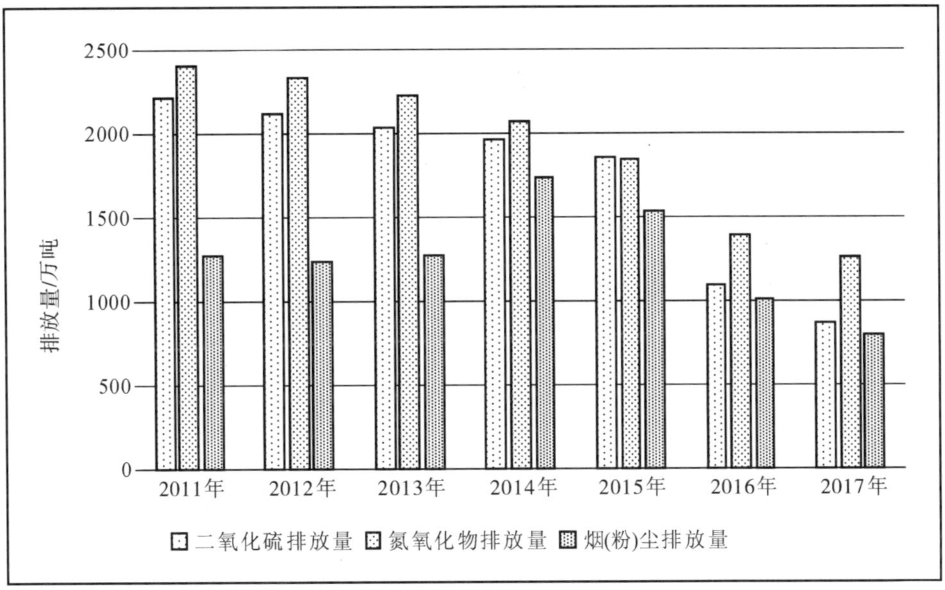

图 10-13 中国大气污染物排放情况

尽管交通运输行业积极采用新技术、新装备，出台新政策，但交通运输行业仍是大气污染物的主要来源之一。根据国际能源署的统计，交通运输行业的排放占世界能源消费排放近 1/3，预计到 2030 年，交通运输能耗和排放比重将超过 50%。

交通运输对环境的影响具有以下特点：一是交通运输对生态环境的破坏主要集中为对大气环境的破坏，这部分污染主要来自于运输工具特别是机动车辆的尾气排放，另外还有噪声、固体废弃物、交通事故和拥挤等带来的生态环境和生活环境破坏的影响。二是交通运输对环境的影响具有一定的区域特性，这一区域主要集中在运输线路周围及其他运输活动聚集区，如港口生产活动主要是对港口周边环境的影响，目前，尤以对城市区域的影响为主。三是交通运输特别是陆路交通运输（公路运输与铁路运输）尾气的排放更接近地面，对于生态环境和人们的健康的负面影响更为明显。

随着经济的快速发展，能源生产和使用对环境的影响日益严重，要想实现绿色低碳发展和可持续发展必须解决能源使用的环境问题。

2. 能源造成的温室气体排放增加

温室气体主要是二氧化碳、甲烷、一氧化二氮等使地球变暖的气体，其中二氧化碳含量约占温室气体的 80%。温室气体使地球表面变得更暖，类似于温室截留太阳辐射，并加热温室内空气。

根据 BP 世界能源统计年鉴，中国的一次能源消费和二氧化碳排放增长情况见图 10-14，二氧化碳排放跟能源消费密切相关。2018 年，中国因能源使用产生的二氧化碳排放增长 2.2%，相较于之前五年平均增速（0.5%）呈现反弹趋势。

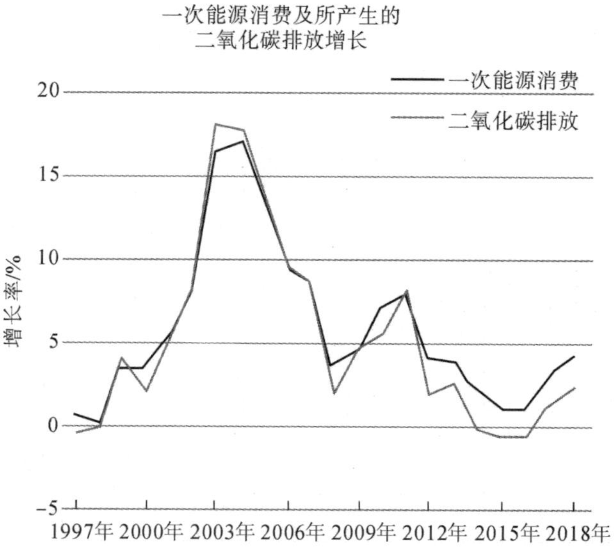

图 10-14 中国的一次能源消费和二氧化碳排放增长情况

中国是世界最大的能源消费国，同时也是世界最大的二氧化碳排放国，2018 年中国化石能源相关的二氧化碳排放为 94.3 亿吨，占世界排放总量的 27.8%，根据图 10-15 中国二氧化碳排放及与世界总排放占比可以看出，中国二氧化碳排放在 2013 年之后有个降低过程，这说明中国的能源结构调整和节能减排政策的效果开始显现。

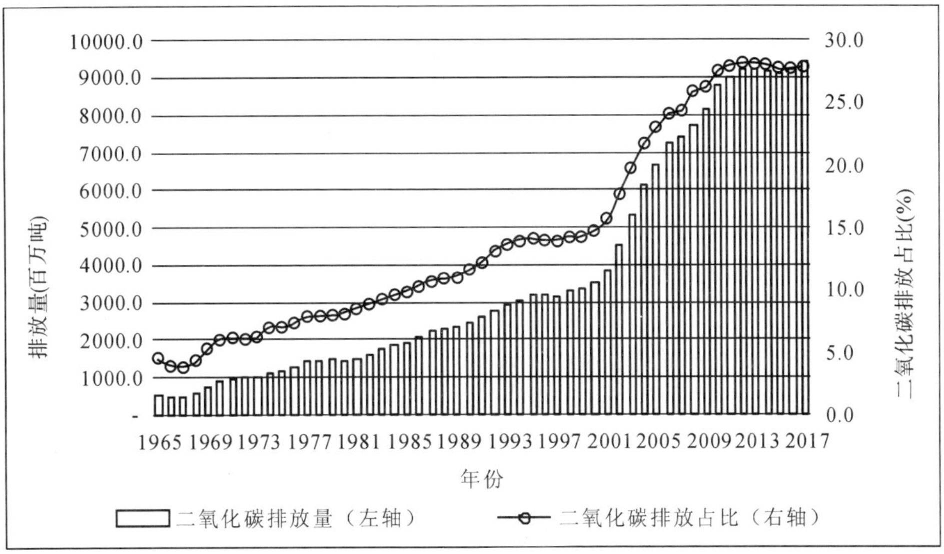

图 10-15　中国二氧化碳排放及占世界排放量比例

从全球范围来看，交通运输业在世界能源消费和温室气体排放中所占比重超过 20%，在增长速度上仍然较快，交通运输节能减排任务艰巨。世界各国纷纷将发展绿色低碳交通作为抓手，中国交通运输行业作为能源消费和温室气体排放的重点领域之一，虽然目前中国交通运输温室气体排放占总排放的比例约为 11%，但受到国际影响不断加大，特别是在国际航运领域可能将率先面临直接的减排压力。

3. 能源造成的酸雨和臭氧层破坏

酸雨是指 pH 值小于 5.6 的降雨，酸雨的主要引起物质是硫氧化物和氮氧化物，主要来源于化石燃料的燃烧。酸雨对水生生态系统、陆生生态系统、各种物体和人体健康等造成影响。

臭氧层破坏是指高空 25km 附近臭氧密集层中臭氧被损耗、破坏而稀薄的现象。造成臭氧层破坏的原因主要是人类过多地使用氟氯烃类物质和燃料燃烧产生的氮氧化物，臭氧的前体物主要是挥发性有机物和氮氧化物。臭氧层的破坏会使过量的紫外辐射到达地面，造成健康危害；使平流层温度发生变化，导致地球气候异常，影响植物生长、生态平衡等后果。

4. 国际社会对生态环境保护要求日益提高

国际社会尤其是发达国家发展较早，已经经历过工业化、高耗能发展的阶段，这些国家对环境质量要求高，同样它们也希望发展中国家跟它们一样对环境保护采取严格要求。

中国虽然在前期发展过程中，以推动经济的发展为主，但随着国家经济的快速发展和经济总量的逐渐强大，对环境保护的要求越来越高，同时随着人民生活水平的提高，人民对美好环境、美好生活和健康身体的需求和向往越来越强烈。中国生态文明建设和环境保护正处于压力叠加、负重前行的关键期。

党的十八大以来，生态文明建设、绿色发展理念深入人心。中国已经全面打响了污染防治攻坚战，全面加强生态环境保护和生态文明建设，努力建设资源节约型、环境友好型社会，促进全社会的高质量可持续发展，不断满足人民日益增长的优美生态环境需要。2015年开始实施的新《环境保护法》，对于污染治理提出了更为严格的排放控制要求和责任追究制度。节约能源是建设生态文明、实现绿色发展、打好污染防治攻坚战的重要抓手。

交通运输是发展的先行，也是资源消耗型和污染排放型行业。交通运输行业的船舶与港口污染防治等已列入国家污染防治行动计划，治理任务十分艰巨。建设美丽交通、美丽水路、美丽港口对能源管理和使用提出了更高要求。

10.3 世界能源的发展趋势

目前，从事世界能源发展预测的机构有很多，国际上有诸如国际能源署、欧佩克等政府间组织，各国国内有诸如美国能源信息署、日本能源经济研究所等权威能源机构，还有BP(英国石油公司)、埃克森美孚等大型能源运营公司，武德麦肯兹等知名能源咨询公司。这些机构长期从事能源统计与展望工作，发布的能源展望报告具有较高知名度和影响力。由于统计口径的不同，不同统计机构的有关统计数据存在一定的差距，另外各个机构所处的立场不同，报告会有倾向性，但研究成果总体能够反映能源发展的总体趋势。

本书主要以《2019年BP世界能源展望》为主，结合其他机构的预测，分析到2040年，未来20年世界能源的发展特点。

1. 能源需求持续增长，中国能源结构发生显著变化

由于经济的快速增长，发展中国家经济体日益繁荣，到2040年，世界国内生产总值(GDP)将会翻番，能源需求增长约33%，这一数据比国际能源署预测的到2040年全球能源需求增长为20%偏高一些。到2040年中国将占世界能源消费总量的22%。中国能源结构将发生显著变化，在"渐进转型"情景下，煤炭在一次能源中的占比将从2016年的62%下降至2040年的36%，天然气比重将翻番至13%，可再生能源增长迅速，将从2016年的3%攀升至2040年的18%，可再生能源将接替石油成为中国第二大能源来源。根据《能源生产和消费战略规划》，展望2050年，能源消费总量基本稳定，非化石能源占比超过一半，将建成能源文明消费型社会。

2. 天然气和可再生能源增长较快

各类能源的增长趋势见图10-17，对石油和其他液体燃料的需求前景的第一阶段将

增长，然后逐渐趋于平稳。全球能源年平均增速为1.2%，与过去20年大于2%的年增速相比有所降低，反映了人口增长放缓和能源强度加速降低。天然气比石油和煤炭增长更快，到2040年，天然气在一次能源中占比增至26%，并接近于石油的占比。可再生能源是增长最快的能源，为全球能源供应增长贡献一半，到2040年可再生能源占一次能源的比例将从目前的4%增长到15%。中国是第一产氢大国，具有丰富的氢源基础。统计显示，目前国际制氢年产量6300万吨左右，中国制氢年产量约2200万吨，占世界氢产量的三分之一，成为世界第一产氢大国。据估算，到2030年中国将成为世界最大的氢能与燃料电池市场；到2040年，氢能或将支撑中国10%的能源需求。据《中国氢能产业基础设施发展蓝皮书》预测，到2030年，氢能产业产值将突破1万亿元；加氢站数量达到1000座，燃料电池车辆保有量达到200万辆。我国氢气资源丰富，具有丰富的焦炉煤气、煤制甲醇等工业副产氢气，风力发电、太阳能光伏发电及水力发电等可再生能源中制氢，以及煤气化、天然气重整等传统能源规划化制氢。据估算，中国每年可获得低成本工业副产氢气超过800亿立方米。

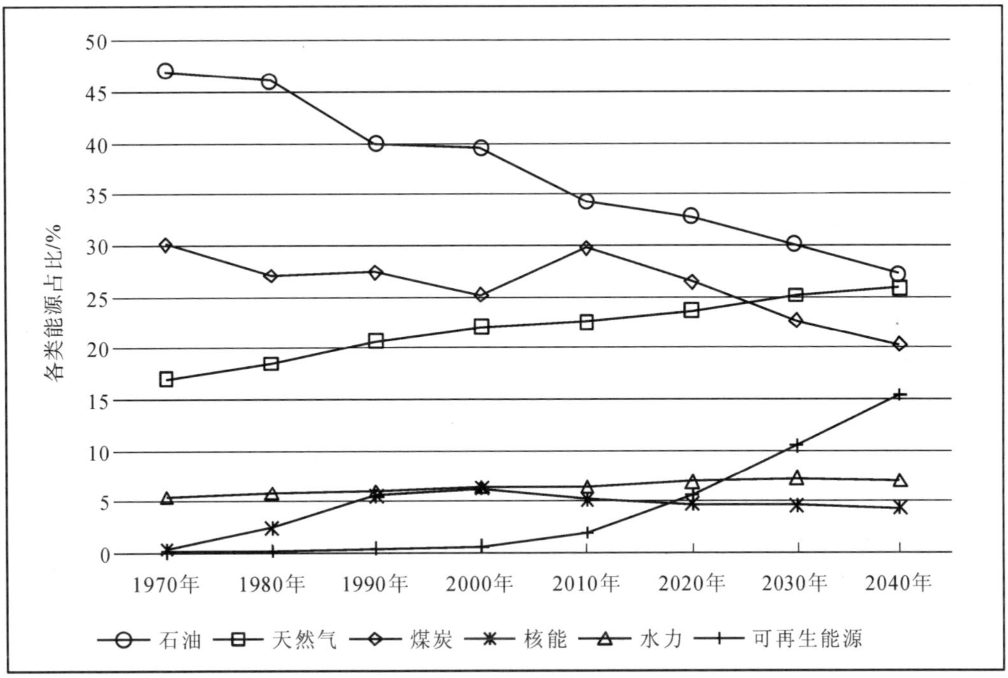

图 10-17 各类能源的占比变化预测

3. *煤炭和石油消费呈下降趋势，但仍是主要能源*

BP预测煤炭消费在展望期间大体平缓，2040年煤炭在一次能源中的比例下降至20%，虽然发电的燃料结构将发生重大转变，煤炭到2040年仍是电力的最主要能源来源，占比近30%。在未来20年内，石油占比将下降到27%，但石油作为交通的主要能源地位仍无法被替代，电动汽车对石油影响有限。新能源汽车对石油的替代在比例上仍然较小，未来中期甚至长期，替代量不足以对石油产生颠覆性影响。汽车用燃料只占石油消耗的20%左右，因此虽然电动汽车呈较快速度增长，但不会导致石油需求的快速降低。随着商业运输和化工行业需求的快速增长，石油在全球能源结构中仍占主导地位。

目前，中国的电动汽车推广较快，主要是因为部分城市购买燃油汽车的指标有限，所以促进了电动汽车的消费，而没有这一政策限制的城市，电动汽车的推广进度较慢。

4. 碳排放将达到峰值

全球能源系统面临着对“更多能源和更少碳排放”的需求的双重挑战。能源使用产生的二氧化碳排放量继续上升，到2040年将增加近10%，而不是目标中期望的大幅下降。如果要实现到2040年二氧化碳排放量减少45%，几乎一半是通过减少能源使用产生的碳排放量来实现。BP预测碳排放将于2026年达到峰值。其他机构预测的碳排放峰值稍有不同，行业研究机构彭博新能源财经(BNEF)则认为全球电力行业碳排放量将在2027年达到峰值。中国向《联合国气候变化框架公约》秘书处提交的《强化应对气候变化行动——中国国家自主贡献》文件中承诺在2030年达到碳排放峰值。交通运输是能源消耗和碳排放的重要领域，目前中国仅公路和水路运输能耗就占全国石油及制品消耗总量的30%以上，据预测，交通运输行业碳排放到2030年难以达到峰值，交通运输行业减排任务艰巨。2020年9月国家主席习近平在第七十五届联合国大会上提出中国将提高国家自主贡献力度，采取更加有力的政策和措施，二氧化碳排放力争于2030年前达到峰值。因此进一步明确了二氧化碳排放峰值的时间，对于交通运输行业来说，需进一步加大能源转型，按照国家要求力促二氧化碳排放在2030年达到峰值。

5. 电力行业使用能源更趋清洁化

电力行业是全球能源增长的关键动力。未来全球将继续电气化，根据预测约75%的一次能源需求增量用于发电，电力能源的需求将快速增长。电力行业使用的能源变化趋势见图10-18。2040年天然气的发电比重约为20%，可再生能源发电的比重将达到30%，而煤电的比例将大幅度下降。未来中国煤炭市场份额大幅下滑，预计从2017年的60%降至2040年的35%左右，主要通过增加可再生能源和天然气的份额来替换煤炭的消耗。港口的电力能耗占比较大，未来港口使用的电力将更加清洁。根据美国能源信息署预测，到2050年，可再生能源产生的电力中有超过70%由风能和太阳能提供，风能和太阳能发电在绿色电力中扮演重要角色。

6. 交通行业清洁能源及新能源应用更广泛

目前，交通运输能源消耗约占世界能源总消耗的21%，仅次于工业部门的50%和居民与商业建筑的29%。未来随着车辆效率的提高，交通运输需求的增长将急剧放缓。到2040年，受全自动驾驶汽车和共享汽车服务日益增长的支撑，由电动汽车提供25%左右的载客里程，高于全球汽车15%的电气化比例。尽管交通运输服务的需求迅速增长，但能源效率的迅速提高减缓了交通运输所用能源的增加。虽然根据预测交通运输服务需求将增加两倍，但是交通运输能源只是增加20%。随着能源利用效率提高的加快，所有

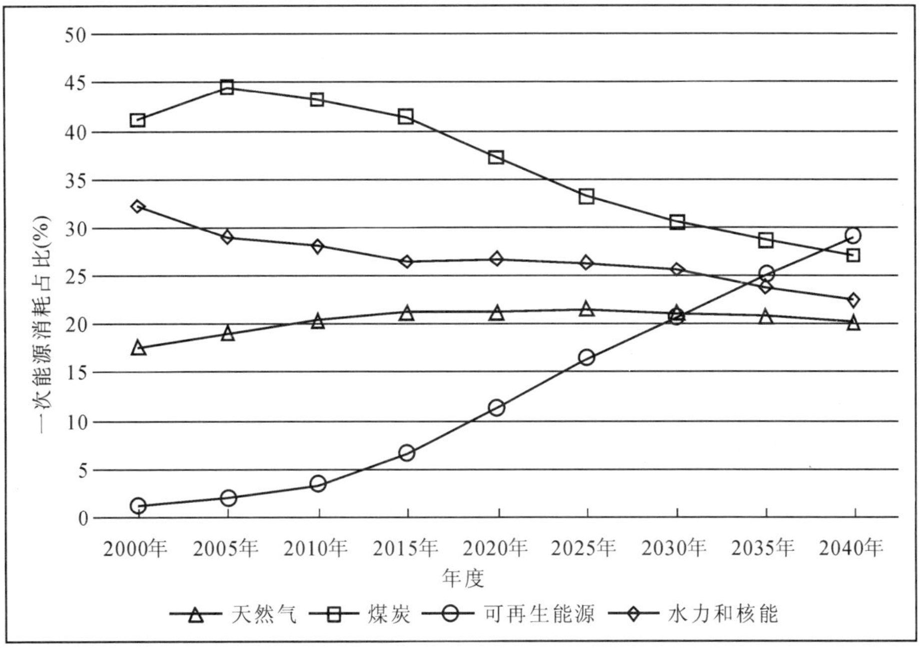

图 10-18 发电使用能源的变化趋势

行业的能源消耗增长都会放缓，其中交通运输业的需求增长放缓最为明显，交通运输能源需求增长速度不足前 20 年增速一半，这主要得益于车辆效率的提高。因此能源利用效率提高对于解决能源供应具有重要作用。

未来交通运输行业的各类能源消耗见表 10-10，虽然交通运输业增加天然气、电力和生物燃料的使用，但运输需求继续以石油为主。到 2040 年，石油在交通运输业中的份额将从目前的 94%下降到 85%左右。天然气、电力和生物燃料消费总和占了交通运输能源需求增量的一半以上。交通运输行业电力、天然气增量大致相当，电力增加主要集中在乘用车和轻型卡车上；天然气需求的增长主要来自长途公路运输和海运。未来氢能在电动汽车中扮演重要角色，但根据预测，氢能占比相对石油来说，仍是很小一部分。

表 10-10 交通运输行业的能源消耗（百万吨油当量）

能源类型	2000 年	2010 年	2020 年	2030 年	2040 年
电力	16	23	33	56	148
天然气	3	29	58	122	165
石油	1886	2284	2710	2832	2833
其他 *	11	64	96	135	148

注：* 表示其他包括生物燃料、煤制油和氢能。

未来交通低碳发展的技术措施主要有以下几个方面：

一是提高设备和车辆效率，使 2040 年内燃机汽车的平均效率比现在提高 55%左右，新卡车和新轮船的效率提高速度也加快，在交通运输降低碳排放方面，提高效率比燃料替代的效果更加显著，提高效率主要是通过收紧车辆排放标准和降低车辆报废年限等措施来实现。如车辆的报废年限由12年左右缩短到8年，提高全球在运汽车的平均效率和加快电气化的进度。在港口方面，通过实施能效标准，加强监测和监督，淘汰耗能高的设备，港口设备的效率将会更高。目前，中国正在加快推进淘汰老旧、能耗高的港口车辆和集疏运车辆，如部分地区规定国Ⅳ以下的车辆不能进港。生态环境部等十一个部门联合发布了《柴油货车污染治理攻坚战行动计划》，到2020年京津冀及周边地区、汾渭平原加快淘汰国Ⅲ及以下排放标准营运柴油货车100万辆以上，柴油车排气管口冒黑烟现象将基本消除。2020年底前，全国实施非道路移动机械第四阶段排放标准，港口新增和更换的岸吊、场吊、吊车等作业机械，主要采用新能源或清洁能源机械。《上海市人民政府关于划定高排放非道路移动机械禁止使用区的通告》中，外环线(含)以内区域自2019年10月1日起，禁止使用《非道路移动机械用柴油机排气污染物排放限值及测量方法》(GB 20891—2007)中国Ⅰ及以前标准(2009年10月1日前生产)的非道路移动机械。在该区域内使用的机械排放应满足《非道路柴油移动机械排气烟度限值及测试方法》(GB 36886—2018)中的Ⅲ类限值要求。外环线以外区域自2020年10月1日起，禁止使用《非道路移动机械用柴油机排气污染物排放限值及测量方法》(GB 20891—2007)中国Ⅰ及以前标准(2009年10月1日前生产)的非道路移动机械。

二是增加电气化，在道路运输方面，包括到2040年或从更早开始在经合组织(OECD)和中国的大部分地区禁止销售所有内燃发动机汽车；到2040年，全球销售的一半新卡车和公共汽车采用电动或氢燃料驱动。在港口方面，电气化的趋势将加快，随着电池成本下降和电池寿命延长，港口燃油设备将逐步替换成电力。目前，中国的自动化集装箱码头水平运输设备均采用电动自动导引车，在关键的运输环节实现了电气化。中国一些理念先进的港口逐步探索电动集卡、电动空箱堆高机、电动集装箱正面吊等设备的应用，港口燃油设备的电能替代是解决耗能高、排放大的重要技术措施。

三是增加共享出行服务的普及，包括更加方便消费者的“微型公交车”；提升电动车载客里程比例，并通过共享弥补全球道路车辆“载客率”的下降。在港口方面，牵引车等外包业务将增多，港口设备载货率将更趋于合理、经济。

四是到2040年，经合组织和中国将生物燃料在道路运输中的份额提高到20%(在世界其他地区提高到10%)；同样，发达国家将生物燃料在航空燃料中的份额提高到20%。燃料替代方案主要包括电能替代、生物燃料和天然气，其中电能替代约占一半。在港口向全面电气化过渡过程中，添加到柴油中的生物柴油的使用将会越来越多。

10.4 港口能效和节能的发展趋势

根据以上世界和中国能源生产、消耗以及专业机构能源发展预测，结合目前港口能源消耗和节能技术管理现状，分析港口能效和节能的发展趋势。港口节能增效技术已在第4章进行了重点分析，本章仅针对未来应用的前瞻技术进行分析。

10.4.1　能源消费结构更优化

从某种程度说，节能和能效是最大的"能源"，所以应同时挖掘节能和能源效率提升的巨大潜力。

港口燃油设备即水平运输车辆能源转型是关键。目前港口水平运输车辆主要以燃油为主，占港口能耗比重较大。针对各种运输方式缺乏有效衔接、高效运输组织推广缓慢等问题进行提升，通过综合运输方式的有效应用等途径提高运行效率，通过合理规划运行路线，降低水平运输车辆的移动距离，降低水平运输车辆的能源消耗从而降低化石能源的消耗，逐步全面推进港口水平运输车辆的电气化。优化能源消耗结构，提高可再生能源发电比例，使电动车辆使用的能源更加清洁，因此港区内集装箱卡车等港口水平运输车辆、港区周边集疏运车辆的能源消费结构转型是关键。

港口使用的能源越来越清洁，其基本路径是化石能源清洁化和清洁能源规模化，以此推动港口能源清洁化。前者包括燃油的清洁化利用，加大天然气的开发使用和推广力度，后者包括加快推进可再生能源发展，提高可再生能源的竞争力。

港口应不断改变和优化能源系统。港口不再使用石油和天然气取暖，而是转向绿色电力和绿色氢。这就需要从太阳能和风能等可持续能源中获取大量且价格合理的电力。除了太阳能和风能等可持续能源外，地热能也是化石能源的替代品。如鹿特丹港管理局正研究在西部港口地区开发地热热源，用于工业蒸汽、取暖、生活用水等场合。

10.4.2　港口碳中和

碳中和(CO_2-neutral，carbon neutral)是在一定的状态下，将排放到大气中的二氧化碳或温室气体的净量减少到零，因为它通过减少或抵销这些排放的行动来达到平衡，碳中和也可以理解为净零碳足迹。碳中和指将碳排放量与相应的捕集或抵销量相平衡，或购买足够的碳信用来弥补不平衡的差额，实现净零碳排放。碳中和的关键是"净"，可以认为是一种碳的收支平衡，为达到平衡需要通过减少或捕集或抵销排放的碳。例如，一栋带有太阳能光伏发电的港口建筑，如果将这种可再生的太阳能发电输送到电网中，输入到电网的电量正好等于这栋港口建筑从电网中使用的电量，那么这栋港口建筑就可以被视为"净零"碳排放或碳中和。

碳中和和零碳排放、负碳排放还是有区别的，三者可以理解为碳排放逐级降低的不同阶段。零碳排放是从源头上就没有碳排放，因此不需要捕集或抵销碳。例如一个脱离电网、完全依靠太阳能运行、使用零化石燃料的商业或居民建筑可以将其称为零碳排放。负碳排放是通过一系列技术从大气中大规模清除二氧化碳，使碳排放为负数。负碳排放与广泛使用的可再生能源相结合，将是规避失控的气候变化的关键因素。

碳中和的最终目标是实现净零碳排放。以碳交易实现的碳中和对环境来说仍很危险，以一个在使用化石燃料的效率很低的建筑中运营的组织者为例。即使他们通过碳交易花钱用可再生能源来抵销这种能源，但他们使用能源所产生的二氧化碳仍释放到大气中。如果想要环境气候稳定下来，最好的解决办法就是完全摆脱化石燃料，转向100%的可再生能源。否则，碳中和不会阻止气候变暖。

工业和交通领域企业正在不断尝试实施碳中和计划。例如，ABB在德国建立了碳中和工厂，主要是采用ABB光伏发电技术建设一座太阳能发电厂，在晴天时可满足工厂100%的电力需求。这一智能生态系统涵盖能源生产和分配的各个方面，提高了能源效率、资源节约和可持续性，能够实现能源的自给自足。该光伏系统占地3500m^2，安装在公司的停车场上，每年可提供约1100MW的碳中和太阳能电力，发电量约为3360户私人家庭的年需求量。该电厂发电量比现场需要的能源多14%左右，剩余的电力被送入公共电网，为该地区的电力提供可持续供应。为了满足需求高峰，保证额外的能源均为绿色能源，100%的碳中和生产，该系统除了配备能源管理系统和带逆变器的光伏系统外，整个系统还汇集了输出功率为200kW、容量为275kW·h时的电池储能系统(BESS)负责储能。

实现碳中和的港口可称为“零碳”港口。荷兰鹿特丹港计划到2050年成为一个碳中和港口，为实现这一目标，它将重点放在工业的能源转型以及港口物流业务上，例如整个港口地区的运输，特别是集装箱的公路运输；例如即使只考虑短途旅行(不到30km)，每天也会有12000人穿越港口。如果实现这些短途旅行的无排放，将减排50万吨的二氧化碳。鹿特丹港的目标是确保在2040年前，与港口相关的短途公路运输将实现无排放，采取的措施包括采用电动集装箱卡车等，利用绿色电力为集装箱卡车充电就能实现碳中和。荷兰超过三分之一的能源需求来自工业，主要用于为工业过程或电力生产提供热量，目前使用的主要是石油和天然气等化石燃料，这会释放大量的二氧化碳。对于一个碳中和的港口，需要用电力和氢能来代替石油和天然气的使用。

国家主席习近平在第七十五届联合国大会上提出努力争取2060年前实现碳中和。碳中和将是未来碳排放领域重要的奋斗目标，因此，未来港口是否可以实现碳中和是港口能源使用和碳排放处理的一个重要考核标准，也是港口经营人承担企业社会责任的一个重要体现。

10.4.3 港口碳捕集和封存

碳捕集和封存技术(carbon capture and storage，简称CCS)，是指将工业、交通等排放源产生的二氧化碳收集，并且长时间储存，以减缓二氧化碳进入大气层的速度，是一种消除温室效应的可行方法，是达到碳中和的一项重要措施。碳捕集和封存是能够降低大气环境中碳排放的一个重要技术，该技术仍在不断的探索中，是未来解决碳排放的一个重要技术方向。碳捕集技术分为燃烧前捕集、燃烧后捕集和空气捕集三大类。封存技术主要有深海储存、碱性土壤储存和提高石油采收率(enhanced oil recovery ,EOR)等。

目前中国也将该技术称为碳捕集、利用与封存技术(CCUS)。

欧盟制订了《2050 能源技术路线图》等战略计划,突出可再生能源在能源供应中的主体地位,提出了智能电网、碳捕集与封存、核聚变以及能源效率等方向的发展思路,启动了欧洲核聚变联合研究计划。

鹿特丹港管理局和相关方正在共同研究在鹿特丹港区建立一个收集和运输二氧化碳的基础设施设备,并采用将其储存在北海海底的(空的)气田中等储存方式将二氧化碳封存起来。

《能源技术革命创新行动计划(2016—2030 年)》提出,我国在二氧化碳封存利用领域,要重点发展驱油驱气、微藻制油等技术。加强煤化工与火电、炼油、可再生能源制氢、生物质转化、燃料电池等相关能源技术的耦合集成。加强二氧化碳捕集、利用与封存技术(CCUS)创新,重点开发低能耗、大规模捕集技术,二氧化碳可靠封存、监测与运输技术。

10.4.4　电力规模化和绿色电力应用

1. 电力应用范围会更广

提高终端用能电力比重,是全世界能源结构调整的发展趋势,未来全世界能源消费结构将进一步实现电气化,电能替代步伐进一步加快。在港口区域,港口燃油设备和在港船舶仍是主要的能源消耗单元,未来进一步提高电能在港口燃油设备和在港船舶的应用比例,用电力替代柴油和燃料油,主要发展港口燃油设备电气化技术、岸电技术等。港口的电气化可以大量地减少温室气体排放和大气污染物排放。

美国洛杉矶港正在努力推进商业上可行的电气化解决方案,以实现到 2030 年将港口所有货物装卸设备转变为零排放的目标。

荷兰鹿特丹港通过电动集装箱卡车进行整个港口集装箱运输,为了实现鹿特丹港及其周边地区的重型运输的可持续发展,港口选择转向使用电动集装箱卡车。使用电动集装箱卡车可防止发动机在港口属地排放二氧化碳,使用绿色电力充电的电动集装箱卡车甚至可以实现零排放。另外,使用电动集装箱卡车在港口属地没有污染物排放,还减少了燃油发动机造成的噪声干扰。

根据鹿特丹港的研究表明,到 2024 年,购买一辆锂电池电动集装箱卡车的整个使用寿命成本比购买一辆柴油集装箱卡车要便宜。然而,在日常操作中必须优化电动集装箱卡车的使用设施,需要建立良好的电力和充电基础设施,向锂电池电动集装箱卡车在“夜间充电”。未来电力驱动的电动车辆每千米成本低于柴油机驱动的成本,部分原因是电动机的效率更高和维修费用更低,由于电动机的运动部件和易损部件比内燃机少,预计所需的维修量也会减少。虽然电动集装箱卡车已经在一些港口进行试用,但目前还没有特别成熟的、性价比高的可用于集装箱运输的电动集装箱卡车。由于技术不断发展、配件价格下降以及电池和动力系统的容量增加，电动集装箱卡车很快就会实现大规模生产和使用。预计电动集装箱卡车最终将成为跨越许多站点和距离的最佳运输方式。另外，根据预测，预计到 2030 年氢燃料电动集装箱卡车的价格会比柴油机驱动集装箱卡车便宜，届时锂电池电动集装箱卡车的价格仍会更便宜，会有更多的港口企业选择电动集装箱卡车，电力化比例将进一步提高。

德国汉堡港的电力使用比例越来越大。汉堡港长期提高集团能源消费中的电力使用比例，使公司能够利用更多的可再生能源，从而大幅减少其碳足迹。因此，汉堡港正在将越来越多的港口设备动力转换为电力，电力港口设备产生的排放物更少，噪声也更少，也更容易维修。汉堡港的 Altenwerder(CTA)集装箱码头和 Burchardkai(CTB)集装箱码头的全电动堆场起重机系统、所有办公楼和车间所需的电力均来自可再生能源，因此绿色电力将是未来港口使用的主要能源。

2. 电力更绿色

根据目前电力情况和对未来电力的预测，电力越来越清洁，越来越绿色。随着国家电力越来越清洁，港口使用的电力中将会有更多的以太阳能和风能为基础的绿色电力取代化石能源产生的灰色电力，加上港口自身利用太阳能和风能自发电产生的绿色电力，港口使用绿色电力的比重将越来越大。

随着电能替代的深入，未来港口对电力的需求将会持续增加。为了能够长期大规模实现电气化，实现真正的零排放，需要大量的绿色电力，特别是太阳能、风能和水电等能源，港口可以自发电，如利用海上风电场生产绿色电力。利用绿色电力生产港口运营过程所需的能量，利用绿色电力生产氢气，为氢燃料电池设备提供燃料。

未来，港口使用的电力将更多地由可再生能源供电，电力越来越清洁，绿色电力和电动港口设备共同为港口碳中和和绿色发展作出贡献。

3. 港口可再生能源发电

港口可以利用自身的可再生能源独立发电，实现港口部分电力的自给自足。

(1)风力发电

风力发电可以充分利用港口水域的风电场，提高可再生能源发电比例。

例如，在鹿特丹港将可再生能源发展作为公司可持续发展的一个重要方向。目前，鹿特丹港区安装的风电动机组总容量为 200MW，这约占荷兰风能总容量的 10%。荷兰政府已颁布法令，到 2020 年，荷兰能源产量的 14%来自可再生能源，到 2023 年，这一比例将达到 16%。鹿特丹港管理局通过《鹿特丹港风能实现协议》(2009 年)贯彻这一法令。根据该协议，到 2020 年，公共港口地区将至少再产生 150MW 的新风能。在港口远景规划中，港务局和各合作伙伴已同意到 2020 年实现总装机容量 300MW。鹿特丹港正在实现其成为西北欧可持续发电厂的远大目标。

荷兰政府已经选定了未来几年可以开发海上风电场的地区，选择的是大型风电场，而不是海上的几个小型风电场，地址的选择要同时考虑航运的安全。

(2)太阳能发电

太阳能发电与风能一样,属于可再生能源发电,对港口碳中和至关重要。

例如,鹿特丹港管理局认为,该港口公司非常有必要用太阳能等可再生能源发电。因此,港口地区的公司建筑物越来越多地安装了太阳能电池板,这对环境有利,而且可以降低能源成本。目前该港口使用太阳能还处于初级阶段,但有许多潜力可以挖掘。建筑屋顶区域可用于大规模生产太阳能,另外一些空地也可利用。鹿特丹港在 Kloosterboers Delta 码头的冷藏设施上也安装了太阳能电池板。新加坡港也大力推进港区太阳能发电。

(3)潮汐能发电

潮汐能是港口特有的能源。由于海潮的作用,海潮中的水位和码头水位经常大幅度地变化,所以港口企业在码头前沿水域设立防波堤或海闸,这样可以保证码头前沿水深,使码头 24h 都能装卸各种适用的船舶。例如,安特卫普港利用潮汐能进行发电,目前有 7 个海闸,利用大量的海水流来发电。因此未来港口可以通过配备水轮机等发电设备,在港口及附近区域利用潮汐能发电。

10.4.5 蓝氢和绿氢的应用

面对越来越严峻的节能环保压力,氢能为人类带来了新的曙光。发展氢能,可以解决能源与环境问题,实现能源转型和绿色发展。

氢是宇宙中最为丰富的元素。作为能源,氢具有能量密度高、存储方便并且无碳的特点。氢气可像液化天然气一样利用储罐或管道运输。氢气可直接用作氢燃料发动机的燃料,也可通过燃料电池的电化学反应直接转换成电能。在全球能源转型过程中,氢是一种无碳燃料,氢是最佳的碳中和能源载体。

氢气的制造、储存、运输和加氢是氢能使用的四个重要环节。随着我国燃料电池车辆产业的持续发展,未来氢的规模化储运将以高压及低温液态氢储运为主,氢能相关的基础设施将越来越完善,加氢站将逐步向高储氢量的 70MPa 等级及液压储氢加氢站发展。

2019 年,欧盟、韩国和日本等国家和地区相继发布氢经济路线图,在以氢气供应体系及安全监管领域、燃料电池为动力的出行领域、发电领域等做出了面向未来的发展规划。我国在同年由生态环境部等 11 个部门联合发布《柴油货车污染治理攻坚战行动计划》,提出了鼓励各地组织开展燃料电池货车示范经营;在国务院《政府工作报告》中首次提出"推动充电、加氢等设施建设"。

氢气的制造环节可广泛地从水、化石燃料等含氢物质中制取,根据不同的提取方法和发展阶段,氢分为灰氢、蓝氢和绿氢等三种。

1. 灰氢

灰氢主要来自化石燃料,化石燃料制氢技术成熟,但环保性低,通过天然气蒸汽重整技术、精炼油的部分氧化或煤气化技术制取的氢气，该过程制造的氢气成本较低，但是会有大量的二氧化碳排放，因而环境效益和可持续性差，这种类型的氢被称为灰氢，仅适于市场初期阶段使用。

灰氢的价格较为便宜，煤气化制氢成本最低，其次是天然气制氢，天然气制氢约占世界氢气生产的一半，目前世界范围内的天然气价格差别较大，灰氢的价格也有较大差异。未来灰氢的价格将保持在较低水平。但也要考虑灰氢的二氧化碳排放成本将会增加，可能会影响灰氢的价格。

2. 蓝氢

蓝氢是通过天然气(或甲烷)蒸汽重整技术或煤气化加上碳捕集和封存(CCS)制取的氢气，产生的碳排放较低，成本较高，环境效益和可持续性较好。相比于灰氢，更清洁的蓝氢的生产过程产生的碳排放物将被捕集和封存，或者被重复使用。

蓝氢的价格主要受天然气价格和碳捕集和封存成本的影响。蓝氢是社会大规模使用绿氢之前必须经历的技术阶段。

3. 绿氢

绿氢是使用可再生能源和核能进行电解水制取的氢气，绿氢是最清洁的氢气，它是由可再生能源生产的，不产生任何碳排放，环境效益和可持续性好，但成本最高。

可再生能源风能发电、太阳能发电不稳定，很多地方建了风电，光伏没有全部利用，加上并入电网困难，弃风弃光现象严重，据统计每年有1000亿度电被浪费掉，如果使用这部分绿色电力作为制氢的电源非常有利，由于本来不制取氢气也会弃掉，所以成本非常低。绿氢和绿色电力完美结合，可以有效地将可再生能源产生的电力在低谷时或电力过剩时，用电力电解制氢，使得电能以氢能的形式储存起来，需要的时候，使用燃料电池为设备提供电能。

绿氢的价格主要受电解成本和绿色电力价格的影响，电解成本是利用可再生能源从水中生产氢的过程成本，绿色电力价格主要受地区太阳能和风能发电成本的影响，随着太阳能和风能发电成本的逐渐降低及电解技术的提高，绿氢的成本将会越来越低。另外，绿氢可以在港口区域用风力发电制氢，这种氢气的分散生产和应用是氢能利用的重要形式，可大大降低氢气储存和运输成本。

当使用的电力由太阳能或风电场产生时，这一过程和产品是完全可持续的，但目前还没有足够的风力和设备满足这一需求。这使得即使在2030年之后，绿氢将仅仅是一种选择。法国的氢战略提出工业中使用绿氢的目标，到2022年工业绿氢使用率为10%，2027年工业绿氢使用率达到20%～40%。绿氢是氢气制取的最终目标，预计2030—2050年开始逐步大规模生产和使用。

比利时联合企业提出了一项使用氢的绿色能源计划，该计划旨在使佛兰德斯的二氧化碳排放量每年减少。比利时的Oostende、DEME、PMV联合在奥斯坦德港建造一座氢能工厂，2025年投入运营，生产燃料作为电力、热量和工业原材料的来源。普拉森代尔1

号港区的 Hyport 工厂将只生产绿色氢气，即使用可再生能源生产的氢气，它的目标是每年减少 50 万至 100 万吨二氧化碳排放。为了兑现绿色氢能承诺，该港计划新的海上风电特许经营，安装 399 台海上风电动机组，总容量为 2.26GW。最终，计划总容量将达到 4GW，可为一半比利时家庭提供电力。德国《国家氢能发展战略》，到 2030 年，绿氢将在德国氢气市场中占比 20%，主要用于运输和工业。

随着蓝氢和绿氢的大量生产，加氢站等基础设施的配备，氢燃料电池的能源供给得到保障，并且排放不污染环境，因此使用蓝氢或绿氢的燃料电池是非常清洁的，推广应用前景广阔。

10.4.6 港口储能技术

储能就是能源存储，是指通过一种介质或设备，把一种能量形式用同一种或者转换成另一种能量形式存储起来，并基于未来应用需要，以特定能量形式释放出来的循环过程。在港口应用较多的储能主要是储电，也就是电力储能。

一是用于储存太阳能、风力发电的电能。由于太阳能、风能等可再生能源本身具有随机性和不确定性的特点，电压和频率的波动使其实现大规模入网存在困难，如在港口区域内将使用太阳能、风能等可再生能源发出的电能直接储存起来，通过储能系统，可以实现发电功率的平滑输出，提高发电质量，实现港口本地化的使用，或是再大规模并入电网，促进太阳能和风能发电的应用。

二是可以在用电低谷时候存储电能，在用电高峰的时候使用。储能装置可将晚上用电低谷期的电力储存起来，并在白天电力高峰时段使用，既能满足白天的用电需求，又能减少晚上的电力损失，对于港口企业可以在晚上低谷期的电价低的时候存储电能，用来在用电高峰时使用，这样可以利用电价差大大降低港口企业的用电成本。

三是可以利用港口电动车辆的锂电池进行储能。港口电动车辆的锂电池容量很大，如果港口电动车辆的锂电池达到一定数量后，这些锂电池可以构成一个庞大的移动电源，可以供港口设备之间互相调用，主要用于港口的货物装卸和运输，除此之外，这些锂电池还可以供港口周边的电网满足电力不足的需求，即在电力低谷时进行充电，把电力在这些设备的锂电池中储存起来，而在用电高峰时可以以港口为主使用，还可以供其他需要用电的场合使用。港口大量的移动锂电池可以为区域电力平衡调节起到重要作用，保障区域电力供应的稳定性。另外，车辆上的锂电池还能将车辆制动时的部分动能转化为电能并储存在储能设备中，实现能量回收。

四是可以利用电力制取氢气进行存储，不仅可以为港口燃料电池车辆提供燃料，而且可以为其他场合提供氢能。另外，燃料电池车辆可以提供外部接口，提供交流电。

企业积极探索储能技术应用。例如 ABB 公司在建立太阳能光伏发电系统的同时，还建立了输出功率为 200kW、容量为 275kW · h 的电池储能系统，主要负责储能。此外，ABB 的充电站可以免费为附近的工作人员和电动车辆充电，保证区域内使用绿色电力。

日本出台了《面向2030年能源环境创新战略》等战略计划，提出了能源保障、环境、经济效益和安全并举的方针，推进节能和可再生能源利用，发展新储能技术等。

连云港集团计划实施建设5MW储能系统，包括4MW/4MW·h的锂电池系统和1MW/15s的超级电容系统。主要用于满足总量10MW以上以及单个泊位3MW以上岸电接入需求，岸电满负荷运行的情况下，留有足够裕量，用于其他需求。

10.4.7 提高能源利用效率

提高能源利用效率是比单纯的节约能源更加有效的降低能耗的方式。中国的能源效率仅为36%，与发达国家先进水平仍有8%的差距，能源利用效率提升还有较大空间。

虽然大部分港口设备已经达到国际先进水平，港口的能源效率比其他行业稍高些，但是码头的能源管理水平仍有提升空间。港口企业对整个港口能源和吞吐量单耗关注多些，而基本没有关注单机设备能耗水平，港口设备能耗精细化管理手段缺失。另外我国中小码头众多，港口设备性能水平参差不齐，能源利用效率堪忧。

港口企业应落实港口及港口设备能源利用效率的标准规范，通过港口设备能耗监测系统，对单机设备操作人员进行能源考核，对单机设备进行能耗等级评定，并进行对标管理。政府管理部门加强对港口设备的能源单耗评定和监督管理，根据国家和行业发展适时提高能效标准，缩短港口高耗能、高排放车辆的报废年限，倒逼港口提高能源利用效率。

10.4.8 应用节能创新技术

人类社会的发展就是在不断地创新之中，港口也同步应用世界最先进的各类技术，如目前比较流行的5G、物联网、区块链、3D打印、大数据等等，在港口都能找到应用的缩影。港口能源利用效率的提高的一个重要的驱动力就是创新，不断地开发各种节能增效的新技术。

国家大力推进绿色低碳循环经济，港口集约发展应做好资源的循环利用。应进一步提升岸线资源、土地资源的利用率，提高疏浚土、港口污水和路面材料等的循环利用率。生产、创新和循环利用在循环经济中非常重要，尽量重复使用和利用相关物质。如鹿特丹港区有许多循环经济项目，绿色氢将大规模用作工业能源和化工原料，该港口还将是废物、塑料等二次原料和可持续生物燃料的重要进港口，循环利用需要整个生产链各环节，包括产品设计、获得原材料、生产过程、修理、再利用和再循环的合作。

无接触式移动供电技术等在港口的应用，将解决港口燃油设备的“油改电”问题，能够实现对电池的无接触式供电。未来，与港口相关的水平运输、短距离集疏运都将实现无排放，这需要通过不断地创新，开发出适用的新技术。

港口智能化进程不断加快，智能化水平不断提升，智能化使生产更加安全，智能化带来生产效率的提高，在一定程度上会实现港口的节能减排。

附录1 港口能耗相关政策法规和标准规范汇总表

序号	名称	主要内容	实施日期及修订情况
一	法规		
1	《中华人民共和国节约能源法》	该法明确了节约能源是我国的基本国策，把节约放在首位的能源发展战略	1998年1月1日施行，2018年10月26日修正
2	《中华人民共和国可再生能源法》	该法对我国可再生能源的资源调查与发展规划、产业指导与技术支撑、推广应用、价格管理与费用分摊、经济激励与监督措施及法律责任等方面进行了规定	2006年1月1日施行，2009年12月26日修正
3	《中华人民共和国清洁生产促进法》	该法是为了促进清洁生产，提高资源利用效率，减少和避免污染物的产生，保护和改善环境，保障人体健康，促进经济与社会可持续发展	2003年1月1日施行，2012年2月29日修正
4	《中华人民共和国电力法》	该法规定电力建设、生产、供应和使用应当依法保护环境，采用新技术，减少有害物质排放，防治污染和其他公害。国家鼓励和支持利用可再生能源和清洁能源发电	1996年4月1日施行，2018年12月29日修正
二	政策文件		
(一)	国家层面		
1	《交通强国建设纲要》	提出两个阶段推进交通强国建设：到2035年，基本建成交通强国；到21世纪中叶，全面建成人民满意、保障有力、世界前列的交通强国。提出绿色发展节约集约、低碳环保，优化交通能源结构，推进新能源、清洁能源应用	2019年9月

序号	名称	主要内容	实施日期及修订情况
2	《国务院关于印发“十三五”节能减排综合工作方案的通知》(国发〔2016〕74号)	提出到2020年,全国万元国内生产总值能耗比2015年下降15%,能源消费总量控制在50亿吨标准煤以内。全国化学需氧量、氨氮、二氧化硫、氮氧化物排放总量分别控制在2001万吨、207万吨、1580万吨、1574万吨以内,比2015年分别下降10%、10%、15%和15%。全国挥发性有机物排放总量比2015年下降10%以上	2017年1月5日
3	《国务院关于印发“十二五”节能减排综合性工作方案的通知》国发〔2011〕26号	该方案提出“十二五”期间节能减排的主要目标和重点工作,把降低能源强度、减少主要污染物排放总量、合理控制能源消费总量工作有机结合起来,形成“倒逼机制”,推动经济结构战略性调整,优化产业结构和布局,强化工业、建筑、交通运输、公共机构以及城乡建设和消费领域用能管理,全面建设资源节约型和环境友好型社会	2011年8月31日
(二)	部委层面		
	国家发展改革委、国家能源局		
1	《关于促进生物天然气产业化发展的指导意见》(发改能源规〔2019〕1895号)	明确了到2025年,生物天然气具备一定规模,形成绿色低碳清洁可再生燃气新兴产业,生物天然气年产量超过100亿立方米;到2030年,生物天然气实现稳步发展。规模位居世界前列,生物天然气年产量超过200亿立方米,占国内天然气产量一定比重的发展目标	2019年12月4日
2	《重点用能单位节能管理办法》(国家发展改革委令〔2018〕15号)	规定了重点用能单位的范畴、管理措施、奖惩措施、法律责任等内容	2018年5月1日
3	《重点用能单位能耗在线监测系统推广建设工作方案》(发改环资〔2017〕1711号)	给出了重点用能单位能耗在线监测系统推广建设工作方案,并要求各省(区、市)节能主管部门、质监部门要联合编制本地区监测系统建设工作方案,明确建设目标、建设内容、牵头部门、承担单位、进度安排等	2017年9月25日

序号	名称	主要内容	实施日期及修订情况
4	国家发展改革委 国家能源局关于印发《能源生产和消费革命战略（2016—2030）》的通知（发改基础〔2016〕2795号）	首次从消费革命、供给革命、技术革命、体制革命，以及国际合作和能源安全等六个方面，全面系统地部署推进我国能源革命，提出了2020年、2030年和2050年三个阶段的能源目标要求，被认为是我国能源革命的具体路线图	2016年12月29日
5	《国家发展改革委 国家能源局关于印发能源发展“十三五”规划的通知》（发改能源〔2016〕2744号）	明确了中国“十三五”期间的能源发展目标和主要任务	2016年11月17日
6	《能源效率标识管理办法》（中华人民共和国国家发展改革委、国家质量监督检验检疫总局令第35号）	明确了能效标识的实施、监督管理和罚则	2016年6月1日
7	《关于推进电能替代的指导意见》（发改能源〔2016〕1054号）	从指导思想、基本原则和总体目标三个方面提出了要求，根据替代方式的技术经济特点，在居民采暖、生产制造、交通运输、电力供应与消费等四个领域分类推进，同时对加强规划指导、发挥示范项目引领作用、制定完善配套支持措施、加强配套电网建设改造、加强科技研发与产业培育等五个方面提出保障措施，并对这些环节工作进行了部署	2016年5月16日
8	国家发展改革委 国家能源局关于印发《能源技术革命创新行动计划（2016—2030年）》（发改能源〔2016〕513号）	提出到2020年能源自主创新能力大幅提升，能源技术创新体系初步形成和到2030年建成与国情相适应的完善的能源技术创新体系，进入世界能源技术强国行列的总体目标	2016年4月7日

序号	名称	主要内容	实施日期及修订情况
9	《关于印发万家企业节能低碳行动实施方案的通知》(发改环资〔2011〕2873 号)	该方案中提出万家企业节能低碳行动实施方案及各地区“十二五”万家企业节能量目标	2011 年 12 月 7 日
	交通运输部		
1	《关于建设世界一流港口的指导意见》(交水发〔2019〕141 号)	在加快绿色港口建设的主要任务中，构建清洁低碳的港口用能体系。实施既有设施设备改造，推广应用节能节水新技术、新工艺	2019 年 11 月 6 日
2	《交通运输部关于印发〈靠港船舶使用岸电 2016—2018 年度项目奖励资金申请指南〉的通知》(交规划函〔2017〕100 号)	奖励对象包含 2016 年 1 月 1 日—2018 年 3 月 31 日期间完成交工验收的靠港船舶使用岸电项目。奖励标准分别不超过项目设施设备购置费的 60%、50%和 40%	2017 年 1 月 24 日
3	《交通运输节能环保“十三五”发展规划》	提出要把绿色发展理念融入交通运输发展的各方面和全过程，并明确了 6 方面 17 项主要任务	2016 年 5 月 31 日
4	《交通运输部办公厅关于开展交通运输能耗监测试点工作的通知》(交办法〔2014〕182 号)	提出将在北京、邯郸、济源、常州、南通和淮安 6 个城市交通运输部门开展交通运输能耗监测试点工作	2014 年 9 月 5 日
5	《关于印发“十二五”水运节能减排总体推进实施方案的通知》(交水发〔2011〕474 号)	以政策法规、标准规范、示范推广、重点技术攻关四方面为重点，明确了 10 项重点工作、35 项具体工作任务及实施计划	2011 年 9 月 5 日
6	《关于印发公路水路交通运输节能减排“十二五”规划的通知》(交政法发〔2011〕315 号)	提出的“十二五”港口节能减排指标：以 2005 为基础年，能源强度方面，2015 年实现港口单位吞吐量的能耗总体下降 8%左右，其中沿海港口下降 8%左右，内河港口下降 3%左右	2011 年 6 月 27 日

序号	名称	主要内容	实施日期及修订情况
7	《关于港口节能减排工作的指导意见》(交水发〔2007〕747号)	该文件就新建港口工程项目、现有港口技术改造项目、新建码头建设和老港区的功能调整等提出了十六条指导意见	2007年12月28日
	其他部委		
1	《科技部 交通运输部关于印发“十三五”交通领域科技创新专项规划的通知》(国科发高〔2017〕121号)	针对轨道交通、道路交通、水运交通、空中交通、综合交通与智能交通等交通运输主要模式和方向，分别明确了在系统集成与共性技术、载运工具、基础设施、营运管理、创新能力等方面的发展重点、任务及目标，体现了覆盖科技创新全过程的全链条部署、一体化设计的要求	2017年5月2日
2	关于印发《船舶报废拆解和船型标准化补助资金管理办法》的通知(财建〔2015〕977号)	该办法主要对1)海船提前报废更新；2)内河船拆解、改造和新建示范船；3)渔船报废拆解、更新改造和渔业装备设施建设进行资金补助，并明确了补助资金标准及申请和审核程序	2015年11月9日
3	《关于节约能源、使用新能源车船车船税优惠政策的通知》(财税〔2015〕51号)	规定自2015年5月7日起，对节约能源的车船，减半征收车船税；对使用新能源的车船，免征车船税。并给出节约能源、使用新能源车辆减免车船税目录管理规定	2015年5月7日
4	关于印发《节能技术改造财政奖励资金管理办法》的通知(财建〔2011〕367号)	该办法包含总则、奖励对象和条件、奖励标准、奖励资金的申报和下达、审核机构管理、监督管理、附则等七部分	2011年6月21日
5	《交通运输节能减排专项资金管理暂行办法》(财建〔2011〕374号)	该办法包含总则、专项资金支持范围和方式、专项资金申请、审核与拨付、专项资金的监督管理、附则等五部分	2011年6月20日
(三)	地方层面		

序号	名称	主要内容	实施日期及修订情况
1	山东省发展和改革委员会关于印发《山东省区域节能审查实施办法(试行)》的通知(鲁发改环资〔2020〕830号)	提出对山东省规划手续完备、地理空间确定、产业定位明晰、监管能力有保证的各类开发区、工业园区、新区和其他有条件区域开展节能审查。并对节能报告内容、节能审查要求等进行了规定	2020年6月30日
2	《山东省人民政府办公厅关于印发山东省氢能产业中长期发展规划(2020—2030年)的通知》(鲁政办字〔2020〕81号)	本规划是山东省今后一个时期氢能产业发展的指导性文件,是地方编制氢能产业发展规划或行动计划的重要依据	2020年6月17日
3	《关于印发山东省新能源产业发展规划(2018—2028年)的通知》(鲁政字〔2018〕204号)	规划内容包括发展基础、发展形势、发展思路原则目标、重点任务和保障措施5个部分,涵盖新能源汽车、核电、智能电网及储能、热泵、太阳能、风能、生物质能、氢能、可燃冰、海洋能等领域	2018年9月17日
三	标准规范		
	国家标准		
1	《建筑材料行业能源审计技术导则》(GB/T 38294—2019)	标准规定了建筑材料行业能源审计的一般原则、内容、依据、流程和要求。适用于从事水泥、玻璃、陶瓷、墙体材料等建筑材料生产的企业开展能源审计工作	2020年7月1日
2	《钢铁行业能源审计技术导则》(GB/T 38284—2019)	标准规定了钢铁行业企业能源审计的一般原则、内容和依据、实施的流程与要求等。适用于钢铁行业从事炼铁、炼钢、钢压延加工的企业开展能源审计工作	2020年7月1日
3	《能源审计技术通则》(GB/T 17166—2019)	标准规定了能源审计的一般原则、内容和依据、实施的流程与要求等。适用于用能单位开展能源审计工作	2020年5月1日

序号	名称	主要内容	实施日期及修订情况
4	《港口设备能源消耗评价方法 第1部分：岸边集装箱起重机》（GB/T 36410.1—2018）	规定了岸边集装箱起重机能源消耗检测要求、检测方法和评价方法等。适用于岸边集装箱起重机的能源消耗评价	2019年1月1日
5	《港口设备能源消耗评价方法 第2部分：轨道式集装箱门式起重机》（GB/T 36410.2—2018）	规定了轨道式集装箱门式起重机能源消耗检测要求、检测方法和评价方法等。适用于轨道式集装箱门式起重机的能源消耗评价。不适用于专门装卸空箱的轨道式集装箱门式起重机	2019年1月1日
6	《港口设备能源消耗评价方法 第3部分：桥式抓斗卸船机》(GB/T 36410.3—2018)	规定了桥式抓斗卸船机能源消耗检测要求、检测方法和评价方法等。适用于桥式抓斗卸船机的能源消耗评价	2019年1月1日
7	《港口设备能源消耗评价方法 第4部分：散货连续装船机》(GB/T 36410.4—2018)	规定了散货连续装船机能源消耗检测要求、检测方法和评价方法等。适用于港口装卸散料散货连续卸船机的能源消耗评价	2019年1月1日
8	《港口设备能源消耗评价方法 第5部分：港口牵引车》(GB/T 36410.5—2018)	规定了港口牵引车的能源消耗检测要求、检测方法和评价方法等。适用于以燃油为能源的运输集装箱的半挂港口牵引车的能源消耗评价，其他类型的以燃油为能源的牵引车亦可参照试用	2019年1月1日
9	《企业能源计量网络图绘制方法》(GB/T 33656—2017)	对企业能源计量网络图的绘制原则、绘制方法进行了规范，进一步规范化能源计量工作	2017年12月1日
10	《干散货码头单位产品能源消耗限额》(GB 31827—2015)	标准规定了干散货(煤炭、矿石)码头单位产品能源消耗限额的技术要求、计算范围和计算方法、节能管理与技术措施。适用于国内干散货(煤炭、矿石)码头生产能源消耗的计算、考核，以及对新建和改、扩建干散货码头的能源消耗控制	2016年7月1日

序号	名称	主要内容	实施日期及修订情况
11	《集装箱码头单位产品能源消耗限额》(GB 31823—2015)	标准规定了集装箱码头单位产品能源消耗限额的技术要求、计算范围和计算方法、节能管理与技术措施。适用于国内集装箱码头生产能源消耗的计算、考核,以及对新建和改、扩建集装箱码头的能源消耗控制	2016 年 7 月 1 日
12	《公共机构能源审计技术导则》(GB/T 31342—2014)	标准规定了公共机构能源审计的定义、程序、方法和基本要求等内容。适用于各类公共机构,其他非财政性质资金支持的、进行社会服务的机构可参照执行	2015 年 7 月 1 日
13	《非道路移动机械用柴油机排气污染物排放限值及测量方法(中国第三、四阶段)》(GB 20891—2014)	标准规定了非道路移动机械用柴油机(含额定净功率不超过 37kW 的船用柴油机)和在道路上用于载人(货)的车辆装用的第二台柴油机排气污染物排放限值及测量方法。适用于以下(包括但不限于)非道路移动机械装用,在非恒定转速下工作的柴油机的形式核准、生产一致性检查和耐久性要求	2014 年 10 月 1 日
14	《单位产品能源消耗限额编制通则》(GB/T 12723—2013)	规定了单位产品能源消耗限额标准的内容、编制依据和原则、单位产品能源消耗限额的取值原则以及单位产品能源消耗限额标准的应用	2014 年 7 月 1 日
15	《起重机械用电动机能效测试方法　第 1 部分:YZP 系列变频调速三相异步电动机》(GB/T 29562.1—2013)	规定了 YZP 系列起重及冶金用变频调速三相异步电动机的能效测试方法。适用于 YZP 系列起重及冶金用变频三相异步电动机,凡属本系列电动机所派生的各种系列电动机均可参照执行	2014 年 1 月 1 日
16	《起重机械用电动机能效测试方法　第 2 部分:YZR/YZ 系列三相异步电动机》(GB/T 29562.2—2013)	规定了 YZR/YZ 系列起重及冶金用绕线/笼型转子三相异步电动机的能效测试方法。适用于 YZR/YZ 系列起重及冶金用绕线/笼型转子三相异步电动机,凡属本系列电动机所派生的各种系列电动机均可参照执行	2014 年 1 月 1 日

序号	名称	主要内容	实施日期及修订情况
17	《起重机械用电动机能效测试方法　第1部分：锥形转子三相异步电动机》(GB/T 29562.3—2013)	规定了钢丝绳电动葫芦锥形转子三相异步电动机的能效测试方法。适用于钢丝绳电动葫芦锥形转子三相异步电动机，凡属本系列电动机所派生的各种系列电动机均可参照执行	2014年1月1日
18	《船舶能效设计指数计算方法》(GB/T 30009—2013)	规定了船舶能效设计指数的计算方法。适用于《节能型船舶能效设计指数基准线值》(GB/T 30008—2013)表1所列的12种国际航行海洋运输船舶、表2所列的3种国内航行海洋运输船舶和表3所列的6种内河运输船舶的EEDI的计算，不适用于具有柴油-电力推进、透平推进或混合式推进系统的船舶	2013年11月1日
19	《船舶能效设计指数验证方法》(GB/T 30010—2013)	规定了设计阶段和试航阶段对船舶能效设计指数(EEDI)的验证方法，为验证船舶达到的EEDI值提供指导。适用于《节能型船舶能效设计指数基准线值》(GB/T 30008—2013)表1所列的12种国际航行海洋运输船舶、表2所列的3种国内航行海洋运输船舶和表3所列的6种内河运输船舶“达到的EEDI值”验证，不适用于这些船舶类型中具有柴油-电力推进、透平推进或混合式推进系统的船舶	2013年11月1日
20	《起重机械用电力驱动运行机构能效测试方法》(GB/T 30222—2013)	规定了电力驱动的起重机械起升机构的能效测试方法。适用于电力驱动的起重机械起升机构，采用电动葫芦为起升机构的除外	2014年7月1日
21	《道路运输车辆燃料消耗量检测评价方法》(GB/T 18566—2011)	规定了道路运输车辆燃料消耗量的检测评价参数、检测方法、检测工况、检测设备、检测准备、检测程序、检测结果评价等。适用于燃用柴油或汽油、额定总质量大于35000kg的在用营运客车和营运货车	2012年3月1日

序号	名称	主要内容	实施日期及修订情况
22	《节能自愿协议技术通则》（GB/T 26757—2011）	规定了节能自愿协议的定义、技术要求和协议样本，节能目标设定主要是通过对用能单位节能潜力评估，计算当前的能源消费总量、各工序用能和能效指标等	2011年11月1日
23	《合同能源管理技术通则》（GB/T 24915—2020）	规定了合同能源管理的术语和定义、技术要求和参考合同文本。适用于合同能源管理项目的实施	2011年11月1日
24	《能源管理体系——要求及使用指南》（GB/T 23331—2020）	规定了建立、实施、保持和改进能源管理体系的要求，旨在使组织通过系统方法实现能源绩效和能源管理体系的持续改进。该标准：①适用于任何组织，无论其类型、规模、复杂程度、地理位置、组织文化或其提供的是何种产品和服务；②适用于由组织管理和控制的影响能源绩效的活动；③适用于任何数量、用途或种类的能源消耗；④要求证实持续的能源绩效改进，但未规定实现能源绩效改进的程度；⑤可单独使用，或与其他管理体系协调或融合	2021年6月1日
25	《节能监测技术通则》（GB/T 15316—2009）	规定了对用能单位的能源利用状况进行监测的通用技术原则，适用于制定单项节能监测技术标准和其他用能单位的节能监测工作	2009年11月1日
26	《港口能源消耗统计及分析方法》（GB/T 21339—2020）	标准规定了港口能源消耗统计指标及计算公式，能源消耗统计要求和分析方法。适用于国内沿海、内河港口能源消耗统计及分析	2021年6月1日
27	《用能单位能源计量器具配备和管理通则》（GB 17167—2015）	标准规定了用能单位能源计量器具配备和管理的基本要求。适用于企业、事业单位、行政机关、社会团体等独立核算的用能单位	2007年1月1日
28	《节能产品评价导则》（GB/T 15320—2001）	规定了节能产品的定义、分类、评价原则与方法，适用于节能产品的评价和认证、用能产品能效标准的制定	2001年7月1日

序号	名称	主要内容	实施日期及修订情况
	交通部标准		
1	《港口内燃机驱动起重机能源利用效率检测方法》(JT/T 1322—2020)	本标准规定了港口内燃机驱动起重机能源利用效率的检测要求和流程、测试方法和计算。适用于港口内燃机驱动的轮胎式集装箱门式起重机、集装箱正面吊运起重机、集装箱空箱堆高机、港口轮胎起重机,其他内燃机驱动起重机可参照使用	2020 年 11 月 1 日
2	《集装箱码头装卸设备能效等级及评定方法 第 1 部分:集装箱门座起重机》(JT/T 1323.1—2020)	本标准规定了集装箱门座起重机能源消耗的检测要求、检测方法和评定方法等。适用于集装箱门座起重机的能效等级评定	2020 年 11 月 1 日
3	《集装箱码头装卸设备能效等级及评定方法 第 2 部分:轮胎式集装箱门式起重机》(JT/T 1323.2—2020)	本标准规定了轮胎式集装箱门式起重机能源消耗的检测要求、检测方法和评定方法等。适用于轮胎式集装箱门式起重机的能效等级评定,不适用于专门装卸空箱的电动轮胎式集装箱门式起重机,也不适用于以柴油发电机组为动力的轮胎式集装箱门式起重机	2020 年 11 月 1 日
4	《港口能耗在线监测系统技术要求》(JT/T 1277—2019)	标准规定了港口能耗在线监测系统的系统架构,以及功能、性能、质量和安全等技术要求。适用于港口能耗在线监测系统的设计、开发和建设	2019 年 10 月 1 日
5	《港口能源计量导则》(JT/T 1258—2019)	标准规定了港口能源计量种类和范围、能源计量管理、能源计量器具及能源计量数据。适用于沿海、内河港口用能单位的能源计量	2019 年 7 月 1 日
6	《港口建设项目节能验收报告编制规范》(JTS/T 121—2018)	适用于新建、改建和扩建的港口建设项目节能验收报告编制	2018 年 9 月 15 日
7	《港口能效管理技术规范》(JTS/T 196—13—2017)	适用于集装箱码头和煤炭、矿石干散货码头生产能效管理	2017 年 9 月 1 日

序号	名称	主要内容	实施日期及修订情况
8	《港口电动式起重机能源利用效率检测方法》(JT/T 314—2009)	规定了港口电动式起重机能源利用效率测算方法,包括现场测试运行数据采集、供给能测量及起重机各机构有效能计算等	2010年4月1日
9	《港口连续卸船机能源利用效率检测方法》(JT/T 1370—2020)	规定了港口连续卸船机(如螺旋连续卸船机、链斗式连续卸船机等)能源利用效率检测方法,包括现场测试运行数据采集、供给能测量及有效能计算等	2021年3月1日
	其他行业、地方标准		
1	《交通运输用能单位能源审计报告编制及审核技术规范》(DB 11/T 1207—2015)	标准规定了交通运输业用能单位能源审计报告的术语和定义、编制总体要求、主要内容、格式要求及审核要求。适用于交通运输、仓储和邮政业中的道路运输业、航空运输业、铁路运输业和水上运输业用能单位能源审计报告的编制及审核,管道运输业、装卸搬运和运输代理业、仓储业、邮政业用能单位能源审计报告的编制及审核可参照执行	2015年11月1日

附录 2　能效标识产品概况

批次	序号	产品类别	能效标识实施日期	能效标准	标准批准日期	标准实施日期
第一批	1	家用电冰箱	2005.3.1 2010.3.1 2016.10.1	GB 12021.2—2003 GB 12021.2—2008 GB 12021.2—2015 《家用电冰箱耗电量限定值及能源效率等级》	2003.5.23 2008.10.8 2015.9.18	2003.11.1 2009.5.1 2016.10.1
	2	房间空气调节器	2005.3.1 2010.6.1	GB 12021.3—2004 GB 12021.3—2010 《房间空气调节器能效限定值及能源效率等级》	2004.8.23 2010.2.26	2005.3.1 2010.6.1
第二批	3	家用电动洗衣机	2007.3.1 2013.10.1	GB 12021.4—2004 《电动洗衣机耗电量、用水量限定值及能效等级》 GB 12021.4—2013 《电动洗衣机能效水效限定值及等级》	2004.10.21 2013.6.9	2005.5.1 2013.10.1
	4	单元式空气调节机	2007.3.1	GB 19576—2004 《单元式空气调节机能效限定值及能效等级》	2004.8.23	2005.3.1
第三批	5	自镇流荧光灯	2008.6.1 2013.10.1	GB 19044—2003 GB 19044—2013 《普通照明用自镇流荧光灯能效限定值及能效等级》	2003.3.17 2013.6.9	2003.9.1 2013.10.1
	6	高压钠灯	2008.6.1	GB 19573—2004 《高压钠灯能效限定值及能效等级》	2004.8.15	2005.2.1
	7	冷水机组	2008.6.1 2017.1.1	GB 19577—2004 GB 19577—2015 《冷水机组能效限定值及能效等级》	2004.8.23 2015.12.10	2005.3.1 2017.1.1
	8	中小型三相异步电动机	2008.6.1 2012.9.1	GB 18613—2006 GB 18613—2012 GB 18613—2020 《电动机能效限定值及能效等级》	2006.12.12 2012.5.11 2020.5.9	2007.7.1 2012.9.1 2021.6.1

批次	序号	产品类别	能效标识实施日期	能效标准	标准批准日期	标准实施日期
第三批	9	家用燃气快速热水器和燃气采暖热水炉	2008.6.1 2016.10.1	GB 20655—2006 GB 20655—2015 《家用燃气快速热水器和燃气采暖热水炉能效限定值及能效等级》	2006.12.12 2015.5.15	2007.7.1 2016.6.1
第四批	10	转速可控型房间空气调节器	2009.3.1 2013.10.1	GB 21455—2008 GB 21455—2013 《转速可控型房间空气调节器能效限定值及能效等级》	2008.2.18 2013.6.9	2008.9.1 2013.10.1
	11	多联式空调	2009.3.1	GB 21454—2008 《多联式空调(热泵)机组能效限定值及能源效率等级》	2008.2.18	2008.9.1
	12	储水式电热水器		GB 21519—2008 《储水式电热水器能效限定值及能效等级》	2008.4.1	2008.11.1
	13	家用电磁灶	2009.3.1 2015.1.1	GB 21456—2008 GB 21456—2014 《家用电磁灶能效限定值及能效等级》	2008.2.18 2014.4.28	2008.9.1 2015.1.1
	14	计算机显示器	2009.3.1 2016.10.1	GB 21520—2008 GB 21520—2015 《计算机显示器能效限定值及能效等级》	2008.4.1 2015.9.18	2008.11.1 2016.10.1
	15	复印机、打印机和传真机	2009.3.1 2012.1.1 2015.1.1	GB 21521—2008 《复印机能效限定值及能效等级》 GB 25956—2010 《打印机、传真机能效限定值及能效等级》 GB 21521—2014 《复印机、打印机和传真机能效限定值及能效等级》	2008.4.1 2011.1.1 2014.4.28	2008.11.1 2011.7.1 2015.1.1

批次	序号	产品类别	能效标识实施日期	能效标准	标准批准日期	标准实施日期
第五批	16	电饭锅	2010.3.1 2018.6.1	GB 12021.6—2008 《自动电饭锅能效限定值及能效等级》 GB 12021.6—2017 《电饭锅能效限定值及能效等级》	2008.10.20 2017.12.19	2009.6.1 2018.6.1
	17	交流电风扇	2010.3.1	GB 12021.9—2008 《交流电风扇能效限定值及能效等级》	2008.10.20	2009.6.1
	18	交流接触器		GB 21518—2008 《交流接触器能效限定值及能效等级》	2008.4.1	2008.11.1
	19	容积式空气压缩机		GB 19153—2009 《容积式空气压缩机能效限定值及能效等级》	2009.4.8	2009.12.1
第六批	20	电力变压器	2010.11.1	GB 24790—2009 GB 20052—2020 《电力变压器能效限定值及能效等级》	2009.12.15 2020.5.29	2010.7.1 2021.6.1
	21	通风机		GB 19761—2009 GB 19761—2020 《通风机能效限定值及能效等级》	2009.10.30 2020.5.29	2010.9.1 2021.6.1
第七批	22	平板电视与机顶盒	2011.3.1 2013.10.1 2021.8.1	GB 24850—2009 GB 24850—2013 GB 24850—2020 《平板电视与机顶盒能效限定值及能效等级》	2010.6.30 2013.6.9 2020.7.23	2010.12.1 2013.10.1 2021.8.1
	23	家用和类似用途微波炉	2011.3.1 2018.6.1	GB 24849—2010 GB 24849—2017 《家用和类似用途微波炉能效限定值及能效等级》	2010.6.30 2017.12.19	2010.12.1 2018.6.1
第八批	24	数字电视接收器	2012.1.1	GB 25957—2010 《数字电视接收器(机顶盒)能效限定值及能效等级》	2011.1.10	2011.7.1

批次	序号	产品类别	能效标识实施日期	能效标准	标准批准日期	标准实施日期
第九批	25	远置冷凝机组冷藏陈列柜	2012.9.1	GB 26920.1—2011《商用制冷器具能效限定值及能效等级 第1部分:远置冷凝机组冷藏陈列柜》	2011.9.29	2012.5.1
	26	家用太阳能热水系统	2012.9.1	GB 26969—2011《家用太阳能热水系统能效限定值及能效等级》	2011.9.29	2012.8.1
第十批	27	微型计算机	2013.2.1	GB 28380—2012《微型计算机能效限定值及能效等级》	2012.5.11	2012.9.1
第十一批	28	吸油烟机	2015.1.1	GB 29539—2013《吸油烟机能效限定值及能效等级》	2013.6.9	2013.10.1
	29	热泵热水机(器)		GB 29541—2013《热泵热水机(器)能效限定值及能效等级》	2013.6.9	2013.10.1
第十二批	30	家用燃气灶具	2015.12.1	GB 30720—2014《吸油烟机能效限定值及能效等级》	2014.6.9	2015.4.1
	31	商用燃气灶具		GB 30531—2014《商用燃气灶具能效限定值及能效等级》	2014.4.28	2015.1.1
	32	水(地)源热泵机组		GB 30721—2014《水(地)源热泵机组能效限定值及能效等级》	2014.6.9	2015.4.1
	33	溴化锂吸收式冷水机组		GB 29540—2013《溴化锂吸收式冷水机组能效限定值及能效等级》	2013.6.9	2013.10.1
第十三批	34	普通照明用非定向自镇流 LED 灯	2016.10.1	GB 30255—2013《普通照明用非定向自镇流 LED 灯能效限定值及能效等级》	2013.12.18	2014.9.1
	35	投影机		GB 32028—2015《投影机能效限定值及能效等级》	2015.9.18	2016.10.1

批次	序号	产品类别	能效标识实施日期	能效标准	标准批准日期	标准实施日期
第十四批	36	家用和类似用途交流换气扇	2018.6.1	GB 32049—2015《家用和类似用途交流换气扇能效限定值及能效等级》	2017.12.19	2018.6.1
	37	自携冷凝机组商用冷柜		GB 26920.2—2015《商用制冷器具能效限定值和能效等级　第2部分：自携冷凝机组商用冷柜》	2017.12.19	2018.6.1
第十五批	38	永磁同步电动机	2020.7.1	GB 30253—2013《永磁同步电动机能效限定值及能效等级》	2013.12.18	2014.9.1
	39	空气净化器	2020.7.1	GB 36983—2018《空气净化器能效限定值及能效等级》	2018.11.19	2019.12.1
	40	道路和隧道照明用LED灯具	与对应能源效率强制性国家标准实施日期一致	GB 37478—2019《道路和隧道照明用LED灯具能效限定值及能效等级》	2019.4.4	2020.11.1
	41	风管送风式空调机组	与对应能源效率强制性国家标准实施日期一致	GB 37479—2019《风管送风式空调机组能效限定值及能效等级》	2019.4.4	2020.5.1
	42	低环境温度空气源热泵(冷水)机组	与对应能源效率强制性国家标准实施日期一致	GB 37480—2019《低环境温度空气源热泵(冷水)机组能效限定值及能效等级》	2019.4.4	2020.5.1
	43	单元式空气调节机	与对应能源效率强制性国家标准实施日期一致	GB 19576—2019《单元式空气调节机能效限定值及能效等级》	2019.4.4	2020.5.1
	44	房间空气调节器	与对应能源效率强制性国家标准实施日期一致	GB 21455—2019《房间空气调节器能效限定值及能效等级》	2019.12.31	2020.7.1
	45	室内照明用LED产品	与对应能源效率强制性国家标准实施日期一致	GB 30255—2019《室内照明用LED产品能效限定值及能效等级》	2019.4.4	2020.11.1

附录 3 各种能源折算系数等基础数据

各种能源折算标准煤系数参见附表 3-1。

附表 3-1 各种能源折算标准煤系数

能源名称	单位	折算标准煤系数
原煤	kgce/kg	0.7143
汽油	kgce/kg	1.4714
柴油	kgce/kg	1.4571
煤油	kgce/kg	1.4714
燃料油	kgce/kg	1.4286
天然气	kgce/m^3	1.100～1.330
液化天然气	kgce/kg	1.7572
液化石油气	kgce/kg	1.7143
甲醇(用作燃料)	kgce/kg	0.6794
乙醇(用作燃料)	kgce/kg	0.9144
氢气(用作燃料,密度为 0.082kg/m^3)	kgce/kg	0.3329
电力(当量值)	kgce/(kW·h)	0.1229
电力(等价值)	kgce/(kW·h)	0.3049
热力(当量值)	kgce/MJ	0.0341

注:①1kg 标准煤的低位发热量等于 29.273MJ(7000kcal);

②此表数据参考 GB/T 2589—2020 及《中国电力行业年度发展报告 2021》。

BP 各类能源换算油当量系数见附表 3-2。

附表 3-2 各种能源折算油当量系数

能源名称	单位	折算油当量系数	备注
硬煤	t 油当量/t	0.6667	
褐煤与次烟煤	t 油当量/t	0.3333	
电力	t 油当量/(MW·h)	0.0833	
天然气	t 油当量/m^3	1163	

注:1t 油当量大约等于 42 GJ。

常用燃油比重参见附表 3-3。

附录 3-3　常用燃油相对密度

能源名称	相对密度	单位
汽油	0.74	L/kg
柴油	0.86	L/kg

参考文献

[1] 李志春,金志伟.基于AHP-模糊综合评判的港航系统节能减排的评价研究[J].船海工程,2009,38(5):173-176.

[2] 宋马林,杨杰,孙欣.国内各地区节能减排评价研究[J].资源开发与市场,2008,24(1):31-33.

[3] 程瑞.一种基于Rough集和Shannon理论的节能减排效果评价建模方法的设计[C]//系统仿真技术及其应用学会会议,宜昌,2009.

[4] 李亮,吴瑞明.节能减排效用分析与评价研究[J].科学技术与工程,9(1):1-4.

[5] 郭英玲,刘红旗,郭瑞峰,等.面向节能减排的简式生命周期评价方法[J].环境保护,2009(3B):8-10.

[6] 中华人民共和国国家市场监督管理总局.港口设备能源消耗评价方法　第1部分:岸边集装箱起重机:GB/T 36410.1—2018[S].北京:中国标准出版社,2018.

[7] 中华人民共和国国家市场监督管理总局.港口设备能源消耗评价方法　第2部分:轨道式集装箱门式起重机:GB/T 36410.2—2018[S].北京:中国标准出版社,2018.

[8] 中华人民共和国国家市场监督管理总局.港口设备能源消耗评价方法　第3部分:桥式抓斗卸船机:GB/T 36410.3—2018[S].北京:中国标准出版社,2018.

[9] 中华人民共和国国家市场监督管理总局.港口设备能源消耗评价方法　第4部分:散货连续装船机:GB/T 36410.4—2018[S].北京:中国标准出版社,2018.

[10] 中华人民共和国国家市场监督管理总局.港口设备能源消耗评价方法　第5部分:港口牵引车:GB/T 36410.5—2018[S].北京:中国标准出版社,2018.

[11] 中华人民共和国工业和信息化部.氧化铝生产专用设备能耗等级:YS/T 126—2009[S].北京:中国标准出版社,2009.

[12] 中华人民共和国交通运输部.港口电动式起重机能源利用效率检测方法:JT/T 314—2009[S].北京:中国标准出版社,2009.

[13] 关伟,许淑婷.辽宁省能源效率与产业结构的空间特征及耦合关系[J].地理学报,2014,69(4):520-530.

[14] 杨阳.港口节能减排评价研究[D].武汉:武汉理工大学,2010.

[15] 张进,冯双昌,吴峰崎.岸边集装箱起重机能效检测与分析[J].起重运输机械,2015(8):76-80.

[16] 李海波.港口机械能耗检测和评价方法的探讨[J].港口装卸,2014(4):46-49.

[17] 李海波.港口流动设备能效评价现状和趋势分析[J].中国水运, 2018,18(10):115-119.

[18] 亚洲开发银行.节能评价指标体系的设计与应用[M].北京:海洋出版社,2011.

[19] 闫利.建筑节能设计的敏感性分析方法[J].制冷与空调,2010(8):49-52.

[20] MEHTA D P. Dynamic thermal response of buildings and systems [D]. USA:Iowa State University,1980.

[21] CASE K E,FAIR R C. Principles of Economics [M]. USA:Prentice-Hall,1989.

[22] 刘红光,刘卫东,唐志鹏.中国产业能源消费碳排放结构及其减排敏感性分析[J].地理科学进展,2010(6):670-676.

[23] 中华人民共和国交通运输部.2011 中国交通运输节能减排与低碳发展年度报告[M].北京:人民交通出版社,2012.

[24] PAIPAI E . Guidelines for port environmental management[J]. Maritime Engineering & Ports ii,1999.

[25] Goulielmos A. M. European policy on port environmental protection[J]. Global Nest. 2000,2(2).

[26] GUPTA A K ,GUPTA S K ,PATIL R S. Environmental management plan for port and harbour projects[J]. Clean Technologies & Environ mental Policy,2005,7(2):133-141.

[27] 洪辉.关于岸边集装箱起重机节能降耗的探讨[J].港口科技,2008(8):14-17.

[28] 彭传圣.岸边集装箱起重机作业能耗分析[J].港口装卸,2010,000(005):8-11.

[29] 刁江鹏,郗恩崇.交通运输节能减排的本质及经济分析[J].铁道运输与经济,2009(2):12-15.

[30] 郑又新,马韵馨.港口节能减排的措施与建议[J].集装箱化,2009(8):26-29.

[31] 彭传圣.港口节能减排与运作和管理要求的协调[J].港口装卸,2008(5):1-5.

[32] 包起帆,江霞,谢云.港口节能降耗新技术研究与实践[J].港口科技,2007(6):43-47.

[33] 许家帅,胡明,张亚敏.浅谈我国港口节能减排技术现状及其应用[J].天津科技,2009,036(004):119-120.

[34] 郭英玲,刘红旗,郭瑞峰,等.面向节能减排的简式生命周期评价方法[J].环境保护,2009(6):8-10.

[35] 张尊华.港航系统节能减排评价方法研究[D].武汉:武汉理工大学,2009.

[36] 兰天阳.交通运输和能源消耗的关系研究[J].中国经贸,2016(1):42-42.

[37] 王晚香.西部港口的现状分析和问题建议[J].珠江水运,2003(3):27-29.

[38] 乔丽,白中科.矿区生态文明评价指标体系研究[J].金属矿山,2009(11):113-118.

[39] 孙红霞,仪垂杰,郭健翔,等.企业节能评价方法研究与应用[J].工业技术经济,2007(11):105-107.

[40] 刘宇辉.生态工业园区循环经济评价指标体系研究[J].商业时代,2009(31):113-118,104-105.

[41] 雷明,钟书华.生态工业园区综合评价指标体系研究[J].中国科技论坛,2009(11):110-115.

[42] 宋杰鲲,张在旭,孙宁.油田企业节能评价指标体系设计与应用[J].价值工程,2007(3):6-9.

[43] 彭传圣.集装箱港口陆路集疏运的节能减排措施[J].集装箱化.2008(8):17-21.

[44] 李庆祥,彭传圣.国外港口减少废气排放的措施[J].港口科技.2008(11):37-40.

[45] 彭维德.西部现代港口节能减排之路[C]// 2008 年第五届科技兴港论坛,苏州,2008.

[46] Grigalunas T, Luo M, Chang Y. Comprehensive framework for sustainable container port development for the United States east coast[C]// 7th Annual Marine Transportation System Research and Technology Coordination Conference,2005.

[47] 刘甲申.上东港航节能减排见成效[J].港口科技,2008(4):12-14.

[48] 冯锡荣.节能减排 理念为本 建立技术先进,经济合理,操作可行的港口设计,评估方法[C]// 2008 年第五届科技兴港论坛,苏州,2008.

[49] 曹斌,蒋学明.空气源热泵在港口的规模化集成应用[J].港口装卸,2008(5):6-8.

[50] Peris-Mora E ,JMD Orejas, Subirats A ,et al. Development of a system of indicators for

sustainable port management[J]. Marine Pollution Bulletin,2005,50(12):1649-1660.

[51] 王彦彭.我国节能减排指标体系研究[J].煤炭经济研究,2009(2):32-33+40.

[52] 李爱军.基于层次分析法的湖北省节能减排综合评价研究[C]//中国系统工程学会第十五届年会,南昌,2008.

[53] 杨华峰,姜维军.企业节能减排效果综合评价指标体系研究[J].工业技术经济,2008,27(10):55-58.

[54] 张砚."节能减排"监管评价指标体系的设置与度量[C]//安徽节能减排博士科技论坛,合肥,2007.

[55] 吕安涛,张存保,石永辉,等.山东省港航系统节能减排评价指标体系研究[J].交通信息与安全,2009,27(006):52-54.

[56] 凌强.上海绿色港口评价指标体系初步研究[J].港口科技,2010(1):4-7.

[57] 卢志刚,曹良晶.基于综合模糊评估的节能减排研究[C]//中国高等学校电力系统及其自动化专业第二十四届学术年会,长沙,2009.

[58] 宋马林,杨杰,孙欣.国内各地区节能减排评价研究[J].资源开发与市场,2008,24(001):31-33,82.

[59] 李亮,吴瑞明.节能减排效用分析与评价研究[J].科学技术与工程,2009,9(1):1-4.

[60] 张尊华.基于因子分析模型的船舶企业节能减排评价及应用[J].船海工程,2010(1):66-68.

[61] 宋马林.节能减排协同体系:基于7E理念的递进闭合系统[J].节能技术,2008(5):61-64.

[62] 王庆一.中国的能源效率及国际比较[J].节能与环保,2005(6):13-16.

[63] 郭旭,刘磊磊.港口用能设备能耗在线监测系统构建技术方法研究[J].水道港口,2018,39(6):110-116.

[64] 廖述龙,俞超.配电变压器节能技术研究[J].现代建筑电气,2011(8).

[65] 周吉萍.能源审计与能效管理[M].北京:科学出版社,2019.

[66] 黄素逸,林一歆.能源与节能技术[M].3版.北京:中国电力出版社,2016.

[67] 李海波,李睿瑜,贾远明,等.靠港船舶使用岸电技术及应用[M].武汉:武汉理工大学出版社,2019.

[68] 中国汽车工程学会.世界氢能与燃料电池汽车产业发展报告(2019)[M].北京:机械工业出版社,2020.

[69] 陶德馨.工程机械手册——港口工程[M].北京:清华大学出版社,2017.

[70] 国家统计局.中国统计年鉴2019. http://www.stats.gov.cn/tjsj/ndsj/2019/indexch.htm,2020-8-17.

[71] 交通运输部.交通运输部"十三五"节能环保规划解读. https://max.book118.com/html/2018/0315/157380334.shtm,2020-8-17.

[72] https://www.portofantwerp.com/en/energy-and-environment-new-solutions-sustainable-future. 2020-8-15.

[73] https://www.hafen-hamburg.de/en/terminal/hhla-container-terminal-altenwerder-gmbh-hamburg-7944. 2020-8-15.

[74] Cameron Brown. What's the Difference Between Carbon Neutral,Zero Carbon & Negative Emissions. https://cleantechrising. com/whats-the-difference-between-carbon-neutral-zero-carbon-and-negative-emissions/. Oct 4,2018.

[75] Progress of EU transport sector towards its environment and climate objectives. https://www.eea. europa. eu/themes/transport/term/,2020-8-17.

[76] 郭英玲,刘红旗,郭瑞峰,等. 面向节能减排的简式生命周期评价方法[J]. 环境保护,2009(6):8-10.

[77] Heath Parsons,Capacity of Texas, Inc. Launching Vast Power Source Options[DB/OL]Capacity of Texas,Inc. (2010. 2. 1)[2010. 5. 20],http://www. capacity.

[78] Kalmar. Cargotec to cooperate with ST Kinetics to bring hydraulic hybrid technology in terminal tractors[EB/ OL](2009-11-16)[2010-5-20]. http://www. kalmarind. com/show. php? id=1269406.

[79] 胡成彪. 浅谈港口集装箱堆高机的节能减排[J]. 港口科技,2008(8):28-30.

[80] 岳国良,李楠. 柴油机节能减排技术研究发展趋势[J]. 交通节能与环保,2009(4):25-28.

[81] 刘昕晖. 液压混合动力优势明显[DB/OL]. 科技日报(2009-7-3)[2010-5-20],http://www. stdaily. com/kjrb/content/2009-07/03/content_78871. htm.

[82] 巩利平. 生物柴油的优点与研究现状[J]. 太原大学学报,2007(4):132-134.

[83] 苏铭华. 机动车燃料"油改气(LNG)"的方向性浅述[J]. 广西节能,2002(1):24.

[84] 赖元楷. LNG 燃料汽车的发展前景[J]. 天然气工业,2005(11):104-106.

[85] 苏欣,张琳,陈瑾. 我国 CNGV 和 LNGV 研究和应用现状[J]. 天然气与石油,2007(6):8-12.

[86] Li H B. Study on port energy consumption inventory and monitoring technology, ictis 2019.

[87] 孙晓伟,李海波. 港口设备能效等级认证方法和路径[J]. 中国水运,2019(11):105-106.

[88] 李益琴. 港口流动机械能耗指标评价研究[J]. 港口装卸,2016(4).

[89] 孙建锐. 岸边集装箱起重机能耗等级试验研究[J]. 港口装卸,2016(4).

[90] 孙建锐,明威. 港口牵引车能耗与环保指标评价体系与计算方法研究[J]. 起重运输机械,2014(4).

[91] 李海波,贾志平,姚立柱. 港口燃油动力设备节能减排技术[J]. 水运工程,2010(12).

[92] 孙建锐,刘乃峰,李海波. 港口牵引车工艺系统分析及能耗环保指标研究[J]. 交通信息与安全,2014(6).

[93] 李海波. 集装箱正面吊节能减排技术[J]. 集装箱化,2014(7).

[94] 李海波. 节能减排技术在港口集装箱牵引车上的应用[J]. 港口装卸,2012(1).

[95] 国家统计局能源统计司编. 中国能源统计年鉴 2019[M]. 北京:中国统计出版社,2020.

[96] 林伯强. 中国能源发展报告 2019[M]. 北京:北京大学出版社,2019.

[97] 林伯强. 中国能源发展报告 2020[M]. 北京:北京大学出版社,2020.

[98] 周吉萍. 能源审计与能效管理[M]. 北京:科学出版社,2019.

[99] 国家发展改革委经济运行调节局,国家电网公司营销部,南方电网公司市场营销部. 欧盟能效指令与白色证书[M]. 北京:中国电力出版社,2013.

[100] 邹艳芬. 中国能源利用效率统计测度研究[M]. 北京:社会科学文献出版社,2013.

[101] 夏家群，马文会，何屏. 节能监测技术[M]. 北京：冶金工业出版社，2016.
[102] 吴金星，刘泉，赖艳华. 工业节能技术[M]. 北京：机械工业出版社，2018.
[103] 黄素逸，林一歆. 能源与节能技术[M]. 3 版. 北京：中国电力出版社，2019.
[104] 中国能源研究会储能委员会，中关村储能产业技术联盟. 储能产业发展蓝皮书[M]. 北京：中国石化出版社，2019.
[105] 姜子刚. 节能技术(上、下)[M]. 北京：中国质检出版社，中国标准出版社，2015.
[106] 徐壮. 节能法制与政策制度(上、中、下)[M]. 北京：中国质检出版社，中国标准出版社，2014.
[107] 国家电网公司营销部. 能效管理与节能技术[M]. 北京：中国电力出版社，2015.
[108] 兰天阳. 交通运输和能源消耗的关系研究[J]. 中国经贸，2016(1)：42.